U0172644

泥沙上的繁华

近代海河治理与天津港空间形态演变

王长松 ◎著

PROSPERITY ON SEDIMENT

Modern Haihe River Regulation and the Evolution of Spatial Form of Tianjin Port

天津出版传媒集团
天津人民出版社

图书在版编目(CIP)数据

泥沙上的繁华：近代海河治理与天津港空间形态演变 / 王长松著.
-- 天津：天津人民出版社, 2023.2
ISBN 978-7-201-19207-9

Ⅰ.①泥… Ⅱ.①王… Ⅲ.①海河—治河工程—水利史—研究—近代②港口建设—研究—天津 Ⅳ.
①TV882.821②F552.721

中国国家版本馆CIP数据核字(2023)第027032号

泥沙上的繁华：近代海河治理与天津港空间形态演变
NISHA SHANG DE FANHUA：JINDAI HAIHE ZHILI YU TIANJINGANG KONGJIAN XINGTAI YANBIAN

出　　版　天津人民出版社
出 版 人　刘　庆
地　　址　天津市和平区西康路35号康岳大厦
邮政编码　300051
邮购电话　(022)23332469
电子信箱　reader@tjrmcbs.com

策划编辑　杨　轶
责任编辑　李佩俊
封面设计　春天·书装工作室

印　　刷　天津海顺印业包装有限公司
经　　销　新华书店
开　　本　710毫米×1000毫米　1/16
插　　页　4
印　　张　17.75
字　　数　250千字
版次印次　2023年2月第1版　2023年2月第1次印刷
定　　价　168.00元

序 言

《管子·乘马》:“凡立国都,非于大山之下,必于广川之上,高毋近旱而水用足,下毋近水而沟防省。”早在春秋时期,“以水定城,因水兴城”,就成为我国规划建设城池的重要原则,其内涵是思索城与水共生这一重要的命题。

城与水的关系作为城市与区域历史地理研究的独特视角,探讨城与生态环境的相互作用、相互影响的关系,这一关系并不是静止不变的,其存在几种状态,诸如塑造、改造、适应、耦合等。不同状态之间的转换过程,有可能是循序而行,也有可能是强烈的骤变。历史地理就是要探究这一复杂的过程和影响因素,对城市的发展、水资源的利用具有重大的现实意义。城与水的关系体现在城市的生态环境、灌溉渔牧、航运交通、景观文化等方面,水资源的禀赋影响着城市的选址、生长、形态和功能,甚至政治和经济地位。

海河流域属于人地关系演变研究中的热点区域,从《水经注》时期的河湖水系与城镇聚落布局,到今天的跨流域水资源调配与城乡规划,一直受到中国历史地理学界的重点关注,因此在这个区域做研究并不容易。海河流域的历史地理研究主要集中在河湖水系的变迁,例如古黄河下游河道的摆动、海河水系的形成和演变、淀泊的变迁、运河的开凿、上游地区的环境变化,以及洪涝灾害,等等。城市方面的研究主要集中在北京、天津等城市。北京是北京大学城市与环境学院历史地理研究所的学术“根据地”，侯仁之先生开拓的北京历史地理研究就是以水资源为切入点探索北京的生长脉络，城与水的关系已经成为其治学传统，几十年来积累了丰硕的成果，《北京历史地图集》成为几代学人的辛勤结晶。

回想长松在北大读书时，我刚晋甲子之年，学生中他的年龄算小的，却是我几个课题研究中的骨干力量。他精力充沛、思想活跃、勤奋讷言、兴趣广泛，除了这些优秀品质外，关键还能坐得住！当时我发现长松最感兴趣的也是城与水的关系，我们经过多次的讨论后，他就坚定地将近代海河治理与天津港口的发展作为博士论文的选题。这个选题涉及多个学科，需要熟练掌握自然地理和历史人文知识，并结合运用，挑战性极大。今天看到他的这部著作即将付梓，我非常欣喜，这既是他治学道路中一个阶段的总结，又是下一个阶段的学术启航。我认为这部著作在以下几个方面做出了重要的探索和贡献。

首先，海河流域的环境变迁和水利史研究主要集中在古代时期，近代的河湖水系变迁和水利治理问题需要深入探究。近代中国水利事业处于现代化转型阶段，从科学知识和水工技术、治理规划和工程设计实施，到水利学校和人才教育等领域都有较快的发展。这部著作通过梳理海河水系的规划治理实践，系统地展现了相关的水利和航运机构情况，及其对流域认知、规划设计和工程实施的过程和效果。近代海河流域的水利机构主要有海河工程局、顺直水利委员会、华北水利委员会、整理海河委员会，等等。这些机构政出多门、水权不统一，造成了资源浪费，严重影响了水利规划和工程设计的效果。海河工程局主要负责海河航道的疏浚和修复，保障港口的正常运转，但是海河航道的问题具有复杂性和系统性，涉及海河水系支流、河口潮汐等，海河工程局也认识到要解决航道淤塞痼疾，必须从流域中寻找方案，所以海河工程局经常参与其他水利机构的工作。顺直水利委员会在1917年海河大水灾后成立，从流域气象监测、水文监测，到御洪防灾的规划和工程设计实施，整体上推动了中国水利事业的现代化进程。1928年，顺直水利委员会改组为华北水利委员会，整体的认知从海河水系扩展到海河流域，从防洪、航运扩展到更科学的流域综合治理，并为新中国成立后海河流域的治理奠定了坚实的基础。

其次，近代海河水系开始有水文气候观测记录，比如降水量、径流量、泥沙含量、航道深度、潮差等，不同于古代文献中的描述性文字，像“大水”“淹城”等，虽然它们不够完整，但对于研究海河流域的环境变迁而言，是弥足珍贵的数据。这部著作利用这些观测数据，尝试进行了定量分析，总结了海河干流的冲淤特征，突破了过去历史地理研究中的薄弱环节。海河水系中关键区域的变迁有必要进行长时段的梳理，比如著作中关于三角淀的分析，没有被研究时间尺度所限制，延伸至元明清时期。这样不仅更加清晰地说明了永定河、北运河、大清河等海河支流的关系和洼淀的变迁过程，而且有助于理解民国时期永定河治理规划、海河放淤工程的设计和实施效益。

最后，这部著作并没有停留在河湖水系的变迁、水利治理、工程设计和效果的研究上，而是继续探讨了环境变迁影响下的港口空间形态演变。天津位于海河水系的支流交汇之处，拥有大自然恩赐的水运枢纽条件。金元以来，北京成为全国的都城，京杭运河的通航和漕运制度的确立，促使天津在水运系统中的地位越来越重要，其自然地理影响因素是不可忽略的。著作中分析天津港口的发展历程，也是上溯至元明清时期，总结了河流淤积和潮汐影响下港口从双中心变为单中心的过程。近代以来，漕运制度衰落后，北方运河系统也渐渐消沉，但是天津作为北方门户和租界城市，推动了天津港的兴盛。轮船吨位的增加、永定河等支流的影响，维持海河航道的成本与日俱增，市内港区渐渐衰落，却导致了海河口塘沽港的建设，单中心港口又演变为双中心港口。然而，海河口也不具备建设大型港口的条件，航道淤积、大沽沙坝多变、冬季封冻等不利因素，成为天津港口进一步发展的瓶颈，因此才有了塘沽人工港、秦皇岛冬季港、北方大港设想的出现，乃至影响到今日渤海湾港口的建设。

总之，这本书通过河流变迁与港口的建设，探究了城与水关系的历史地理过程，推进了近代中国水利事业的研究，同时也为天津城市环境变迁的研究做出了重要的贡献。

是为序。

韩光辉

2022年9月6日

目录

前言
欧美经典历史地理学的理论与方法

经常会听到地理学界的学者们讨论地理学没有属于自己特有的理论和研究方法，总是借用于相邻的学科。同时，笔者也常常听到前辈们说，地理学属于经验性学科，需要长时间的积累才能找到一种“感觉”。这种“感觉”是什么？我很是愚钝，起初无法体会。在布满坑洼、蜿蜒曲折和偶有小惊喜的学术道路上走了一段时间后，我也慢慢开始悟到点“感觉”了。这个“感觉”也是地理学特有的综合性，以及一个重要的方法或治学途径，即实地调研，就是地理人常说的“跑野外”，历史地理学也同样强调实地调研。每当进入一个场域或区域，这种“感觉”就来了，它会调动你各方面的知识和认知，并作出综合性的判断。比如站在某个河湾处，首先观察河道的阶地、弯道的淤积和侵蚀状态，再配上地形图或遥感影像，很容易了解到整条河流的类型，以及自己所在的河段特征，这是基本的河流地貌情况；再观察人类活动遗迹，包括水利设施、聚落形态，等等，能够比较清晰地了解人的行为与河流的相互关系；结合实地考察，再阅读相关历史文献资料，就可以深刻地理解文字记录的含义。经验积累越多，这种“感觉”越醇厚，只要看看地图就能基本厘清地理现象的来龙去脉。

那么地理学研究的核心问题是什么？各种地理学教材和著作中也有提到，即人地关系和空间差异。[①]但“纸上得来终觉浅，绝知此事要躬行”，

---

① William D. Pattison. The Four Traditions of Geography. *Journal of Geography*, 1963,63(5):211-216. 帕蒂森(Pattison)总结了四项地理学传统，即空间分析(spatial tradition)、区域研究(area studies tradition)、人地关系(man-land tradition)和地球科学(earth science tradition)，这四项传统的核心问题为人地关系和空间差异。

求学时我看到这两句话没有多少感觉，只是模仿前辈的治学方法，一路摸索，在有点“感觉”后，才意识到人地关系有哪些表征，空间差异如何测量和可视化。历史地理学尤其关注人地关系的演变过程和结果，自然环境影响聚落的分布、人们生产生活的布局，人类也随着生产力的提高，越来越强力适应和塑造自然环境。人地关系研究增加时间维度，强调演变过程和影响机制，那么历史地理学更需要方法论的探讨。

“他山之石，可以攻玉”，西方的地理学家也关注地理学与历史学的区别，卡尔·李特尔（Carl Ritter）在论述《地理学的历史因素》一文的绪言里提道：地理科学着重研究地表的空间，即从事各地点同时并存的现象的描述和相互关系的研究。正是这一点使它区别于历史学，历史学研究和描述事件的依次关系或者事物的相继次序和发展。地理学“是空间科学，正如历史学是事件科学一样”①。赫特纳（Alfred Hettner）认为地理学也重视时间，但是处于次要地位，也不是从时间角度关注过程，“只是为了解释在选定的时间中的状况时才引用时间的发展”，他也坚持认为历史地理学不能仅仅描述国家的疆界和地点，而要提高到广泛的地区描述，包括聚居、交通和经济生活等方面，并注意到这些方面对自然情况的从属关系，以及自然环境的变化。②

斯佩特曼（Hans Spethmann）在1928年出版了《动力地理学》，表明地理学需要研究区域变化“新的动态”的性质，批评其他地理学者“静态”的研究。这些观点受到了包括赫特纳在内的学者的反对和批评。但是此时，关注过程和变化的历史地理学得到了巨大的发展。

哈特向（Richard Hartshorne）的《地理学的性质》是欧美地理学发展中的关键名著，最初发表在美国地理工作者协会会刊（1939年第29卷）。其中第六章专门论述了历史学与地理学的关系，并解释了历史地理学的特

---

① [德]阿尔夫雷德·赫特纳：《地理学——它的历史、性质和方法》，王兰生译，张翼翼校，北京：商务印书馆，1983年，第143页。

② [德]阿尔夫雷德·赫特纳：《地理学——它的历史、性质和方法》，王兰生译，张翼翼校，北京：商务印书馆，1983年，第171页。

点。他认为:历史地理学不是一个可与经济地理学或政治地理学相比的地理学分支。它也不是历史学的地理,或者地理学的历史。更恰当地说,它是另外一门地理学,其本身是完整的,具备其所有各分支。哈特向也赞同美国地理学家拉尔夫·霍尔·布朗(Ralph Hall Brown)所说的整理和解释历史文献资料,需要有修养的地理学家的知识和才能。[①] 在经过20年的地理学学科认知和方法论辩论,哈特向于1959年又出版了《地理学性质的透视》,突出了结论性语言,总结了地理学的10个问题,被认为是第二次世界大战前欧美地理学思想中主要奠基人基本观点的权威论述。其中第八章讨论了地理学中的时间和发生,内容中多次引用达比(Henry Chffonl Darby)的研究方法和思想。[②] 哈特向提到了历史地理研究的主要代表人物,比如卡尔·索尔(Carl Ortwin Sauer)、达比、布朗等。

约翰斯顿在《地理学与地理学家》一书中总结了欧美历史地理学研究的两种方法,一种是英国达比的研究方法,通过一系列横剖面详细研究过去的地理,其主要以可以获得的历史资料为根据,确定研究的时间;另一种是美国索尔的研究方法,其关注的焦点是自人类出现以前到现在经过变化的过程,强调景观的文化特征,"人改变自然环境的能力、方式和功效,它关注历史积累效应,因人的参与而遭到抑制或扭曲的物理过程和生物过程,造成一群人和另一群人之区别的文化行为的差异"。[③]

一、卡尔·索尔与文化景观的研究

卡尔·索尔(1889—1975),出生在美国密苏里州沃伦顿的一个德裔家庭,索尔很喜欢回忆童年的乡村景观,这甚至影响到他的学习和研究工

① [美]理查德·哈特向:《地理学的性质》,叶光庭译,北京:商务印书馆,2012年,第149页。

② [美]理查德·哈特向:《地理学性质的透视》,黎樵译,北京:商务印书馆,1997年,第101—107页。

③ [英]R. J. 约翰斯顿:《地理学与地理学家》,唐晓峰等译,北京:商务印书馆,2010年,第34页。

作。他在沃伦顿的中央卫斯理大学毕业后进入美国西北大学学习地质学，并于1910年进入芝加哥大学，在自然地理学家罗林·D.索尔兹伯里(Rollin D. Salisbury)指导下学习地理学。1915年，索尔在马萨诸塞州师范学校短暂教学后，受聘于密歇根大学，同年完成了他博士学位论文《密苏里州奥索卡高原的地理》(The Geography of the Ozark Highland of Missouri)，并在1920年出版，7年后晋升为教授。其间他展开了密歇根土地经济调查，关注土地利用，注意到土地管理不善导致资源的破坏。1923年，索尔受聘于加州大学伯克利分校，开始了新的学术生涯，受到人类学研究的影响，很快进入墨西哥和美洲热带地区调研，和他的学生们一起致力于文化景观的研究，通过物质现象研究文化景观的变化，包括土地利用、聚落形态、技术等人工制品。索尔共指导了37位博士，创立了著名的“伯克利学派”。

(一)索尔的学术思想脉络

1925年，索尔发表了具有重要影响力的文章《景观形态学》(The Morphology of Landscape)，坚定地反对了环境决定论(Environmental Determinism)，强调人类活动的作用，任何特定时期内形成的构成某一地域特征的自然与人文因素的综合体，它随着人类活动的作用不断变化。1955年在普林斯顿举办的国际论坛上，由小托马斯(William L.Thomas Jr.)和索尔等著名学者组织了这一论题，并于次年出版了里程碑式的论文集《人类改变地球面貌的作用》(*Man's Role in Changing the Face of the Earth*)，这部论文集成为日后讨论地球环境问题的学术开端，也是美国环境史研究通常溯源的关键著作。索尔一生荣誉满身，笔耕不辍，是欧美文化景观和历史地理学发展历程中的非常关键的地理学家。[①]

环境决定论来源于达尔文的物种进化论，自然选择和适应是其核心理念。地理学家不满足于不同地区或专题式的信息罗列，寻找解释

---

① John Leighly. Carl Ortwin Sauer, 1889-1975. *Annals of the Association of American Geographers*, 1976,66(3):337-348.

地球表层的规律。我们所熟知的地貌发育侵蚀轮回学说的戴维斯(William M. Davis)、拉采尔(Friedrich Ratzel)及其学生森普尔(Ellen Semple),都是环境决定论的地理学家。森普尔对美国的地理学发展具有重要的影响,1911年出版了名著《地理环境的影响》(*Influences of Geographic Environment*),强调人类是地球表面的产物,自然环境决定人类体质、民族发展和国家历史。埃尔斯沃斯·亨廷顿(Ellsworth Huntington)是戴维斯的学生,也是环境决定论的代表人物之一,他考察过全球多个地区,其代表作有《亚洲的脉搏》(1907)、《文明与气候》(1924)、《种族的特征》(1924)、《动态地理学》(1932)、《经济地理学》(1940)、《文明的主要动力》(1945)等,其中研究气候变迁决定人类文明和历史的进程具有深远的影响,比如他认为气候干旱灾害导致北方游牧部落南迁,直到今天还有学者追随。

索尔在芝加哥大学聆听过地理学家森普尔关于环境决定论的演讲,早期也深受森普尔的影响,但日后他却坚定地反对环境决定论,首先是环境刺激和人类响应的因果关系命题;其次是先验性地研究这个关系。而索尔的研究可以看作用物质文化特征的脉络代替了前者,用科学实践的归纳经验主义模式代替后者。索尔的文化景观同时受到伯克利人类学家研究方法和认知的影响,比如弗朗兹·博厄斯(Franz Boas)也反对人类学研究中应用进化论的原则,或者称为“文化进化论”,博厄斯则认为文化的概念可以表现为特定的生活方式,包括思想、人工制品、宗教和经济实践等。博厄斯的第一个学生阿尔弗雷德·克罗伯(Alfred Kroeber)给予了索尔更多的支持。克罗伯认为文化是一种单一的生活方式,但拒绝将其简化为个人的心理过程。文化作为一种人的集体表达,是一种决定个人经验的“超有机体”,但不能通过它来了解。[①] 索尔将“超有机体”概念应用于地理学的研究。克罗伯关注于“文化区”(culture areas)的研究,最初是对博物馆中的民族志收藏品进行分类的工具。克拉克·威斯勒

① Alfred Kroeber. The Superorganic. *American Anthropologist*, 1917, 19:163-213.

(Clark Wissler)使用这个概念来构建自己的文化扩散研究。克罗伯认为"文化区"类似于动物区系或植物区系,目的是确定和定义一个自然区域,"文化区"的概念不仅仅是文化特质,而且说明超有机的集体性真实表达,文化特征的相对强度可以表示超有机体的区域强度。[①]索尔也将"文化区"概念引入地理学研究,分析区域文化差异,他从物质和时间的角度而不是从进化的角度来处理文化起源和传承的问题,以及潜在进化意义的问题。

迈克尔·索罗特(Michael Solot)总结了索尔反对环境决定论的三个方面:反对在文化进化论解释中优先考虑物质或环境条件,反对将经济动机归咎于前现代的人类,反对假设不同文化的发展存在着平行的阶段。[②]文化进化论者认为文化的发展是适应环境的结果,例如人口的压力与资源的紧张关系致使文化改变;索尔则强调人类的主动意识,他以家畜驯化为例,说明人类有意识和能力改造物质环境和选择自己发展的道路。索尔并不否认自然环境的影响和限制,而是反对将自然环境作为决定因素的因果关系。经济动机,就是人类为了缓解人口压力,提高技术发掘和榨取自然资源,这是今天人类面临环境问题的思考模式,但不能将其强加于早期的人类,比如动物驯化很可能是宗教仪式,而不是为了解决人口压力。索尔认为每个不同的文明不一定都必须经过所有的发展阶段,因为文化扩散传播会导致出现跳跃式发展。这些论点都反映在他的著作《农业的起源与传播》(*Agricultural Origins and Dispersals*)中。

(二)索尔的重要著作

《农业的起源与传播》出版于1952年,包括五章内容,分别是人类—生态的主导(Man-Ecologic Dominant)、旧世界的耕作者和他们的家畜、新

---

① Alfred Kroeber. *California culture provinces*. University of California Publications in American Archaeology and Ethnology, 1920, 17: 151-169.

② Michael Solot. Carl Sauer and Cultural Evolution. *Annals of the Association of American Geographers*, 1986, 76(3): 508-520.

世界的耕作者、播种与收获等。

索尔在第一章中解释了时间是地理的一个维度，认为地理学应依据人类的生活方式辨别“文化区”，通过人工制品寻找发源地和扩散，以及所处的文化和自然环境。

> He is interested in discovering related and different patterns of living as they are found over the world-culture ares. These patterns have interest and meaning as we learn how they came into being. The geographer, therefore, properly is engaged in charting the distribution over the earth of the arts and artifacts of man, to learn whence they came and how they spread, what their contexts are in cultural and physical environments.①

索尔从末次冰期谈起人类的迁徙，通过白令海峡进入美洲大陆。早期最重要的发明就是火的使用，火可以作为人类文明的重要特征，至今壁炉与家仍然有同样的含义。在壁炉前也是社会交流和生活的空间。通过火的使用，人类学会了木工、造船、食物加工。火的大范围使用也对自然环境产生影响，降低了森林覆盖率，也会改变某类植物的性状，同时耐阴的植物减少，喜阳植物增多。

第二章分析农业和家畜驯养的起源，索尔认为具有6个基本前提：①长期或间歇式缺乏食物不会产生农业，人类在贫困和饥饿的环境中没有时间和办法开展缓慢的、休闲式的食物开发试验。“需要是发明之母”不一定准确。②农业发源的地方应该具有高度的动植物多样性，同时也应该具有多样化的地形和气候。可以为动植物的驯化试验提供丰富的资源，也就是拥有丰富的动植物基因库。③最初的耕种者不会定居在大

① Carl O. Sauer. *Agricultural Origins and Dispersals.* New York: George Grady Press, 1952:1.

型河谷地区，因为经常受到洪涝灾害的威胁，需要建造大型的水坝、沟渠和灌溉系统，这些水利设施表明存在较大规模的人口和复杂的社会，所以农业起源应该在山地区域。④农业首先在林地出现，林间空地比起草地更容易开垦。⑤农业的发明者已经获得了与农业相关的技能，比如在林地生存的砍削器使用者。⑥只有人类定居才能出现农业，农业不像游猎随时转移，尤其是农作物从耕种到成熟，需要白天和晚上不间断地看守直至收获。基于上述6个前提或假设，以及考古成果，索尔判断最早的农业摇篮是在东南亚地区，湿热的气候，干季与雨季交替，动植物品类丰富，人类靠近淡水湖泊、河流定居，发展出了渔业文化。这个地区是最早的家畜动物产生的源地，植物改良和培育的主要技术中心，并向亚洲和非洲扩散。

第三章论述了美洲农业的起源与扩散。索尔将美洲称为新世界，将亚欧非大陆称为旧世界，处于低纬度的墨西哥和南美洲西北部地区是农业出现和扩散的源地。

第四章讨论了世界种子农作物的培养和扩散。

第五章讨论了动物驯养的起源问题，索尔引用了爱德华·哈恩(Eduard Hahn)的研究。哈恩也认为动物的驯养与人类早期的宗教信仰有关系，不同于经济动机是人类创造力的源泉的认知，随着人类早期社会的变迁，信仰崇拜也随之变化，母系社会重视生育崇拜，到父系社会，在祭祀时屠宰动物是高级的仪式。索尔还分析了山羊、绵羊、驴、牛、骆驼、马等重要动物的驯养起源地和传播。农业的发展推动了人类社会的发展，人类社会的发展促进了农业技术提高和规模的扩大；同时索尔也承认气候干旱、高纬度寒冷地带对农业的限制，人类属于有机世界的组成部分，仍在不断地干预和改变生命的本质和平衡，通过历史研究，使我们更清楚现在的危机和责任，以及展望作为造物主一样的人类前景。

索尔关注早期的人类与环境的关系，可以更清晰地展现人类如何改变环境的过程。因此他对西班牙殖民时期的美洲也非常感兴趣，也就是他的另一部重要著作《早期西班牙的大陆》(*The Early Spanish Main*,

1966)。全书共有17章内容,前6章详细梳理了1492—1502年哥伦布4次航行发现新大陆的过程,以及加勒比地区的自然和人文情况。第七章至第十七章仔细分析了1502—1519年西班牙人在美洲的探险、殖民、与原住民冲突、开发和掠夺资源等过程,呈现了古老的印第安文明大陆迅速转变为西班牙殖民地的过程,居民也由印第安人转变为少量的西班牙人和大量黑人奴隶。

(三)索尔对历史地理学方法论的论述

索尔对历史地理学理论的探讨集中在两篇论文,即《景观形态学》和《历史地理序言》(Foreword to Historical Geography)。

《景观形态学》1925年发表在加州大学地理学出版物(第2卷第2期),这篇论文是欧美文化景观概念的经典。关于景观的定义,索尔认为它是一个地理单元概念,表达地物之间的联系,等同于地区或区域,而在专业性和尺度上不同,景观是一个有机单元,把土地和生命联系在一起。景观不仅仅是看到的风景,而是可以从众多风景中提炼普遍性的意义。卡尔·李特尔将形态分析方法引入地理学的研究(形态分析方法最早用于生物学,描述动植物的外貌和性状)。索尔也利用这种方法分析景观,是因为具有有机结构的景观中各类元素组织可以被称为形态;不同景观结构拥有对等的功能,属于同源属性;结构元素有一定的组织顺序,尤其呈现出时间顺序。

景观分为自然和文化景观,地质构造、气候条件是自然景观的基础,气候是自然景观形态形成和变迁的最重要驱动力。而气候与景观的关系通过植被表现出来,植被覆盖变化也是景观的重要因素,经过时间过程形成了自然景观形态,包括气候、海洋和海岸、植被、土地,土地的形态包括地表、土壤、河道湿地、矿产资源。

文化形态学也称为人类生态学,在1920年前后开始有学者使用文化形态术语和方法研究地理学问题。文化景观归根结底是一个地理区域,其特征是人类的作品,需要关注人们的精神、风俗、信仰,以及人们在景观上留下的痕迹。人口的形态主要是规模、密度和季节性迁徙；住宅包括结构类型、组群、扩散和聚集；人类产品的形态包括土地利用类型、农业、森林、矿场，以及人类忽视的区域。文化景观由文化群体塑造自然景观而来，文化是动因，自然区域是媒介，文化景观是结果。文化景观随着时间经历不同的发展阶段，新文化的介入致使文化景观重兴或新文化景观兴起。索尔认为形态学可以应用于地理学方法论、区域地理学、历史地理学和商业地理学等地理学分支领域。①

《历史地理序言》，这篇长文是1940年索尔写给美国地理学家协会的演讲稿，高屋建瓴地讨论了美国地理学的发展趋势、方法论和前景，并于1941年发表在《美国地理学家协会年报》。②索尔在文中简短地回顾了美国地理学的发展历程，批评了美国地理学界不重视溯源、过程和演变的研究趋势，并提出了地理学的三个基本点。首先，地理学史虽然不被经常提及，却是伟大的知识遗产；对美国地理学产生重要影响的学者，除了拉采尔外，还有德国著名地理学家和经济史学家爱德华·哈恩，哈恩得到了李希霍芬(Ferdinand von Richthofen)的指导，研究家畜驯化起源和空间分布，相继发表了《家畜及其与人民经济的关系》《犁文化的出现》《从锄头到犁》《十九世纪末的世界经济》等论文或著作，而这些也影响了索尔的农业起源和扩散的研究。其次，美国地理学不能脱离自然地理学。最后，索尔认为人文地理应以姊妹学科人类学为基础，拉采尔所详述的文化传播，是人类学基本的分析问题，人类学早已发展为“文化圈”(Kulturkreis)和“文化区”(Culture area)的概念。在方法论上，人类学分析方法最为先进，尤其是涉及地理分布问题，物质文化形态分析也与人文地理方法一致。

文中在论述历史地理性质之前，说明了地理学的核心任务是检测地球上各种现象的位置(localization)，以及人文地理学的主要内容是研究人

---

① John Leighly. *Land and Life: A Selection from the Writings of Carl Ortwin Sauer*. Berkeley and Los Angeles.: University of California Press, 1969:315-350.

② Carl O. Sauer. Foreword to Historical Geography. *Annals of the Association of American Geographers*, 1941, 31(1):1-24.

类活动的区域分异。人类活动反映了人类的环境应对，环境应对并非取决于身体刺激，也不取决于逻辑上的需求，而是取决于习俗（habits），这就是文化（culture），文化可以因态度和技能改变，因此文化就是特定人群在特定时间段内的特定文化选择，文化也将传播和扩散，直到受到物理或文化上的阻碍，这是时间过程，形成"文化区"。

"文化区"是一个生长在特定"土壤"中并拥有独特生活方式的社区（community），拥有自己的历史和地理表现方式。地理学者研究住房、城镇、工厂等问题时，不能跳过它们的起源，也不能离开文化的功能和群体的生存历程。如果将人群的交流看作区域的增长，我们需要分析这群人的空间分布（聚落）和活动（土地利用），以及这群人学习和获得的生存和生活模式（文化特质）。这样研究一个文化区就是历史地理，本质是分析起源与过程。

重建过去的文化区是一个琐碎漫长的工作，重建过程应像文化史学家对史料、考古资料有所选取。索尔以自己研究西班牙征服墨西哥为例，主要收集居住和经济数据，需要了解16世纪早期墨西哥的人口分布、城市中心、城市经济、农业类型、矿石资源、动植物资源以及交通路线。重建过去的文化景观会遵循3个原则，即需要从整体上理解特定文化的功能性知识；掌握当代所有的证据；与特定文化关系最紧密的地形特征。因此历史地理学者首先是区域专家，他不仅要知道区域今天的面貌，还要根据变化的痕迹，寻找区域过去的特质；不能站在研究者角度，而是站在被研究的文化群体和过去文化群体成员的视角，分析、评价和评估环境。

索尔还解释了文化区的性质。文化区不同于自然区，后者根据不同的自然元素，划为一个自然单元；文化区必须要定义为功能一致的生活方式占主导地位的区域，文化区的核心、边缘和结构在不断变化，但仍会保持有机的连续性。我们关注文化系统的起源，如同农业的起源问题，然后关注文化扩散的方式和速率；一个文化区与另一个文化区相对稳定性；文化系统崩溃或衰落，以及后续文化的生长。

如何重建过去的文化区，学者首先要掌握大量的文献，同时期的地图是最好的资料。然后是田野调查工作。田野调查尤其关注没有文献记载的文化遗存,诸如各类建筑、村庄平面格局、土地利用模式、农作物和家畜的分布、矿场矿坑、伐木遗迹、水力或畜力、交通方式、磨坊,等等,通过调查分析区域性的生产活动。

索尔总结了11项历史地理研究需要深入研究的主题:

(1)长期影响人类的自然地理特定过程研究。①最重要的就是气候变迁和周期问题;②冰川作用后的自然植被变化,尤其是美国中部地区的大草原变迁;③人类占据时期的海岸线和径流的变化。

(2)人类作为自然地理的动因(agent)。①聚落和开荒是否影响气候变化,需要深入分析;②人类也是影响地貌变化的驱动因素,比如土壤侵蚀与农业的关系;③所有破坏性的开发都应纳入人类居住地的变化;④土地利用方式是文化与动植物生态之间的关系。

(3)聚落的位置。定居点的位置表现了建造者对其的偏好。

(4)聚落形态。①居住的分散或聚集,②聚落群的空间与规模,③城镇的功能专业化,④主要城镇内部的功能分化。

(5)住宅类型。住宅不仅仅是婚姻关系,还是基本的社会或家庭单元,涉及家庭人数、经济生活方式、房屋样式,等等。

(6)土地利用方式与文化区历史结构有关。理论上存在居住地与人类需求之间的短暂平衡。环境的优势和劣势与文化特定发展阶段相关,土地利用与一个社区的需求和能量相适应,并随之变化。然而土地利用变化滞后,部分原因是难以突破土地产权的边界,也会遭到传统利用方式的反对。这种现象反而保留了大量的历史元素,因此聚落形态、住宅类型、土地制度和土地权属是重建文化变化和连续性的最佳观测指标。

(7)文化是否存在鼎盛期。人类社会是否像某类生物物种一样有鼎盛期?人口增长的极限、生产的极限、财富的极限、思想的极限,成熟的文化能否超越极限?我们虽然对文化循环发展保持怀疑态度,但历史地理关注文化的繁盛、稳定和衰落。文化的衰落,部分原因是文化的能力与居住地的质量关系，以及人口过剩，可能造成严重社会问题。

(8)文化的包容力。比如新农作物的被接纳程度，是鼓励传播还是阻碍传播？除了地理环境、气候的障碍外，还可能有社会经济的影响。

(9)一个文化区内能量的分布。文化区的边界一般是活的，显出了文化的扩张，这与美国著名历史学家特纳(Frelerick J. Turner)的"边疆学说"相似，比如墨西哥北部边疆一直是活跃区。

(10)文化的阶段和延续。不同的人类社会不一定都经历相同的发展阶段，这是一种假设，游牧民族的祖先不一定是猎人，也有可能是古老的农业民族。

(11)不同文化对空间的竞争。在不同文化的交汇区，双方力量的均衡促成边界的形成，体现了文化能量和适应性。经过竞争、吸收、贸易或优越的适应力，所有的文化都以获得或失去土地的特性为标志。

索尔认为人类社会没有普遍的规律，只有文化的认同，而在文化的行为、体验、驱动力的探索中，地理学者应该发挥重要的角色和作用。20世纪20年代至60年代是"伯克利学派"的形成和发展期，70年代以后，随着人本主义运动在北美地理学界的兴起，"伯克利学派"逐渐衰落。从地理的事实与现象出发，研究不同地区的人类文化与环境的相互关系，以及这种关系的发生和演变过程、内在规律，正是历史地理学的核心问题。①

二、达比与历史地理研究

达比，著名的英国历史地理学家，1909年出生在南威尔士的里索尔文(Resolven)，就读于剑桥大学圣凯瑟琳学院(St. Catherine's College Cmnbrilge)，1931年获得剑桥大学地理系哲学博士学位，并留校任教。二战期间，达比被政府任命为军队情报部官员，1941年掌管英国海军部地理手册中心。1945年任利物浦大学(Liverpool University)地理系教授、主任，1949年赴伦敦大学学院(University College London)任教，1966年回到

① 邓辉：《卡尔·苏尔的文化生态学理论与实践》，《地理研究》2003年第22卷第5期。

剑桥大学,1976年退休。先后担任英国地理学家协会(Institute of British Geographers)主席(1961年)、英国国家地理委员会(British National Committee for Geography)主席(1973—1978年),1967年当选为英国国家学术院(British Arademy)院士,并任副主席(1972—1973年),1975年获英国皇家地理学会(Royal Geographtcal Society)荣誉院士,1988年因在历史地理学领域的贡献被授予英国骑士爵位。[①]他主要从事英格兰历史地理研究,有《清册地理》(也称《世界末日审判书地理》,*Domesday Geography*,1952—1977)、《1800年之前的英格兰历史地理》(*An Historical Geography of England before A.D.1800*,1936)和《最新英格兰历史地理》(*A New Historical Geography of England*,1973)等名著。达比成为同时代中最重要的地理学家之一,也是一位具有国际影响力的杰出学者。[②]

(一)历史地理方法论的解释

达比在《地理与历史的关系》一文中,详细地论述了地理与历史的4种关系:历史背后的地理(the geography behind history)、过去的地理(past geographies)、地理背后的历史(the history behind geography)、地理中的历史元素(the historical element in geography)。他也简单地介绍了历史地理的研究方法,即连续剖面法(successive cross-sections)、水平剖面法(horizontal cross-sections)、纵向主题法(vertical thems)。

(1)历史背后的地理。达比分析了历史学研究中注重地理的解释,不同于以往的著作关注事件和政治,法国历史学家米舍莱(Jules Michelet)撰写的《法国史》则开始关注地理在历史中的作用。此外德国的一些史学家也开始认识到地理的重要性,比如恩斯特·柯蒂斯(Ernst Curtius)在著作中对历史和地理问题的记述,得到了洪堡(Alexander von Humboldt)的

---

① Michael Williams. Henry Clifford Darby, 1909-1992. *Proceedings of the British Academy*, 1995,87:289-306.

② Peter J, Perry. H.C.Darby and Historical Geography: A Survey and Review. *Geographische Zeitschrift*, 1969,57:161-177.

称赞。环境决定论则强调以地理解释历史,"历史受地理支配""历史是地理的运动""历史是地理的层级积累",等等。比如森普尔的名著《美国历史及其地理条件》(*American History and Its Geographic Conditions*,1903)和布莱汉姆(Albert.Perry.Brigham)的《地理因素对美国历史的影响》(*Geographic Influences in American History*,1903)。这两部著作有所不同,后者更接近于"历史背后的地理"。

(2)过去的地理,也就是历史地理,即使用地理学的研究方法和历史数据资料,目的是重建过去的地理。达比认为美国地理学家拉尔夫·霍尔·布朗的《美国人的镜子:东海岸的肖像,1810》(*Mirror for Americans: Likeness of the Eastem Seaboarl,1810*)是历史地理研究的杰作之一,但其局限是未能使用关于东海岸地形、土壤和气候的现代地理学知识。1935年,阿尔佛雷德·H.迈耶(Alfred H.Meyer)对美国印第安纳州和伊利诺伊州北部的坎卡基沼泽的变迁研究中使用了连续剖面法,重建了4个主要土地利用的阶段。达比在《1800年之前的英格兰历史地理》中也使用了这种分析方法。连续剖面法在实际操作时存在一定难度——在景观演变过程中,不同元素有不同的变化速率,或不能同时变化,而且有些信息需要在每个横剖面中重复。虽然需要作出一些妥协,但这种分析方法对研究区域显著变化阶段尤为重要。

(3)地理背后的历史。达比认为所有的地理都是历史地理,各种景观不仅是地形、土壤和气候作用的结果,也是世世代代居民利用开发的结果,强调人改造自然的能力和作用。在这样的认知下,出现了以人类征服自然为主题的代表作品,比如马什(G.P.Marsh)的《人与自然》(*Man and Nature*,1864),被认为是美国环境保护主义和环境史研究的开端。还有夏洛克(R.L.Sherlock)的《人类作为地质的推动者》(*Man as a geological agent*,1922)、克拉克(A.H.Clark)的《人类、植物和动物入侵新西兰》(*The invasion of New Zealand by people, plants and animal*,1949)。达比基于此也开发了水平剖面法和纵向主题法,比如森林的砍伐、沼泽的开发、荒野的开垦、聚落的变迁,等等。

(4)地理中的历史元素。没有历史的地理是随机的、不稳定的,只从看到的景观,我们不能清晰地解释景观形成的因素。如何更全面地理解今天的地理,达比提出了两个方法:一种方法是哈佛大学的地理学家惠特尔西(Derwent Whittlesey)的"连续占领"(sequent occupance)也称"连续文化层",研究者不仅仅要重建过去的地理,或者分析景观中变迁的要素,而且需要关注过去占领的不同阶段,以及存留至今的各种痕迹。普雷斯顿(Preston James)以此为理论基础分析了新英格兰南部的黑石谷景观的发展,分别经过了印第安人的原始农业景观、欧洲殖民者更高级的农业景观、工业城市景观,各个阶段的景观并不是完全抹去上一个景观,而是以斑块形态分散镶嵌在黑石谷。另一种方法是地理书写中的历史方法,即用当代术语无法解释景观时,再回顾景观的历史。当然上述两种方法都有各自的缺点,但研究今天的地理,历史元素是重要的组成部分。

(二)英格兰历史地理研究

达比与相关学者共同致力于英格兰的历史地理研究,7卷《清册地理》全面展现了中世纪时期英格兰的地理面貌。1936年,达比运用系列横剖面方法完成了《1800年之前的英格兰历史地理》。1973年,达比又组织学者共同撰写出版了《最新英格兰历史地理》,时限从盎格鲁-撒克逊人时期直到20世纪初期,并吸取了学界的建议,对静态的水平剖面进行改善,增加动态的纵向主题分析法,研究方法进一步完善。

《最新英格兰历史地理》共有12章内容,其中第一章盎格鲁-撒克逊人的奠基,由达比和其他两位学者共同撰写,达比独立完成第二章和第七章内容。第二章是关于《末日审判书》时期的英格兰,使用水平剖面法展现中世纪时期的英格兰地理情况,也浓缩了达比组织研究《清册地理》的成果。第七章题为"改造时代:1600—1800",则使用了纵向主题法分析两个水平剖面之间的动态变化过程。

《清册》是在诺曼人征服英格兰之后,1086年,威廉国王为了加强有效的统治，下令进行全国调查，作为征收赋税的重要基础，调查内容主要包括两类：一是税收、田地和人口；另一类包括牧场、盐田、荒地、葡萄园、磨坊等详细数据，是研究中世纪英格兰不可多得的宝贵文献。第二章分析的地理问题涉及人口、乡村、手工业、城镇与贸易等4个方面。调查人口的单位为户主，其总数为27.5万人，达比估计英格兰总人口可达到150万人，通过人口密度图可视化人口分布，其中东英格兰人口密度最大，每平方英里超过15人。对乡村地区的地理分析最多，达比利用耕作组（拥有8头牛的农户为一组）的分布情况反映可耕地的数量和肥沃程度，沿海地区和牛津郡北部地区可耕地最多。在1086年前后几年间，气温下降，英格兰农业遭灾严重，农作物和果树成熟较晚，数百人饿死，1089年有的作物直到11月11日才成熟。牧场、草地在英格兰北部和西部地区的分布亩数超过其他地区，而且牧场的价值高于耕地。树木是11世纪英格兰突出的风景，人们为了开垦土地砍伐树木，并将其作为冶炼金属的燃料，等等。

森林和林地在《清册》里含义不同，威廉国王喜欢狩猎，因此森林受到法律的保护，不能被砍伐开垦，有时还会扩大森林的范围。鱼在中世纪英格兰的居民生活中扮演着重要的角色，主要渔场分布在泰晤士河、塞文河、特伦特河、大乌斯河、迪河、梅德韦河、埃文河等河流，而海洋渔业几乎未曾提及。《清册》记录了55个地区有葡萄园，葡萄的种植面积因诺曼人的到来获得了扩大，此外还专门记录了废弃地的数据，专指战争中被蓄意破坏的村庄和耕地，这样的土地大量分布在英格兰的北部地区。手工业方面，有铁和铅冶炼场、采石场、制陶业；盐业主要分布在东部和南部滨海地区，这里存在着大量的盐田，有关于内陆盐水泉和卤水坑的记录，主要集中在伍斯特郡和柴郡。罗马统治崩溃之后，英格兰城镇也随之衰落，达比根据《清册》整理出了112个自治市（borough），它们是英格兰城镇发展的基础，但记录中没有最大自治市伦敦的影子。约克、林肯、诺维奇、塞特福德等城镇约有四五千人，牛津、斯坦福、瓦林福德、埃克塞特、达利齐等城镇约有两三千人，同时这些城镇也有商业和市场的存在，也证明了中世纪英格兰城镇发展进入了新的阶段。[①]

1603年都铎王朝结束，英国开启了近代改革时代。达比在第七章中长篇幅地讲述了1600—1800年200年间的英格兰地理变化，主要包括人口、乡村、工业和交通、城镇等4个方面。根据教区和赋税等资料，学者们估算英格兰的人口数量，1695年约有400万~450万人，1700年约有600万人，1750年约有650万人，1780年约有750万人，1801年英格兰第一次人口普查，人口总数为890万人。人口增长率在1780年后迅速上升，人口数量激增，传统观点将其归因为是医疗水平提高，也有观点认为是经济的发展和生活水平的提高，当然还有传染病减少等因素。

达比基于历史数据和学者们的研究成果进行了人口增长的区域差异分析，比如伦敦地区的人口增长是大量移民的涌入，而不是自然增长。乡村地区的农业也有了飞速发展，作物品种、肥料、家畜等都得到了很好的改良，耕地的面积也大大增加，同时森林减少，大面积的沼泽也被排干，大量皇家和贵族景观花园开始出现。农业的发展之外，工业革命是这个时代最耀眼的事件，尤其是在纺织业、冶铁业和煤矿业等3个领域，深刻地改变了英格兰的经济面貌。工业的发展也推动了交通运输的长足进步，交通拥堵现象大量出现，每年新修许多道路，收费站点迅速减少；水运也日益繁荣，内陆运河网络形成，沟通了众多工业城市。17世纪和18世纪早期，英格兰的城镇并不繁盛，除了伦敦之外的5个大城市——诺维奇、约克、布里斯托尔、纽卡斯尔、埃克塞特，常住人口约一两万人。工业革命之后，比如利物浦、考文垂、曼彻斯特、利兹、莱斯特等，大量的工业、商业、港口城市如雨后春笋般出现，原来的一些大城市也因工业或矿产而兴盛。例如新兴的工业中心曼彻斯特—索尔福德地区，在17世纪早期约有1.2万人，1775年有3万人，至1801年人口增长到8.4万人。伦敦是最大的城市，在1660年约有人口46万人，1665

---

① H. C. Darby. *A New Historical Geography of England.* Cambridge: Cambridge University Press, 1973: 39–74.

年发生瘟疫损失了10万人，1666年伦敦大火烧毁了旧城3/4的面积，但迅速重建，建成区向西扩展至威斯敏斯特区域。1700年新扩展区域就有60万人，达比认为这时的伦敦人口规模已经超过了巴黎，一跃成为欧洲最大的城市，1801年普查人口为96万人。[①]

达比认为历史地理应关注人类活动影响下的景观变迁，英国的人文地理格局始于盎格鲁-撒克逊人，他们站在罗马占据的遗迹之上，开启了新的篇章。[②]《最新英格兰历史地理》是达比运用历史地理学研究方法的纯熟之作，不同于索尔的方法，水平剖面和纵向主题法要求尽量详细地分析相应的地理问题。20世纪30年代至70年代，达比与同事、学生形成了具有广泛影响的达比学派，中国学者侯仁之就在利物浦大学师从达比学习历史地理学，"在理论和方法论方面受到他的很大影响，在思想上完成了从沿革地理学向现代历史地理学的转变。1949年侯仁之学成归国，将达比的理论应用到中国历史地理学实践中，逐渐摸索出一套独具特色的历史地理学研究风格。从某种程度上说，中国现代历史地理学的创立与发展，受到达比学术思想的很大影响"[③]。

三、布朗与美国历史地理研究

拉夫尔·布朗1898年出生在马萨诸塞州的艾耶尔（Ager），1921年毕业于宾夕法尼亚大学，1925年获得威斯康星大学博士学位，之后在科罗拉多大学任地理学讲师。1929年升为助理教授。同年进入明尼苏达大学，1938年为副教授，1943年升为教授。布朗一生致力于历史地理的研究，他的两部著作获得学界一致赞誉，即《美国人的镜子：东海岸的肖像，

---

① H. C. Darby. *A New Historical Geography of England*. Cambridge: Cambridge University Press, 1973: 302-388.

② H.C. Darby. The Changing English Landscape. *The Geographical Journal*, 1951, 117(4): 377-394.

③ 邓辉：《论克利福德·达比的区域历史地理学理论与实践》，《中国历史地理论丛》2003年第18卷3期。

1810》、《美国历史地理》(*Historical Geography of the United States*)。这两部著作影响了当时美国的历史地理研究范式。上文介绍达比在讨论历史与地理的关系时,认为森普尔和布莱汉姆的著作探讨了历史背后的地理,将地理作为历史的条件或影响因素,严格上说这样的研究更倾向于历史学,而布朗的著作属于地理学的范畴。[①]

《美国人的镜子:东海岸的肖像,1810》,1943年由美国地理学会出版,是历史地理研究的先驱性著作,[②] 布朗采用了有意思的撰写方式,设计了一位虚构的费城人(Thomas Pownall Keystone)收集美国东海岸的地图、文章、图书等资料,并进行经济、社会和政治地理分析。此书分为两个部分:第一部分包括6章,描述了东海岸的自然环境、人口、旅行方式、职业、海运和贸易等情况;第二部分分为7章,重点分析了圣劳伦斯河至佛罗里达的区域,涉及社会、经济和政治等,强调了城镇对新英格兰的重要性,以及造船和海洋在区域经济发展中的作用。这部著作虽然存在不足,但在当时对欧美历史地理的研究产生了较大的影响。

1948年,布朗在《美国人的镜子》基础上出版了《美国历史地理》,惠特尔西对此高度赞誉,称这部著作"是一位成熟的地理学者完成的开创之作,赋予历史地理新的活力。作者已将地理学和历史学完美地结合在一起,他的逝世是两个学科的损失"[③]。《美国历史地理》的时限从西班牙、英国和法国等欧洲国家在北美大陆的殖民活动开始,直到19世纪70年代,全书分为6编29章,包括殖民时期的北美、19世纪初期的大西洋沿岸、1830年以前俄亥俄河和下五大湖地区(Lower Great Lakes Region)、1820年至1870年的新西北地区、1870年以前的大平原(Great Plains)及其周围

---

① Stanley D. Dodge. Ralph Hall Brown, 1898-1948. *In Annals of the Association of American Geographers*, 1948, 38(4): 305-309.

② Nelson Vance Russell. Reviewed Work. *The Mississippi Valley Historical Review*, 1944, 31(1): 118-119.

③ Derwent Whittlesey. Reviewed Work: Historical Geography of the United States by Ralph H. Brown. *The American Historical Review*, 1948, 54(1): 147.

地区、1870年以前从落基山到太平洋沿岸。详细地论述了美国早期领土的扩张过程，农业、工业和交通的发展，以及民族、人口的分布变化等方面，内容十分丰富，资料来源也多种多样，并通过数量较多的地图清晰地展现了地理要素的变迁过程。布朗比较看重当时人们的集体认知，他坚持认为不能以今日的认知解读过去的自然环境，包括地表、植被、土壤和气候等，而是必须以当时人的认知来理解（original eyewitness accounts），因此他利用了大量笔记、游记、调查资料等，而这个理念也受到很大的争议。美国历史学家菲利普·乔丹（Philip D. Jordan）认为《美国历史地理》具有里程碑的意义，修正了森普尔以来的历史和地理的关系。[①]

美国学术界也有针对布朗研究的批评，其中著名的拉丁美洲史学家伍德罗·博拉（Woodrow Wilson Borah）的批评最为深刻，博拉曾跟随索尔攻读博士学位，他和布朗的历史地理研究方法存在较大的差异。博拉认为《美国历史地理》存在一些问题：其一，作者通过早期殖民者和探险者的记录和调查报告重建过去的环境，因此存在遗漏的地区，比如美国西南部地区、密西西比河中部河谷地区、俄亥俄河南部地区和路易斯安那州等没有进行研究；其二，布朗认为每个时期人们的集体认知是最重要的，因此他比较看重相关文献资料，但这些资料有时并不可靠，相对欠缺地理的专业性，达比也曾对此提出了异议；其三，布朗的主旨是要重建过去的自然和文化景观，博拉认为布朗将人作为生态环境中的一个组成部分，欧洲殖民者的文化模式改变了北美的环境，不能不考虑其改变的过程，但是当时殖民者不会意识到这一点，并且布朗忽略了殖民者对北美自然环境、资源的严重破坏，这部著作与其说是历史的深究，还不如说是一场戴着眼镜的怀旧之旅；最后，博拉认为这部著作只是将各种案例、故事穿插起来，并没有达到普遍意义的理论高度。[②]

---

① Philip D. Jordan. Reviewed Work: Historical Geography of the United States by Ralph H. Brown. *Minnesota History*, 1948, 29(3): 248–250.

② Woodrow W. Borah. Reviewed Work: Historical Geography of the United States by Ralph H. Brown. *The William and Mary Quarterly*, 1949, 6(2): 306–312.

欧美学界对布朗的研究毁誉参半，但是布朗看重当时人们的集体认知，得到了学界的认可，不能以今日的观念去揣测和度量过去人们的地理观念。布朗也推动了美国本土历史地理的研究，其中以唐纳德·麦尼格(Donald William Meinig)[①]的著作最为经典，他在20年间相继出版了4卷巨帙《美国的塑造》[②]，以地理学的视野和方法论述了1492—2000年的500年间美国国家形成、疆域扩张、民族战争、交通网络、区域发展、文化交融、城镇体系演变及世界体系等方面，囊括了美国历史上的主要问题，十分巧妙地通过区域研究和空间分析方法进行深入地解读，将美国历史地理的研究推向了一个高潮。

四、欧美历史地理传统研究方法的坚持与挑战

罗伯特·纽科姆(Robert M. Newcomb)总结了20世纪70年代以前欧美历史地理学的12项研究方法或理念，包括时间横剖面法(the Temporal Cross-Section)、纵向主题法(the Verical Theme)、多层三明治法(the Dagwood Sandwich，即结合时间横剖面和纵向主题法)，以上三种方法主要是达比的代表性方法；回溯法(the Retrogressive Method)，这种方法需要高超的文学素养，从今天的地理情况回溯至对今日有重大影响的时刻，法国的历史地理学者普遍喜欢这样的方法；动态文化史(Dynamic Culture History)，根植于人类学，对于研究文化的起源、传播扩散、消亡和替代是极为有效的，其与纵向主题法类似，但它常常用于研究文字出现以前的人类活动，索尔的《农业的起源与传播》就是这种方法的代表作之一；历史区域地

---

① Donald William Meinig的中文翻译有梅宁、梅尼格等，经咨询多位美国的学者，他们称Meinig属于德语名，大部分发音为"Mai Nig"，因此音译为麦尼格。

② Donald W. Meinig. *The Shaping of America: A Geographical Perspective on 500 Years of History*, Volume1 *Atlantic America, 1492-1800*.New Haven & London: Yale University Press, 1986; Volume 2 *Continental America, 1800-1867*. New Haven & London: Yale University Press, 1993; Volume 3 *Transcontinental America, 1850-1915*. New Haven & London: Yale University Press, 1998; Volume 4 *Global America, 1915-2000*. New Haven & London: Yale University Press, 2004.

理法(Historical Regional Geography),这种方法需要良好的历史学和地理学专业素养,充分掌握历史文献资料,专注于特定区域的历史时段或发展过程,哈里斯(Harris) 和梅伦斯(Merrens)的著作是运用这一方法的优秀作品。①

欧美历史地理学在20世纪五六十年代,出现了新的研究理念或视角。其一,人类的角色是景观变迁的中介(Man's Role as an Agent of Landscape Change)。上文已经论述了这一理念的来源,就是以托马斯(Thomas)主编的《人类改变地球面貌的作用》为重要标志,这也直接导致美国环保主义运动的兴起。人类探索和开发自然环境,涉及矿产资源开采、水资源利用、人口增长、食物加工,以及气候变化等问题,这也就需要研究者具备更多的相邻学科的知识和方法。

其二,历史遗迹的空间分异(Areal Differentiation of Remnants of the Historic Past),强调对历史时期景观要素遗存的形态和分布特征进行分析,这在现代人文地理学研究中具有重要的价值,但在历史地理研究中不占重要席位,因为其过于看重连续性或不连续性的事物。

其三,生活方式(Genre de vie),这是法国地理学的概念,它与历史区域地理、横剖面法和动态文化史方法都有类似的地方,尤其是应用于人类学研究,包括生产生活方式、各种工具、各种仪式,更像是历史人类学的研究路径。

其四,理论模型(the Theoretical Model),模型可以简化复杂的地理问题,抽象出作用机制,但需要大量的完好的数据支撑,历史时期的模型研究已经在实证主义思潮引导下引入模型研究,但是大部分历史地理学者渐渐远离定量研究。

其五,景观遗产的保护研究,这属于历史地理的经世致用,分析文化

---

① Alan Harris. *The Rural Landscape of the East Riding of Yorkshire, 1700–1850*. London: Oxford University Press, 1961; H. R. Merrens. *Colonial North Carolina in the Eighteenth Century: A Study in Historical Geography*. Chapel Hill: North Carolina University Press, 1964.

遗产的价值,重建遗产的历史面貌,对遗产保护和发展路径具有重要的学术应用价值。

其六,历史感知法(Past Perceptual Lenses),通过分析历史时期人类的感知,可以理解人类对地理环境的认知及决策行为。凯文·林奇(Kevin Lynch)认为景观可以作为一项巨大的记忆系统保留社会群体的历史和理念,那么历史感知就能够作为可见的历史。[①] 斯派瑟(Spicer)对美国西南部和墨西哥西北部地区的研究属于历史感知的研究成果,探析了西班牙人、墨西哥人和英国人后裔对环境的不同认知,造成景观的变化和社会冲突。[②] 随着人本主义思潮的盛行,历史感知的研究也呈现了丰富的作品。伦纳德·古尔克(Leonard Guelke)认为索尔、达比、克拉克和唐纳德·麦尼格对欧美的历史地理研究产生了巨大的影响,虽然在方法论上存在差异,但他们都是侧重人类与环境的关系,关注过去的地理,将时间作为元素融入地理分析,而都缺乏历史哲学的思考。历史地理需要重新思考这种范式,应该转向关注有智慧的人,呈现人的思想和智慧变化,景观的形成与变化都是人的思想和智慧创造或改变的物理实体,就像柯林伍德所说"历史是思想史"[③]。这样的评论反映了欧美历史地理研究范式出现了新的探索。

1960年至20世纪70年代是欧美历史地理研究范式的重要发展阶段,索尔和达比研究模式仍在占据主流,但是已经渐渐远离定量分析的潮流。历史地理学者并不是都排斥定量分析,主要是历史数据的完整性、可靠性和分析技术的缺陷,获得构建的模型或定量分析结果不具备说服力,有些学者也意识到定量分析的重要性,随着研究辅助技术水平的提高会

---

① Kevin Lynch. *The Image of the City*. Cambridge, Mass.: Technology Press & Harvard University Press, 1960: 126.

② E. H. Spicer. *Cycles of Conquest: the Impact of Spain, Mexico and the United States on the Indians of the Southwest, 1533–1960*. Tucson: University of Arizona Press, 1962.

③ Leonard Guelke. The Relation between Geography and History Reconsidered. *History and Theory*, 1997, 36(2): 216–234.

解决很多难题。[①]

达比在1983年英国地理学家学会成立50周年纪念会上发表了特约演讲，题目是《历史地理在英国1920—1980：持续与变革》，回顾了英国历史地理学者研究范式的发展历程，对20世纪60—70年代地理学研究范式的变革进行了讨论，也对将来的历史地理研究进行了展望。达比将"计量革命"比作地震，将各种思潮比作飓风（比如行为主义、存在主义、诠释学、人本主义、唯心主义、马克思主义、新马克思主义、规范主义、现象学、激进主义、结构主义、反实证主义等），对人文地理学产生了重大影响。

历史地理学者群体面对这股变革的潮流时显得有些"落伍"，但是达比认为有几件事表现了历史地理学科对传统范式的坚持。1975年，约翰·帕顿（John Patten）和安德鲁·克拉克（Andrew Clark）创办了《历史地理》杂志，历史地理学有了一个自己的学术发表平台；1974年格兰维尔·琼斯（Glanville Jones）获得了历史地理学教授职位；1979年《乡村的变化》论文集出版，收录了9位学者传统研究范式的论文，获得了地理学和历史学界的赞誉；1981年达比的研究团队在南安普敦举行了研讨会，会上的8篇论文都是坚持实用经验主义范式研究历史地理问题。达比认为各种思潮只是从不同的角度提供不同的见解，不会是全部的真理，相应的研究者也受到其自身的民族、文化环境和个人能力的制约，就像一幢建筑在不同的视角和光线下，呈现了不同的特征，但任何人不能否定建筑存在的事实。达比讲演的结尾表明了他的态度："我们可以从现在回顾过去，讨论前人的想法，但我们不能从未来展望现在。然而我们必须认识到，不同的思维方式和生活方式都有可能存在，改变不会在我们这一代人停止。有一件事是肯定的，我们今天的想法置于某个角度。当英国地理学家学会成立75周年和100周年到来时，那个时代的地理学家们在回顾我们的思想时，会以一种与我们今天不同的方式。他们也会像我们和过去几代人

① J. B. Harley. Change in Historical Geography: A Qualitative Impression of Quantitative Methods. *Area*, 1973, 5(1): 69–74.

一样，将成为他们自己的时代、文化和知识世界的囚徒。”[①]

还有一位学者不得不提，就是威廉·克罗农（William Cronon），他是威斯康星大学麦迪逊分校的弗雷德里克·杰克逊·特纳和维拉斯（Vilas）研究教授，并于2012年担任美国历史协会主席，他的成名作即《自然的大都会：芝加哥与大西部》（*Nature's Metropolis: Chicago and the Great West*），被普遍认为是环境史的代表作，但其中许多内容具有明确的地理过程和空间分析性质，这部经典著作是直接影响了笔者以海河水系与天津港关系作为论文选题。威廉·克罗农将芝加哥的成长过程与美国西部腹地，以及整个北美的发展联系在一起，他没有选择阶级、劳工、社区、种族等问题，而是探索人与自然的关系，强调城市与乡村同步一体演变，不能分割芝加哥城市的发展与美国西部腹地的关系，扭转了美国城市史将城市与乡村割裂的研究传统。

19世纪和20世纪初期芝加哥发展速度之快令人惊叹，建成区飞速扩张，草原转变为农田，原始森林迅速遭到砍伐，林地也转变为牧场，在商业和资本的推动下，位于密歇根湖西南角的芝加哥成为连接美国东部和西部地区的重要中心城市，东部与西部深度联结在一起，这就是大自然城市的奥秘。《自然的大都会》分为3个部分：第一部分为中心城市，用2章内容分析了芝加哥繁荣的自然资源和交通优势、丰富的西部资源储备，运河和铁路的建设为芝加哥的发展提供了有利条件；第二部分农业、木材和畜牧业的发展，包括3章内容，分别为草原变为农田和粮食商业的繁荣，森林的采伐和木材市场的繁荣，畜牧业和肉类的市场供给；第三部分为资本的地理，也包括3章内容，分别为银行、金融资本影响下的城市等级变化、芝加哥与圣路易斯的竞争。资本与铁路影响下的城乡一体化、城市网络变化；白城（White City）游乐园的繁荣，芝加哥大火后的重生，以及城市环境的恶化。19世纪是美国经济一体化的阶段，克罗农挖掘芝加哥与西部腹

① H. C. Darby. Historical Geography in Britain, 1920-1980: Continuity and Change. *Transactions of the Institute of British Geographers*, 1983, 8(4): 421-428.

地的关系，更大的目标要表达影响北美与世界其他地区在一个世纪中的经济和生态的转型。①

欧美的这套"地理科学"体系深刻地影响着我们，我们与世界对话需要学习这个体系或"套路"，甚至将能在《自然》杂志（*Nature*）和《科学》杂志（*Science*）上发表论文作为评判大学或学科水平的标准。国内学界有声音强调建设和发展中国特色的地理学，一代代学人也都在努力进行构建。欧美的历史地理"套路"在解读人地关系演变中有其优势，能够清晰和详细地复原过去地理环境的变化过程和剖析影响因素。当前欧美的历史地理研究也奔赴"文化转向"的浪潮，但传统的历史地理研究范式仍具有强大的生命力。

五、本书的研究

流域是以地面分水线所包围的集水区域，流域空间与人类活动的关系极为密切，表现为人水关系、城水关系。地表径流是一个比较复杂的系统，上游、中游和下游相互影响，聚落选址和发展、生产生活的布局和调控等也受到流域资源的限制。海河流域是我国人类活动最频繁的区域之一，也是人类高强度影响自然景观的区域之一。将其作为人地关系演变的经典案例，来探析和理解海河流域与人类活动的相互作用过程，对今后海河流域的综合治理、城市规划与建设、港口的布局与发展都有重要的实践意义。近代，海河的淤塞和旱涝灾害是影响天津港城空间形态、国内外贸易、内河航运和海运最重要的自然环境因素；冬季海河与渤海湾封冻也是对天津港不利的自然因素，秦皇岛港便成为冬季辅港；尤其是泥沙淤积对天津港口由内河向河口空间转移起到了巨大的作用。笔者以此问题为切入点分析海河流域的人地关系演变。

第一章说明了选题的依据和价值，并对百年来的相关研究进行了梳

① William Cronon. *Nature's Metropolis: Chicago and the Great West.* New York & London: W.W. Norton & Company, 1991: 364-369.

理，提出了研究内容及使用的研究方法和思路。

第二章总结了近代天津港的繁荣和快速发展，以及天津港面临的自然困境，主要包括洪涝灾害、航道淤积和冬季封冻等，引出研究的相关内容。

第三章介绍了近代海河流域治理的相关水利机构，包括海河工程局、顺直水利委员会、华北水利委员会、整理海河委员会和整理海河善后工程处。分别梳理了它们的成立经过和组织结构，展现了治理海河中的相关利益群体以及不同利益方的目的。尤其是在近代政局不稳、列强入侵殖民、内战频仍的背景中，各水利机构如何选取海河治理工程和措施，达到治标和治本的目的。

第四章详细地探析了各水利机构实施的水利治理工程，其中，海河工程局主要针对海河干流进行挖淤、破冰、裁弯取直等活动；顺直水利委员会在中外交涉的推动下，开展了天津周边地区的防洪工程建设，受到西方先进的水利知识和技术的影响，进行了海河水系地形测绘，并建立了科学的水文、气象观测系统。整理海河委员会和整理海河善后工程处，主要为了防止永定河洪水泥沙排入海河阻碍航运，实施海河放淤工程，对防洪排沙起到了巨大作用。华北水利委员会，在顺直水利委员会的基础上，将水利治理活动扩展到海河流域，组建了第一水工试验所，编制了科学的水利规划，基本形成了“上游蓄洪拦沙、中游固堤减洪、下游放淤泄洪、通航灌溉”的治理理念，为1949年之后的海河流域治理奠定了坚实的基础。

第五章探讨了河流环境影响下天津港口空间形态演变过程。通过回顾元明清时期运河的淤塞与治理，分析了天津河港的形成与空间转移的过程，从双中心港演变为单中心港。近代以来，漕运虽然衰落，而天津成为约开商埠，天津港日益繁荣。虽然各水利机构奋力改善航运条件，但还是面临重重的自然困境，塘沽渐渐成为河口港区，租界码头成为内港区，又形成了市内港和河口港的“一城双港”的空间形态。市内港无法满足日益增长的货物进出口量，因此才有塘沽新港的兴建，至1952年塘沽开港后，渐成为北方吞吐量最大的港口，内港也日趋衰落，“移市就海”成为现实。港城分离后，复演变为“一城一港”的空间形态。

第六章对近代海河治理的特点和天津港空间形态演变的过程进行了总结。

本书通过回顾近代以来海河治理的过程，为当今海河流域的防汛抗旱、港口布局建设、航道治理等方面提供历史视野。研究河流与城市建设发展的互动关系，解读天津港城双中心空间形态形成的历史地理过程，为城市规划建设提供人与环境和谐发展的思维。

第一章 绪论

一、选题依据与选题意义

(一)选题依据

海河的泥沙淤积、旱涝灾害和冬季封冻是影响天津港口建设、城市发展、国内外贸易以及内河航运和海运最重要的自然环境因素。明清时期朝廷治河方针是保障运河的航运通畅,培修堤坝、挑浚航道,河道弯曲迂回,并且为了防止汛期洪水决口泛滥,在南运河和北运河上分别开挖了捷地减河、兴济减河、马厂减河、王家务引河和筐儿港减河。因北运河日益淤浅及天津河海水路、陆路交通枢纽的区位优势,天津港口的主要功能有自河西务渐渐向三岔口转移的趋势,也促进了天津城市的快速发展。清雍正三年(1725)改天津卫为天津州,隶属于河间府;同年十月,又改为天津直隶州。雍正九年(1731),又升天津直隶州为天津府,下辖六县一州。近代时期,天津成为北方经济中心,是华北、西北等广大经济腹地的贸易港口,主要航线由南北向的运河转到东西向的海河,维持航道的治理活动也由运河转为海河干流。

此外由于从金元以来为防护北京城免受水灾,开始在永定河两岸筑堤,尤其是清康熙年间之后,永定河堤防渐延筑至下游三角淀,随着三角淀的淤高,丧失了“散水匀沙”的调蓄能力,每年汛期洪水泥沙大量注入海河干流,危及港口航运。海河工程局观测西河(包括大清河、子牙河)、北运河与永定河的来沙比为1:2:4,永定河对海河含沙量贡献最大。自清末开始，先后成立了专门机构治理海河，如海河工程局、整理海河委员会、整理海河善后工程处、顺直水利委员会和华北水利委员会等水利机构，对海河进行了挖泥疏浚工程、裁弯取直工程、冬季撞凌工程，以及海河放淤等等工程，这些机构先后编制了《顺直河道治本计划》《永定河治本计划》《海河治本治标计划大纲》等流域综合治理规划方案，成为近代海河水利事业的开端。

这些水利治理工程也为天津商埠的繁荣打下了坚实的基础，近代天津的发展历程在一定程度上是海河航道治理的历程，是人与环境相互作用的典型案例。然而海河的自然条件还是无法满足飞速发展的天津港对良好航运条件的要求，市内港区渐渐衰落，海河河口的塘沽新港兴起，天津也演变成一港一城的空间形态。

（二）选题意义

1.学术意义

基于历史地理学研究方法，本书以海河航道淤积—治理为切入点，以流域为空间尺度，研究近代海河河道淤积和规划治理、天津港口空间功能转移、规划建设等主要内容，探讨自然环境对港口选址、城市空间形态的影响，辨析在城市和港口的发展中，人类面对自然环境变迁，不断地采取各种治理方案和措施的经验教训，阐明人地关系演变的过程。

从环境史视角，研究近代海河的变迁对天津城市的影响，以具体历史事件为例，回顾人们面对自然环境变化时的抉择应对。以海河水系的规划治理为例，研究华北地区近代水利事业的开端，阐述近代水利规划与治理工程在中国水利史上的特殊地位，以及从传统河工向近代水利科学化转型的特点。

2.现实价值

本书通过回顾近代以来海河治理的过程，梳理海河环境演变的不同阶段，为当今海河流域的防汛抗旱、港口布局建设、航道治理等方面提供历史视野，以资借鉴。研究河流与城市建设发展的互动关系，解读天津港城双中心空间形态形成的历史地理过程，为城市规划建设提供人与环境和谐发展的思维，增加环境权重，保护河道水系的生态环境，并推动海河水利文化遗产的研究、保护与管理，尤其是梳理近代海河治理过程中形成的河道、桥梁、闸坝、码头、航运设施、水利工程文献等，构建海河水利文化遗产体系。

二、学术史回顾

（一）国外相关研究

由于近代天津在中国的特殊地位，国外学者一直对其十分关注。20世纪20年代正是天津快速发展时期，英国人雷穆森（Basmussen. O. D）根据各租界当局的资料，以及日记、笔记和采访外国居民，写成了《天津的成长》（*The growth of Tientsin*）和《天津：插图本简史》（*Tientsin: an illustrated outline history*）两部著作，[①]分别记载了天津城市的成长过程，同时也介绍了海河航运与航道治理方面的情况，是十分珍贵的资料。

最近40多年来，对近代天津港口贸易和交通方面的研究有罗兹·墨菲（Rhoads Murphey）的《开埠港口与中国的现代化》（*The Ttreaty Ports and China's Modernization*）[②]，亚瑟·罗森鲍姆（Arthur Rosenbaum）的《路局与经济发展：以1900—1911年的中国北方铁路建设为例》（*Railway Enterprise and Economic Development: The Case of The Imperial Railways of North China, 1900-1911*）[③]一文论述了晚清铁路建设对北方经济发展的影响。本野英一（Motono Eiichi）的《交通变革：重塑中国对外贸易系统

---

① [英]雷穆森：《天津租界史（插图本）》，许逸凡、赵地译，刘海岩校订，天津：天津人民出版社，2009年。

② Rhoads Murphey, The Treaty Ports and China's Modernization, in Mark Elvin and G. William Skinner, *The Chinese City Between Two Worlds*, Stanford: Stanford University Press, 1974: 17-71.

③ Arthur Rosenbaum, Railway Enterprise and Economic Development: The Case of The Imperial Railways of North China, 1900-1911, *Modern China*, 1976, 2: 227-272.

(1866—1875)》(*The Traffic Revolution: Remaking The Export Sales System in China, 1866-1875*)[①]从交通的变革研究晚清出口贸易的发展,其间天津成为重要的出口贸易城市。

美国辛辛那提大学的关文斌(Man Bun Kwan)致力于近代天津城市的研究,他的《文明初曙:近代天津盐商与社会》(*The Merchant World of Tianjin: Society and Economy of a Chinese City*)[②],从中国南北的沿海、运河贸易和东西间的内陆贸易,长芦盐场的情况,商人网络和盐商在政治、社会中的影响几个方面论述了天津经济、政治、社会的发展情况。《描绘腹地:近代中国通商口岸和区域分析》一文阐述了天津与腹地之间的贸易关系。[③] 城市环境方面,美国思沃思茅学院李明珠(Lilling M. Li)在2001年天津举办的中国华北城市近代化国际学术研讨会上提交了《1917年的大洪水:天津与它的腹地》[④],研究了1917年天津洪水泛滥、赈灾以及灾后河流整治工程。

日本学者在研究中国近代城市时,天津是一个热点。20世纪初,日本的外务省、通商省、通产省、兴亚院等政府机构和在华军队、满铁、商工会议所、东亚研究所、华北开发会社等,就开始收集天津的各个方面的资料,如日本驻清国驻屯军司令、陆军步兵大佐仙波太郎于1903年开始组织大批日本学者调查研究中国北方地区。其中,参加编写天津地区资料的就有30多人,并于1908年2月完成编写工作,1909年9月出版,名为

---

① Motono Eiichi, The Traffic Revolution: Remaking The Export Sales System in China, 1866-1875, *Modern China*, 1986, 12(1): 75-102.

② Man Bun Kwan, *The merchant world of Tianjin: society and economy of a Chinese city*, Stanford: Stanford university press, 1990.(关文斌:《文明初曙:近代天津盐商与社会》,张荣明主译,天津:天津人民出版社,1999年。)

③ 关文斌:《描绘腹地:近代中国通商口岸和区域分析》,刘海岩译,《城市史研究》第13—14辑,天津:天津古籍出版社,1997年,第1—22页。

④ 万新平、[日]渡边惇主编:《城市史研究》第21辑,天津:天津社会科学院出版社,2002年。

《天津志》。[①]此书介绍了清朝末年天津地区的地理环境、建置沿革、户口、市政、交通运输以及工商贸易等方面。20世纪三四十年代，日本学者对天津地区的研究著述十分丰富，尤其是满铁调查资料，是研究天津的重要资料。例如小林阳之介著《北支那经济事情》[②]《北支天津市情》[③]，南满铁道株事会社编《北支那经济综观》[④]、《天津港（含塘沽）经营现状的概要》[⑤]。田北隆美撰写《支那港湾统制和开发问题》[⑥]，研究了中国港口的利用开发，其中介绍了天津港的发展问题。在自然环境方面，本间部队本部编写的《天津水灾志》[⑦]，介绍了天津地区的水灾泛滥和社会救济情况。这些都是研究当时天津洪涝灾害的重要资料。

当代日本学者主要关注近代天津政治史和社会史领域，探讨城市近代性的转型。1992年天津地方史研究会成立，促进了天津城市史的研究，其代表著作《天津史：再生城市的风貌》，从城市形态、港口与贸易、外交与政治、租界社会、媒体文化、城市建筑设施等多方面呈现天津的风貌。总体上他们较少关注城水关系或环境变迁问题。[⑧]

（二）国内相关研究

1949年以来，近代天津的相关研究先后集中发表在《北国春秋》《天津历史资料》《天津文史资料选辑》《天津社会科学》《城市史研究》上，这些刊物、图书成为研究天津历史的阵地。研究内容主要集中在天津近代经

---

① [日]日本中国驻屯军司令部编：《二十世纪初的天津概况》，侯振彤译，天津：天津地方史志编修委员会总编辑室，1986年。

② [日]小林阳之介：《北支那经济事情》，天津：天津日本商工会议所，1939年。

③ 天津出版社编印：《北支天津市情》，1938年。

④ 南满铁道株事会社编：《北支那经济综观》，东京：东京日本评论社，1940年。

⑤ 满铁调查部：《天津港（含塘沽）经营现状的概要》，1941年。

⑥ [日]田北隆美：《支那港湾统制和开发问题》，东京：东京二黑木书店，1944年。

⑦ 本间部队本部编：《天津水灾志》，北京：北京新民报社，1940年。

⑧ [日]水羽信男：《日本的中国近代城市史研究》，《历史研究》2004年第6期；[日]贵志俊彦：《日本中国城市史研究与评析》，汪寿松译，《城市史研究》第15—16辑，天津：天津社会科学院出版社，1998年，第262—278页。

济贸易、租界、人口、商会、社会救济、城市建设、城市文化等方面。在城市史研究方面，主要论著有李华彬主编《天津港史(古、近代部分)》[①]，介绍了海河工程局的设立和整治海河工程，海河航道的治理和塘沽新港建设情况；罗澍伟主编《近代天津城市史》[②]，从政治、经济、社会、文化等方面介绍了近代天津的成长过程。

在经济贸易方面，有姚洪卓主编《近代天津对外贸易(1861—1948)》[③]和张利民等著《近代环渤海地区经济与社会研究》[④]。关于天津与腹地之间的关系研究有郭锦超著《近代天津和华北地区经济互动的系统研究1880—1930年代》[⑤]、樊如森著《天津与北方经济现代化(1860—1937)》[⑥]、佳宏伟著《大灾荒与贸易(1867—1931年)——以天津口岸为中心》[⑦]，以及专论港口腹地关系引导下的近代北方经济变迁的《港口—腹地与北方的经济变迁(1840—1949)》[⑧]。还有一部厚重的历史经济地理著作《中国近代经济地理》，从区域视角总结和研究了经济地理空间格局的转变与影响因素等。[⑨]

关于城市建设、城市规划和城市环境方面，刘海岩著《生态环境与天

---

① 李华彬主编：《天津港史(古、近代部分)》，北京：人民交通出版社，1986年。

② 罗澍伟主编：《近代天津城市史》，北京：中国社会科学出版社，1993年。

③ 姚洪卓主编：《近代天津对外贸易(1861—1948)》，天津：天津社会科学院出版社，1993年。

④ 张利民等：《近代环渤海地区经济与社会研究》，天津：天津社会科学院出版社，2003年。

⑤ 郭锦超：《近代天津和华北地区经济互动的系统研究，1880—1930年代》，南开大学博士学位论文，2004年。

⑥ 樊如森：《天津与北方经济现代化(1860—1937)》，上海：东方出版中心，2004年。

⑦ 佳宏伟：《大灾荒与贸易(1867—1931年)——以天津口岸为中心》，《近代史研究》2008年第4期。

⑧ 吴松弟：《港口—腹地与北方的经济变迁(1840—1949)》，杭州：浙江大学出版社，2011年。

⑨ 吴松弟主编、樊如森著：《中国近代经济地理》第7卷，《华北与蒙古高原近代经济地理》，上海：华东师范大学出版社，2015年。

津城市的历史变迁》[1]分析了海河水系对古代漕运和天津城市建设的影响，以及天津开埠后，城市环境的改善、海河河道的浚治等问题。李百浩、吕婧著《天津近代城市规划历史研究（1860—1949）》[2]，分析了1860—1949年间天津城市规划的不同阶段，呈现从租界扩张与规划、局部规划，到城市总体规划的特征。宋美云著《论城市公共环境整治与非政府组织参与——以近代天津商会为例》[3]介绍了天津商会在城市交通、城市环境污染、修筑铁路、疏通河道、治理海河等方面做出的贡献。

近代对海河流域及天津地区水利的研究。黄国俊编著《直隶五河图说》[4]，全面介绍了海河流域五大河的历史变迁过程。李书田等撰《中国水利问题》[5]，论述了海河流域的水利沿革、水防问题、航运问题以及农田灌溉情况。19世纪二三十年代，以《华北水利月刊》为阵地，众多水利专家发表了治理海河流域的研究文章，为当时京畿水利建言献策。吴蔼宸著《天津海河工程局问题》[6]，介绍了海河工程局设立的情况、海河的水患淤塞、政府救济问题。杨豹灵著《海河问题之研究》[7]提出了解决海河泛滥的策略。

1949年以来相关研究工作。乔虹著《明清以来天津水患的发生及其原因》[8]一文介绍了新中国成立前海河水患的历史记载，以及洪水成因和新中国成立前后防洪工程建设。天津市文物管理处编印的《海河水系的

---

① 刘海岩:《生态环境与天津城市的历史变迁》,《城市》2002年第4期。

② 李百浩、吕婧:《天津近代城市规划历史研究(1860—1949)》,《城市规划学刊》2005年第5期。

③ 宋美云:《论城市公共环境整治与非政府组织参与——以近代天津商会为例》,《中国社会史研究》2006年第4期。

④ 黄国俊编著:《直隶五河图说》,1915年铅印本。

⑤ 李书田等:《中国水利问题》,上海:商务印书馆,1937年。

⑥ 吴蔼宸:《天津海河工程局问题》,1929年。

⑦ 杨豹灵:《海河问题之研究》,天津:天津商报馆,1928年。

⑧ 乔虹:《明清以来天津水患的发生及其原因》,《北国春秋》1960年第3期。

形成和影响》[1]，全面介绍了海河水系的形成、演变过程。《海河史简编》[2]也涉及近代海河相关情况。冯国良和郭廷鑫著《解放前海河干流治理概述》[3]介绍了列强控制下的海河工程局、海河治理的工程措施方法，总结海河治理的历史经验。杨世斗[4]和王伟凯[5]也探讨了海河干流的形成与演变过程。许景新探讨了近代以来海河口治理的历程，介绍了1958年海河海口建防潮闸之前与之后不同的治理特点。[6]蒋超著《水运在天津城市发展过程中的作用》[7]，探讨了近代天津航运和海河航道干道的治理；他的硕士论文《水利事业与古代天津城市的发展》[8]探讨了明清时期天津水灾、水利工程和城市供排水问题。翟乾祥著《清代海河下游区湿地概述》[9]通过对文献记载的梳理，介绍了清代天津湿地、海河下游的演变和湿地利用情况。关于近代时期海河流域的治理，《海河志》[10]做了简单的

---

① 韩嘉谷：《海河水系的形成和影响》，天津：天津市文物管理处编印，1979年。

②《海河史简编》编写组编：《海河史简编》，北京：水利电力出版社，1977年。

③ 冯国良、郭廷鑫：《解放前海河干流治理概述》，载天津市政协文史委编：《天津文史资料选辑》第18辑，1982年，第25—38页。

④ 杨世斗：《海河干流的形成与变化》，天津：天津水利局印刷，1992年。

⑤ 王伟凯：《海河干流史研究》，天津：天津人民出版社，2003年。

⑥ 许景新：《海河口治理》，载黄胜主编：《中国河口治理》，北京：海洋出版社，1992年，第127—138页。

⑦ 蒋超：《水运在天津城市发展过程中的作用》，载中国水利水电科学研究院水利史研究室编：《历史的探索与研究——水利史研究文集》，郑州：黄河水利出版社，2006年，第85—94页。

⑧ 蒋超：《水利事业与古代天津城市的发展》，中国水利水电科学研究院水利史研究所硕士学位论文，1985年。论文部分内容为《古代天津的城市防洪与供排水》，《海河志通讯》1985年第1期。

⑨ 翟乾祥：《清代海河下游区湿地概述》，《地质调查与研究》2006年第3期。

⑩《海河志》编纂委员会编：《海河志》第1卷，北京：中国水利水电出版社，1997年，第395—405页。

梳理，同时谢金荣[①]、詹国器[②]、张相峰[③]也有相关的研究。《天津航道局史》[④]介绍了1897—1936年海河工程局的建立、河道整治、大沽沙坝航道疏浚，以及全国性抗战期间海河河道的疏浚、裁弯放淤、工人斗争和中共地下组织活动。俞大昌和龚成文[⑤]、于希贤[⑥]、贾振文和姚汉源[⑦]、尹钧科[⑧]、吴文涛[⑨]、陈喜波[⑩]、任云兰[⑪]等对永定河水灾、治理及下游河道变迁、北运河治理、慈善与社会救济等问题进行了研究。

对海河流域旱涝灾害的研究，有几部相关的史料编纂成果，如《中国历代天灾人祸表》《中国历代救荒大事年表》《东北、华北近五百年旱涝史料》[⑫]《清代海河滦河流域洪涝档案史料》[⑬]《海河流域历代自然灾害史料》[⑭]《海河

---

① 谢金荣：《海河流域历次重要规划》，《海河志通讯》1985年第1期。

② 詹国器：《"顺直"治河简述》，《海河志通讯》1984年第1期；《海河今昔治理述要》，《海河志通讯》1988年第4期。

③ 张相峰：《对新开河金钟河历史的初步分析》，《海河志通讯》1988年第4期。

④ 周星笳主编：《天津航道局史》，北京：人民交通出版社，2000年。

⑤ 俞大昌、龚成文：《永定河泛区今昔》，《海河志通讯》1984年第2期。

⑥ 于希贤：《森林破坏与永定河的变迁》，《光明日报》1982年4月2日。

⑦ 贾振文、姚汉源：《清代前期永定河的治理方略》，载水利史研究室编：《中国科学院水利电力部水利水电科学研究院水利史研究室五十周年学术论文集》，北京：水利电力出版社，1986年，第169—180页。

⑧ 尹钧科、吴文涛：《历史上的永定河与北京》，北京：北京燕山出版社，2005年。

⑨ 吴文涛：《历史上永定河筑堤的环境效应初探》，《中国历史地理论丛》2007年第4辑；《清代永定河筑堤对北京水环境的影响》，《北京社会科学》2008年第1期。

⑩ 陈喜波：《漕运时代北运河治理与变迁》，北京：商务印书馆，2018年。

⑪ 任云兰：《近代天津的慈善与社会救济》，天津：天津人民出版社，2007年。

⑫ 中央气象局研究所、华北东北十省（市、区）气象局、北京大学地球物理系编：《东北、华北近五百年旱涝史料》，北京：中央气象局，1975年。

⑬ 水利水电科学院编：《清代海河滦河流域洪涝档案史料》，北京：中华书局，1981年。

⑭ 河北省旱涝预报课题组编：《海河流域历代自然灾害史料》，北京：气象出版社，1985年。

流域旱涝冷暖史料分析》[①]《海河流域水旱灾害》[②]以及《天津水旱灾害》[③]，为研究海河水系旱涝灾害提供了便捷途径。张治怡[④]和郭宗华[⑤]也研究了海河流域的水灾旱涝情况及特点。

以上研究工作为本书写作奠定了基础，近百年来的研究成果卷帙浩繁，极大地推动了海河流域史和城市史的研究。总体上看，这些成果对经济贸易、租界、社会、人口、灾害、慈善救济、水利、城市建设等各领域，都做出了突出的贡献，但缺少自然环境与人类活动相互联系的研究。在纵向考察历史现象的同时需要综合地分析探讨，尤其是海河的环境演变对城市港口发展的影响，以及为维持港口的繁荣对海河河道的治理这一互动过程。近代天津作为华北经济中心的地位的确立，天津城市空间形态的演变，都需要深入透视历史地理的过程。

三、研究内容、方法及创新点

（一）研究时空属性的界定

近代是天津飞跃发展期，也是重要的转型期。研究近代的天津可以了解近代中国的发展历程。天津因漕运而兴，回顾金元至明清时期运河航道的治理和港口的变迁，才能更好地了解天津港口的空间转移过程。本书研究的主体时间范围为1840—1949年。

本书主要以海河水系下游为研究空间范围。元明清时期，北运河、南

---

① 汤仲鑫、赖叔彦、李敬芬等编著：《海河流域旱涝冷暖史料分析》，北京：气象出版社，1990年。

② 冯焱、姚勤农主编，水利部海河水利委员会编：《海河流域水旱灾害》，天津：天津科学技术出版社，2009年。

③ 何慰祖主编、天津市水利局编：《天津水旱灾害》，天津：天津人民出版社，2001年。

④ 张治怡：《海河流域洪水》，《海河志通讯》1987年第2期；《海河流域近五百年来的洪涝》，《海河志通讯》1989年第2期。

⑤ 郭宗华：《民国时期海河流域两次大旱初考》，《海河志通讯》1988年第2期。

运河为漕运航道，运河航道的淤塞、治理与天津港口关系十分紧密。近代，为了保持海河航运，对北运河和南运河也不断地维修整治；同时，海河泥沙含量的约4/7由永定河提供，历史上永定河对海河影响巨大，对永定河变迁的分析十分必要。河流淤积与洪涝灾害是影响天津城市发展的重要自然因素，从海河变迁角度研究近代天津港口建设发展的路径，以及港口的建设发展对河流的改造过程。

（二）主要研究内容

近代天津是中国北方重要的港口城市，其腹地远及华北、西北等广大地区。天津的地理位置处于扇形结构的海河水系下游，有“九河下梢”之称。海河流域又是季风气候区，全年降水量极不均衡，很容易发生旱涝灾害，而天津首当其冲。自然环境对城市建设发展的影响不可小觑，其中泥沙就是影响港城空间形态演变的重要因素之一。

元明清时期，天津是京杭大运河上的重要节点，是南北运输的河港城市兼及海港功能。近代天津的开埠通商，从一定程度上是由河港城市发展成为海港城市的转型过程。在这个过程中泥沙起到了巨大作用，由于泥沙的淤积，海河航运艰难，与此同时天津城市物质空间的扩展也是以清淤的泥沙填垫为基础，城市的繁荣促进了海河的治理。但由于泥沙的增多和轮船吨位的增大，河港对经济贸易起到了阻碍作用，最终港口被迫推移到海河河口，则有塘沽新港的兴起和发展。

另外每年冬季海口封冻3个月，船只无法进港，进出口贸易被迫选择在秦皇岛港，秦皇岛港遂成为天津港的冬季码头。又因河口拦门沙的存在，河口外航道冲淤变化靡常，挖泥船清淤工作的效果有限，所以孙中山提出了在海水条件更好的大清河口外建造北方大港的设想，但由于日军掠夺资源的战略、财力和交通问题，确定在海河河口外建塘沽新港。

因此以海河的变迁、治理泥沙的过程作为研究近代天津港口发展的切入点是十分必要的：

研究近代为了维持河道航运，中外对海河、永定河、北运河等河流的治理规划，以及对海河河道的冲淤变化的影响；

研究海河干流的治理情况，有关清淤、裁弯取直、开挖引河、冬季撞凌等工程，对城市建设和经济贸易的影响，以及对天津城市物质空间扩展的作用；

研究大沽海口航道的变迁和疏浚，中外对冬季不冻港秦皇岛港和北方大港的抉择，最终在海河河口建设塘沽新港的过程。并回顾了元明清时期南运河、北运河、永定河等河流的变迁与天津港口空间形态演变的互动历程。

（三）研究方法

（1）地理学研究方法。海河河道冲淤情况、河口大沽沙坝的变迁、港城空间形态等都是地理学的基本问题。需要地貌学、河流动力学、城市地理学等方面的理论知识。通过实地考察、地图比对，并对相关数据进行较精确地分析。空间维度上增加时间维度，在历史时期长时段中分析地理演变过程，即历史地理学的研究方法；主要运用横剖面法和纵向主题法，通过回顾元明清时期对运河河道的维护和港口位移，清代对永定河的治理，民国时期海河流域的规划与治理，天津港口的空间转移与建设，能够更加清晰地了解近代以来海河变迁影响下港口空间形态演变的脉络。

（2）历史学研究方法。研究近代海河与天津港口的发展，需要考察文献、史料考证和历史思维等历史学的基本研究方法。有关近代天津的历史资料比较零散，尤其档案文献十分庞杂，水文等相关观测数据不完整，无疑增加了研究的难度，通过历史学研究方法对这些文献进行考证、归纳，提炼可用信息。

（四）主要创新点

（1）从环境变迁角度研究近代天津港口的空间形态演变过程，探讨海河对天津港口的影响，同时回顾近代中外为了维持天津港口的繁荣对海河不断改造的过程，以及元明清时期运河变迁与天津城的互动关系，探析天津城市发展和演变的历史地理过程。

(2)近代已经出现了较多的水文观测数据,通过整理这些水文数据,并尝试进行定量分析,探究海河河道的冲淤变化与大沽沙坝的演变过程。充分了解一系列的水利治理工程对海河的影响。

(3)以海河为例,阐述中国近代水利事业开端。海河水系的扇状结构和降水量全年分布不均的自然特征,对天津等流域内的城市发展影响极大,也为近代水利事业的开展提供了重要的舞台,呈现了中国水利史上自传统河工向现代水利转型的重要阶段。

第二章 近代天津港口的繁荣与自然困境

一、近代天津港口的繁荣

天津处于海河水系的末端，也是内河航运起点，同时又是北宁铁路和津浦铁路的交会处，北宁铁路与平汉、平绥线相连，水陆交通便利。河北、山西、察哈尔、绥远、热河、辽宁等省区成为直接市场圈，山东、河南、山西、宁夏、甘肃、吉林、黑龙江等省份部分地区也划归其辐射范围以内。[①]腹地遍及华北、西北与东北地区，为北方经济中心和门户城市。

1875年以前的天津的对外贸易并不发达，据《津海关贸易年报》记录，1861年进出口贸易值为5475644两，1866年上升至17672226两，1866年以后渐渐回落，没有大的变化。进出港轮船吨位及关税收入都有相似的增长趋势。1875年以后天津的对外贸易额才有明显地上升，其增长速度也快于上海、广州、厦门、福州和宁波等首先开放的口岸城市。至1900年，因八国联军的入侵导致天津贸易的下滑，1902年对外贸易额才恢复到1899年的水平。此后迅速上升，其中1902—1931年可以说是近代天津对外贸易的黄金时期。尤其是1912年以后，贸易额以千万海关两的速度递增。1931年之后由于资本主义世界空前的经济危机，造成各国经济的衰退，而且在日本发动九一八事变之后，东北市场的丢失和日本的走私贸易，致使天津港口对外贸易额下降，直至抗战结束后才有所起色。（见表2-1）

---

① 李洛之、聂汤谷编著：《天津的经济地位》，天津：南开大学出版社，1994年，第2页。

表2-1 1863—1931年天津进出口贸易总值净数统计

单位:千两/千海关两

年份	净值	年份	净值
1863	7188	1900	31921
1865	13544	1905	96566
1870	16921	1910	98091
1875	17059	1915	125053
1880	21668	1920	173183
1885	26243	1925	287705
1890	34132	1930	315114
1895	50176	1931	350229

资料来源:吴弘明编译:《津海关贸易年报(1865—1946)》,天津:天津社会科学院出版社,2006年,第9页。(单位:1870年前为千两,1875年后为千海关两)

从对外贸易地位上看,天津是名副其实的北方最大的贸易港口。1900年以前,北方只有天津、烟台和牛庄(营口)三个通商口岸,在进出口贸易总值中,天津港占据绝对位置。1900年以后,华北地区渐渐开放的港口有青岛、龙口与威海卫等,天津在外贸中的占比也渐渐下降,但其最大的对外通商港口的地位始终未能改变。(见表2-2、表2-3)

表2-2 1875—1900年部分年份三港口进出口贸易总值及比例

年代	天津		烟台		牛庄	
	贸易总值(海关两)	比例(%)	贸易总值(海关两)	比例(%)	贸易总值(海关两)	比例(%)
1875	3987313	73.27	1079252	19.83	375718	7.00
1880	5430985	82.49	745058	11.31	408061	6.20
1885	5102098	80.12	982667	15.43	283109	4.15
1890	6159365	77.86	1291122	15.56	545221	6.58
1895	14287074	76.55	2927207	15.68	1450458	7.77
1900	4793061	26.42	6756220	37.24	6592832	36.34

资料来源:姚洪卓主编:《近代天津对外贸易(1861—1948)》,天津:天津社会科学院出版社,1993年,第26页。1900年因中外战争,进出口贸易受到严重影响。

表2-3 1932—1936年华北六港进出口额比例

港口	出口(%)	进口(%)	总额(%)
天津	59.31	57.73	58.73
青岛	27.07	34.14	30.76
芝罘	6.13	4.22	5.00
秦皇岛	3.63	1.76	2.64
龙口	1.99	1.24	1.55
威海卫	1.89	0.92	1.35

资料来源:李洛之、聂汤谷编著:《天津的经济地位》,天津:南开大学出版社,1994年,第7页。

但是天津的进出口数据在全国开埠通商港口中则较为逊色,到1937年,华北的贸易额占全国的20%,天津约占全国12%,进口平均占8.5%,出口平均约占16%。天津的对外贸易额在全国虽然占第二位,但和第一位的上海相比,只是上海的1/5。[①] 天津港的巨大优势是转口贸易,九一八事变后华北六港的转口贸易额约在3亿元以上,占全国各口岸转口贸易额的1/6,1933年和1934年从中国各通商口岸转口到华北各口岸的土货值约达1.87亿元,占全国转口贸易的1/5,由华北各口岸转到中国各通商口岸的土货值约达1.57亿元,占全国转口贸易的1/7。其中天津占国内各通商口岸转到华北贸易的货值的62.7%,占华北各口岸输往国内各通商口岸土货值的39.5%。1946年天津占了华北转出入贸易总额的46%。[②] 而且天津在进出口船只吨位量方面也不敌附近的烟台和青岛。(见表2-4)

---

① 李洛之、聂汤谷编著:《天津的经济地位》,天津:南开大学出版社,1994年,第7页。

② 姚洪卓主编:《近代天津对外贸易(1861—1948)》,天津:天津社会科学院出版社,1993年,第66页。

表2-4 1903—1936年部分年份天津港、烟台港和青岛港进出口船只次数与吨位量统计表

年代	天津		烟台		青岛	
	船次	吨位	船次	吨位	船次	吨位
1903	1146	1528737	5539	3738058	—	—
1908	1571	1953108	5757	4115732	—	—
1914	2295	2899123	4537	3628866	—	—
1920	2323	2494464	4007	2870104	2592	2787887
1933	—	6167684	5200	4633010	3779	6559820
1936	3730	5165247	4524	4241292	4500	7536206

资料来源:姚洪卓主编:《近代天津对外贸易(1861—1948)》,天津:天津社会学院出版社,1993年,第66—67页。

造成天津港口出现这种现象的原因比较复杂,而船只航行环境是重要的原因之一。海河干流属于蜿蜒型河流,河道弯曲多变,且具有“上淤下冲,上冲下淤”的特点;受季风影响,流域内雨量主要集中在夏秋季节,常常酿成洪水危害航道安全,大量泥沙会冲刷到大沽口外,沉积在拦沙坝,较大的轮船无法通过。旱季因流域内流量减小,泥沙会沉积于海河上游,大沽沙坝因沙源的减少则改为冲刷状态,但较大吨位轮船仍不能上溯至市内港区。

二、海河航道淤积问题

(一)海河淤积基本情况

海河航道的淤积痼疾是天津港口发展的最大障碍之一,尤其是近代化的轮船和航行技术对港口良好自然环境的要求就会更高,而天津市内港与河口塘沽码头都不具备这样的条件。海河航道淤积问题自天津开埠以来备受中外注意,海河也被称为“口岸怪物”[1]。

① [英]雷穆森:《天津租界史(插图本)》,许逸凡、赵地译,刘海岩校订,天津:天津人民出版社,2009年,第89页。

天津刚开埠时，进口船只多为60马力~80马力的机帆快速战舰和炮艇，还有稍大一些的货轮，吃水量在11英尺（约3.35米）及以下，平均吨位在210吨左右，在海河航行并无大碍。而最小轮船的吃水量在11英尺6英寸（约3.54米），需要在春汛之际才能驶至租界码头。[①] 1886年以前，海河的水量足以让各船只上行至紫竹林停泊，但日后海河开始变浅，除了吨位较小的轮船外，其余船只均被迫在英租界下游颇远处卸货。此种情形一直持续到每年的9月中旬，因雨水冲刷，河床再次变深，较大的轮船才能上行至租界码头。1889年夏季，海河难以行船，轮船只能临时停泊在租界码头下游50英里（约80.5千米）处的白塘口。1895年，在7、8、9三个月中，轮船不得不驳运大量货物，才能上行至租界码头，其间也有数周时间不能通过上游河段。1896年，有7个多月的时间轮船无法行至市内港区，前景殊堪忧惧，中外人士无不惶惶不安。1897年，6个多月内水深仅5英尺~8英尺（约1.5米~2.4米），3月后只有一艘轮船抵达租界码头，所有货物不得不借助驳船往来各个租界，导致货物的延误、损坏、失窃，以及装卸费用大增。1898年，海河情况最为严重，全年没有一艘轮船抵达租界码头，人们甚至看到一个人从租界下边的河道中徒涉过河。[②]1899年，虽有2艘轮船驶抵租界码头，但塘沽以上30英里（约48.3千米）处仍然无法行船。[③]

除了河道淤积严重外，海河河道属于蜿蜒型河道，有数十个河湾，大型轮船在转弯处极难驾驭，“其流至纡曲百二十里之间，历数十湾，其著名者曰泥托湾、鬼托湾，曰翟庄、双港、高庄、阳马头及咸水沽、泥沽、葛沽、邓儿沽至大梁子。内惟鬼托湾，转戗处鹜沙悬伏，积久淤高，夷船到此率停

① 参见吴弘明编译：《津海关贸易年报（1865—1946）》，天津：天津社会科学院出版社，2006年，第8页。

② ［英］雷穆森：《天津租界史（插图本）》，许逸凡、赵地译，刘海岩校订，天津：天津人民出版社，2009年，第86页。

③ 赵桂芬主编：《津海关史要览》，北京：中国海关出版社，2004年，第43—44页。

半晌,先用巨缆搅开洪路,方能转进此湾"[①]。早在1858年外国轮船首次进入海河时,就发现一个接一个错综复杂的河湾。河口到租界码头长度为56英里(80.5千米),但其两端的直线距离仅为30英里(约48.3千米)。轮船在河湾处转行十分困难,200多吨的轮船在急转弯处不停地撞击河岸,由于急遽的排水和倾斜,使船舵几乎离开水面而失控。有时会撞上悬在河岸上的茅屋,转弯后甲板上还留着一座完好的茅草屋顶。[②]

有的航运公司为了适应海河弯曲的河道和泥沙,专门为轮船设计了"M"形船底,在龙骨两侧有通槽,当轮船陷入浅滩时,通过倒转螺旋桨,将反向的水流冲入船底,冲刷泥沙浮起轮船,但是经实践后没有任何效果。同时,天津地处季风气候区,全年雨量分布不均,降水主要集中在夏秋季节,而其余月份降水量很少,十分干旱,导致海河又无法行船。如果遇到台风,则疾风暴雨,很容易酿成水灾。在天津生活了18年的英国人布莱恩·鲍尔回忆了当初一场暴雨的情形:

> 夏季的一天下午,一丝风都没有……那天晚上天气太热了,让人简直无法入睡。转天黄昏时分,一道道长长的紫色云彩出现在东方的地平线上。接着没有任何警告,台风便袭来了。风如刀,雨如鞭,使人站都站不稳,风小了一些,但雨下得更大了。很快咪哆士道(今泰安道)上的水就一英尺(约0.3米)深了,成了一片水乡泽国。暴雨一连下了三天三夜……当洪水终于退去时,咪哆士道已经被臭烘烘的泥浆和垃圾覆盖。[③]

---

① (清)李鸿章等修、(清)黄彭年等纂:《畿辅通志》卷77《河渠略·水道三》,光绪十年(1884)刻本。

② [英]雷穆森:《天津租界史(插图本)》,许逸凡、赵地译,刘海岩校订,天津:天津人民出版社,2009年,第88页。

③ [英]布莱恩·鲍尔:《租界生活(1918—1936):一个英国人在天津的童年》,刘国强译,天津:天津人民出版社,2007年,第120—121页。

1890年就发生了比较典型的大水灾。此年春季非常干旱，偶有少量降雨，海河、运河均已干涸，在租界以下50英里的海河河道，积满了淤沙。吃水量在6英尺（约1.8米）以上的船只，都不能通过，甚至装运漕粮的旧式海船，也必须驳运后，方能驶进租界码头。但到六月初八，接连9天下雨，得到1英尺（约0.3米）雨量。此后海河开始不断地涨水，一直漫过河沿，淹没了附近地区。总督行馆处河水澎湃奔腾，有高屋建瓴之势，穿过各条街道，冲倒数百间房屋，灾民纷纷而至。因海河一口难以宣泄洪水，西河、永定河多处决口泛滥，天津成为泽国，进出口贸易遭受到了严重的损失。[①]

海河河口属于潮汐喇叭形河口，河口外有一道大沽沙坝，大型轮船常常停泊在大沽沙坝外，等待驳船卸货，严重地影响了港口的吞吐能力。因河水冲刷力量大于潮水力量，在大沽沙坝中间有一道行水航道，当时人称深渊，轮船需要凭借引水船或航标通过深渊，才能抵达塘沽或租界码头。由于渤海潮汐方向与河水流向不一致，造成深渊段航道时常变迁。如《1889年津海关贸易年报》记录："海河船只来往之道未有如是年之艰难者，春令之时，连起西北大风，以至河水日少，潮水只能长七八英尺（约2.13米~2.44米）之深，甚至有拖船、驳船于潮涨之际都不能通过大沽沙坝。到夏季，南风送汛，潮水略增，船只可通过大沽沙，但海河上游淤积严重只能停靠在白塘口。至阴历十月之后，大沽沙坝拮据情形复起，最甚者惟阴历十一月二十一日，潮涨之时，只得5尺（约1.5米）水而已。"[②]

海河的恶劣航行环境严重地阻碍了港口的发展，同时却促进了塘沽码头区的兴起。在这种航运情形下，引水公司和驳船公司纷纷成立，维持着天津港口的繁荣。港口引水权是一国航权之一，且关系国防机密，但一直被英国把持。天津开埠之初，津海关设理船厅，下设港务部，管理港务、船舶注册、检验、航道设施及引水领港事务。1869年，津海关理船厅拟订

① 赵桂芬主编：《津海关史要览》，北京：中国海关出版社，2004年，第157—158页。

② 赵桂芬主编：《津海关史要览》，北京：中国海关出版社，2004年，第153页。

了《天津口引水章程》，放宽外国雇募引水员，规定引水员名额，测量航道。并于此年成立大沽引水公司，业务和财务工作委托怡和洋行代理，雇用船员9名，用小轮、舢板负责接送引水，并在大沽北炮台南岸建有办公楼、专用码头一座和瞭望大桅一支。引水费按地段划分，大沽沙坝至大沽间，每吃水1英尺收鹰洋4元，大沽至天津另收同等费用。初期，每月能够引领进出天津港口的船只有20艘左右。此后的八国联军和日军入侵，也分别由德国、日本的引水员引领，军舰才顺利入海河进港。①

海河拖驳航业起初也是由英国人办理，1864年仁记洋行经理狄更生等人成立大沽驳船公司，据30艘驳船专司海河过驳运输。至1881年轮船招商局成立天津驳运公司，拥有12艘驳船，但中法战争后被大沽驳船公司兼并。

(二)海河淤积的主要因素

造成海河淤积的原因很复杂，有自然因素也有人为因素，当以自然因素为主导。海河水系呈扇形结构，汇集海河一线入海，渤海湾多为不规则半日潮。夏秋季节，各河流洪峰齐至，含沙量大的河流如永定河、滹沱河等挟沙而下，洪水至三岔河口难以宣泄，再遇到潮水顶托，流速减缓，很容易酿成洪涝灾害，泥沙多沉积于河口地区。其他季节降水骤减，流域内径流量减少，海河靠潮汐涤荡，泥沙多沉积于河道之中，而河口段处于冲刷状态。因此河道有一个自我调节过程，达到冲淤平衡状态，但是流域中以永定河含沙量最大，这个时期永定河提供了丰富的泥沙，破坏了这一平衡状态。人为因素也是一个重要方面，比如政府疏于防汛，决口堤坝长期不堵筑，减少下游流量；当然还有轮船吨位的不断增加。

1. 海河水系洪水流量和含沙量特点

(1)海河水系洪水流量特点

海河水系由北运河、永定河、子牙河、大清河、南运河五大河组成，众

---

① 李华彬主编：《天津港史(古、近代部分)》，北京：人民交通出版社，1986年，第65页。

河汇集于今天津市三岔河口，经海河干流东入渤海。海河水系地处温带半干旱半湿润季风气候区，降水量分布很不均匀，多年平均降水量一般在400毫米~800毫米，是我国东部沿海降水量最少的地区。全年降水量主要集中在夏季（6—9月），降水量占年降水量的75%~85%；春季（3—5月）占8%~16%；秋季（9—11月）占13%~23%；冬季（12—翌年2月）占2%左右，是全年降水最少的季节。

夏季各河的洪水流量也因流域面积和降雨量不同而相异，顺直水利委员会成立后，于1918年组织流量测量处，开始对海河水系各河进行洪水流量观测记录。海河北系中潮白河测站设在苏庄，温榆河测站设在通州，永定河测站设在三家店；海河南系的各河测站均设在京汉铁路沿线。其观测数据自1922年至1925年比较完整，可以对各河的洪水流量进行比较分析。（见表2-5）

表2-5 1922—1925年海河水系各河洪水流量

河名	测站	流域面积（平方千米）	洪水流量（立方米/秒）			
			1922年	1923年	1924年	1925年
潮白河	苏庄	18000	3120（7月22日）	375（8月16日）	4500（7月16日）	3300（7月26日）
温榆河	通州	2200	500（8月18日）	64（8月16日）	600（7月17日）	550（7月26日）
永定河	三家店	47000	3760（8月9日）	1100（8月9日）	5000（7月13日）	1500（7月24日）
琉璃河	京汉铁路桥	—	640（7月23日）	27（7月27日）	1600（7月12日）	1500（7月24日）
挟活河	50+865千米	1130	23（8月1日）	—	65（7月12日）	50（7月23日）
胡良河	55+239千米	7860	480（7月24日）	68（7月31日）	890（7月13日）	610（7月24日）
拒马河	57+579千米	—	640（7月24日）	240（7月31日）	2400（7月13日）	1600（7月24日）

续表

河名	测站	流域面积(平方千米)	洪水流量(立方米/秒)			
			1922年	1923年	1924年	1925年
马村河	85+859千米	—	57(7月23日)	126(7月20日)	450(7月12日)	230(7月23日)
拒马河	97+325千米	—	1102(7月22日)	260(7月17日)	2150(7月13日)	520(7月24日)
瀑河	122+160千米	580	113(7月22日)	80(8月11日)	250(7月12日)	130(8月2日)
漕河	132+708千米	1165	161(7月24日)	87(8月21日)	530(7月13日)	275(7月25日)
府河	145+939千米	1120	29(7月25日)	27(7月20日)	230(7月12日)	130(7月26日)
清水河	146+963千米		21(8月1日)	—	215(7月12日)	120(7月26日)
新唐河	198+189千米	5950	446(7月23日)	170(8月16日)	1200(7月13日)	540(7月29日)
老唐河	201+129千米		—	—	200(7月13日)	110(7月29日)
唐河上游	—	5600	1373(7月22日)	687(7月19日)	2550(7月13日)	1100(7月29日)
沙河	228+072千米	4290	2300(7月24日)	680(8月15日)	3420(7月13日)	1000(7月29日)
木道沟	241+230千米	1220	—	95(7月22日)	900(8月19日)	200(7月26日)
滹沱河	268+579千米	23800	1163(7月24日)	910(8月9日)	1750(7月12日)	900(7月28日)
槐河	318+833千米	1050	345(7月24日)	184(8月11日)	1280(7月13日)	210(8月1日)
泜河	333+928千米	830	1430(7月23日)	103(8月11日)	4000(7月16日)	360(7月26日)
小马河	368+670千米	220	118(7月23日)	—	700(7月16日)	290(7月26日)
白马河	382+373千米		194(7月22日)	—	1600(7月16日)	无水

续表

河名	测站	流域面积（平方千米）	洪水流量（立方米/秒）			
			1922年	1923年	1924年	1925年
七里河	394+003千米	580	—	32（8月11日）)	1260（7月16日）	23（7月26日）
沙河	403+866千米	1820	164（7月24日）	1200（8月11日）	2500（7月16日）	870（7月26日）
洺河	419+895千米	1840	—	1700（8月12日）	1600（7月16日）	1150（7月26日）
滏阳河	474+081千米	330	250（7月17日）	725（8月11日）	700（7月16日）	635（7月26日）
漳河	488+260千米	17000	1560（7月18日）	1620（8月11日）	1700（7月16日）	3350（7月26日）
安阳河	505+725千米	1580	330（7月25日）	780（8月11日）	3000（7月16日）	288（7月26日）
淇水	549+441千米	3120	212（7月25日）	778（8月10日）	920（7月16日）	100（7月26日）
蜈蚣河	559+920千米	130	162（7月20日）	198（8月11日）	680（7月16日）	无水
昌河	575+017千米	265	76（7月24日）	73（7月25日）	420（7月16日）	无水
卫河	613+384千米	3880	105（7月26日）	117（8月12日）	250（7月16日）	100（8月23日）

资料来源：顺直水利委员会编印：《顺直河道治本计划报告书》，1925年，第12—13页。沿京汉铁路各河测站千米数均自北京起算，流量括号内为观测日期。

根据表2-5可知，潮白河、永定河洪水流量最大。表中没有北运河观测数据，潮白河改道后，温榆河是北运河的最大支流，可以通过温榆河估计北运河洪水流量。大清河水系中琉璃河、拒马河与唐河洪水流量最大。子牙河水系中砥河、沙河、洺河、滹沱河洪水流量最大。南运河支流中漳河洪水流量最大。

1924年是海河水系特大洪水之一，潮白河与永定河的流量之和就为9500立方米/秒，而海河干流的泄洪量仅为950立方米/秒，此时期南运河、北运河上的减河，如新开河、马厂减河大多淤塞，泄洪能力减弱，海河干流无法容纳上游超量来水，上游河流自然会决口泛滥。海河水系得益于众多面积大小不等的洼淀，当洪水泛滥后会先进入洼淀地区，如大清河流域的西淀、东淀，子牙河、南运河流域的文安洼、贾口洼，永定河尾闾的三角淀，以及北运河以东地区的塌河淀、七里海，等等，这些洼淀对调蓄洪水起到很大的作用(见图2-1)。但是有的洼淀已经淤高，尤其是三角淀的淤高，严重威胁海河航运。

(2)海河水系洪水输沙量特点

海河水系河流分两种类型：第一类发源于燕山和太行山的背风山区，如潮白河、永定河、滹沱河、漳河等，流经黄土地区，源远流长，流域调蓄能力较强，泥沙也多。第二类河流发源于燕山、太行山迎风山区，如北运河、大清河、滏阳河、卫河等，源短流急，流域调蓄能力较小，泥沙也少。含沙量及输沙量的变化与降雨、径流关系密切，变化类同。

河流泥沙大部分集中在汛期几次暴雨洪水之中，沙峰很大，其中6—9月的输沙总量最大时占年总输沙量的90%以上。而枯季主要是地下水补给河流，一般无坡面侵蚀，因此枯季含沙量很小。以永定河为首的多沙河流造成了海河干流的淤积，永定河官厅站建库前多年平均含沙量为60.8千克/立方米，为黄河陕县站多年平均含沙量36.6千克/立方米的1.66倍，因此有“小黄河”的之称。漳河观台站和滹沱河黄壁庄站的含沙量也分别为12.0千克/立方米和10.0千克/立方米。[①] 泥沙淤积对海河航运影响十分巨大，例如1927年3月22—30日，永定河春汛泥沙淤积在海河干流，使得海河河道淤高0.6米~1.8米，天津商埠几乎有被废弃的危险。

海河流域的泥沙主要来自各河山区的冲刷侵蚀，平原区河道时有冲淤，但就整个平原区而言是以淤积为主。永定河山区产沙量最多，平均

① 张相峰、戴峙东：《对海河水系泥沙排放利用的认识》，《海河水利》1996年第6期。

年产沙量达9455万吨，占全流域产沙总量的58.1%，平均每平方千米年产沙量2093吨。其次是漳河和滹沱河，多年平均年产沙量分别为2366万吨和2208万吨，各占全流域的14.5%和13.6%。而海河年均入海沙量才201.98万吨，仅占海河水系多年平均产沙量16278万吨的1.2%，其余都淤积在平原河流、洼淀、蓄滞洪区及山区的水库中，平均每年淤积约1.8亿吨。①

顺直水利委员会曾经于1918—1921年观测海河水系各河的含沙量。由于测站位置所限且观测时间又在少雨年份，虽然数据与实际含沙量有一定差距，但也能反映少雨年份各河含沙量情况。由表2-6可知，除了永定河、漳河和滹沱河外，潮白河、卫河和南运河含沙量也比较大。但是漳河、滹沱河、南运河、卫河输送进海河干流的泥沙并不多。潮白河于1912年已改道夺箭杆河入蓟运河，汛期时洪水在宝坻县东南部泛滥。滹沱河多在献县、武邑县以西地区泛滥，滏阳河多在宁晋泊决口，下游子牙河也有文安洼蓄洪。漳河、卫河洪水一般经南运河减河流入渤海，如四女寺减河、捷地减河、兴济减河、马厂减河，近代这些减河大多淤塞，当不能容纳洪水时，多在沧县、东光一带决堤，再流入渤海。大清河水系含沙量不大，而且还有西淀调蓄洪水。永定河下游原有三角淀可以"散水匀沙"，但这个时期，三角淀已经高出淀外地面2米~6米，蓄洪停沙的功能丧失，洪水挟带大量泥沙经北运河进入海河干流，成为海河的主要输沙支流。海河工程局以1928年所测量的海河泥沙量推算，西河、北运河和永定河输送进海河的泥沙量之比约为1∶2∶4，这个比值可以说明永定河对海河淤积有很大的影响。

①《海河志》编纂委员会编：《海河志》第1卷，北京：中国水利水电出版社，1997年，第89—90页。

表2-6　1918—1921年海河水系各河最大含沙量

河名	测站	最大含沙量(重量百分比)
潮白河	苏庄	3.5
温榆河	通州	0.2
永定河	卢沟桥	8.0~10.0
永定河	双营	4.0~5.0
琉璃河	过京汉铁路处	0.5
北拒马河	过京汉铁路处	3.0
南拒马河	过京汉铁路处	1.0
唐河	过京汉铁路处	2.5
沙河	过京汉铁路处	3.0
木道沟	过京汉铁路处	1.75
滹沱河	过京汉铁路处	3.5
洺河	过京汉铁路处	1.5
滏阳河	过京汉铁路处	2.5
漳河	过京汉铁路处	4.5
安阳河	过京汉铁路处	2.0
淇水河	过京汉铁路处	2.2
蜈蚣河	过京汉铁路处	1.7
卫河	临清	4.0
南运河	马厂	4.0
南运河	杨柳青	3.5

资料来源:顺直水利委员会编印:《顺直河道治本计划书》,1925年,第20页。

2.永定河的影响和尾闾三角淀变迁

海河水系中永定河的含沙量最高,且高于其他四大河流含沙量之和,对于海河含沙量贡献最大。永定河自源头山西管涔山到天津北屈家店入北运河,全河长约680千米,总流域面积约为47016平方千米。官厅以上为上游,长度为416千米,流域面积约43400平方千米,约占全流域面积的

92.3%,其中约70%的面积是山地,其余为高原丘陵,为自然集中产沙区,植被覆盖率低,气候干燥寒冷,冬季长至四五个月,夏秋暴雨一至,急流冲刷泥沙而下,是永定河中砾石、泥沙的主要来源地。中游自官厅至三家店,长约108.5千米,流域面积约1600平方千米,河道蜿蜒曲折,纵向坡度较大,又是海河水系暴雨中心之一,汛期洪峰高量大,是砾石和粗沙的源地。三家店至屈家店为下游河段,长约155.5千米,流域面积约2016平方千米。自三家店出山进入平原,河段展宽,纵坡平缓,河水流速骤减,大量泥沙遂沉积于河床。洪水暴涨宣泄不畅,时常冲决堤坝,四溢泛滥,因此永定河下游决堤、改道非常频繁。

永定河原称无定河,自三家店出山后南北自由摆动,形成了广阔的洪积冲积扇。唐宋之后,下游主泓道,基本保持在北京城以南地区摆动,尤其金元建都北京以来,历代为解除洪水对京城的威胁,在永定河下游的筑堤、挑河等治理活动一直就没有停止。特别是清朝康乾时期为京畿地区防汛,在永定河下游两岸筑堤,束河于一道。但是筑堤并没有减少河流的冲决泛滥,反而加剧了永定河下游地区湖泊、河流的淤积(见图2-1)。永定河尾闾的三角淀就处在北运河、永定河、凤河等河流交汇的位置,三角淀的形成与消失的过程,是人与自然相互作用影响的经典历程。

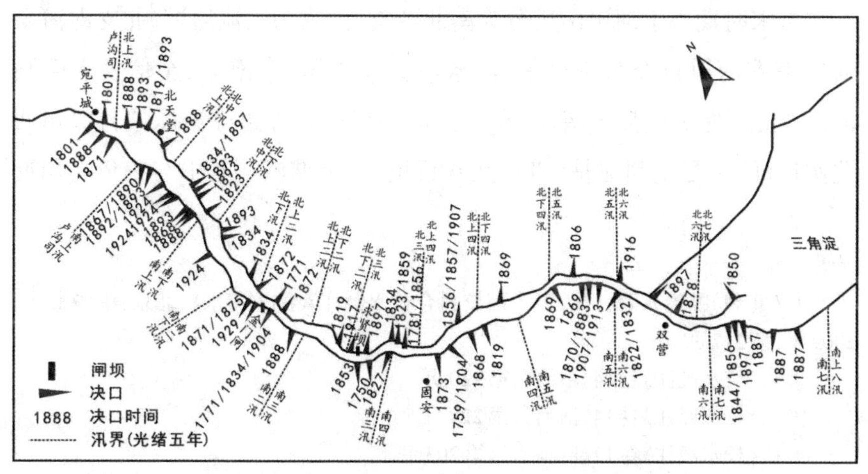

图2-1　永定河下游堤坝与历年决口位置示意图

资料来源:华北水利委员会编印:《永定河治本计划》,1933年。

(1)三角淀的形成与淤废变迁

三角淀的形成、盛涨、淤废与永定河的变迁有很大的关系,也可以说永定河尾闾的摆动促使了三角淀的形成、盛涨,也加速了淀泊的淤废。虽然永定河下游河道的变迁非常复杂,但是根据文献记载也能大致勾勒一个演变的过程。

魏晋时期的桑干河下游是清泉河,清泉河为今北京以南的凉水河故道,清泉河流至潞县以南后,基本上处于乱流状态,"清泉至潞,所在枝分,更为微津,散漫难寻故也"[1]。之后主要的河汊支流在合口(今漷县以东的和合站村)汇入潞河,"濛水入焉,俗谓之合口也,又东鲍丘水于县西北东出"[2]。潞河在雍奴县西与清泉河的东南河汊汇合后,便向东与鲍丘水相汇,于雍奴西北东去,不再南流。而雍奴县以南的潞河,也称笥沟,则为断流,"鲍丘水自雍奴县故城西北旧分笥沟水东出,今笥沟水断"[3],而且这条东去入海的鲍丘水之南,笥沟以东,是有"九十九淀,枝流条分"之称的雍奴薮。

巨马河收纳圣水、八丈沟、滹沱枯沟后,"乱流东注也,又东过渤海东平舒县北东入于海"。巨马河下游也是散漫乱流状态,没有固定的河道,最后汇入清河东入渤海,清河是今海河干流的一段,"清、淇、漳、洹、滱、易、涞、濡、沽、滹沱同归于海,故《经》曰派河尾也"。[4]

唐宋时期桑干河出山后分为南北两支,南支为主流河道,北支即清泉河。南支河道自今张华村来,经永清县北十里,东南流,至信安入巨马河。[5]北宋为防止契丹南侵,在白沟河一线构建了边缘塘泺,"自保州西北沈远泺,东尽沧州泥枯海口,几八百里,悉为潴潦",其中与三角淀相近

---

① (北魏)郦道元著、(清)王先谦校:《合校水经注》卷13《濛水》,北京:中华书局,2009年,第217页。

②《合校水经注》卷14《沽河》,第220页。

③《合校水经注》卷14《沽河》,第222页。

④《合校水经注》卷12《巨马水》,第203页。

⑤ (宋)乐史撰,王文楚等点校:《太平寰宇记》卷69《河北道十八·幽州·永清县》,北京:中华书局,2007年,第1402页。

的水域“东起乾宁军、西信安军永济渠为一水，西合鹅巢淀、陈人淀、燕丹淀、大光淀、孟宗淀为一水，衡广一百二十里，纵三十里或五十里，其深丈余或六尺”。[①]这些淀泊都在今大城以北、静海以西、文安和霸州以东的地区。

金元时期是三角淀形成的关键时期。永定河在辽金时期多称为卢沟河，卢沟河主派经行今凤河、龙河故道，为下游洼地提供了丰富的水源，在今北京市南部地区就有飞放泊、延芳淀等淀泊，这也为处于卢沟河尾间三角淀的形成奠定了环境基础。元代多称永定河为浑河，浑河出卢沟桥下，东南至看丹口，遂分为三派：其一北派，分流往东南，从大兴县界至漷州新河，又东北流至通州高丽庄，入白潞河；其一中派东南经大兴县青云店，过东安县，为今凤河相当；其一南派，南过良乡、固安、东安、永清等县，经霸州汇入淀泊。[②]三派中以中派水量最大，但至元末明初渐渐淤废，这也促使了三角淀的形成。元代，“三角”之称已经出现，如《元一统志》载大都路东船河，“西出霸州永济镇，东入永清县，东与武清县三角白河合”[③]。永乐《顺天府志》“永清县”载，东船河“西出霸州永济镇，东入永清县东与武清县三角白河合”[④]。三角白河，很可能就是三角淀和白河的合称。

明代中期至清初是三角淀的极盛时期，明代文献中较早记载三角淀的是《寰宇通志》，(三角淀)“在武清县南周回二百余里，其源自范瓮口王家陀河、掘河、越深河、刘道口河、鱼儿里河，诸水所聚，东会叉沽港入于海”[⑤]。后世的方志，包括《明一统志》、万历《顺天府志》和《读史方舆纪要》

---

①《宋史》卷95《河渠五·塘泺》，北京：中华书局，1977年，第2358、2359页。

②(清)缪荃孙辑：《顺天府志》卷11《宛平县》，北京：北京大学出版社，1983年，第273页。

③(元)孛兰肦等撰，赵万里校辑：《元一统志》卷1《中书省统山东西河北之地·大都路》，北京：中华书局，1966年，第16页。

④(清)缪荃孙辑：《顺天府志》卷12《永清县》，北京：北京大学出版社，1983年，第324页。

⑤(明)陈循等：《寰宇通志》卷1《京师》，载《玄览堂丛书续集》第38册，扬州：广陵书社，2010年。

中所载三角淀内容与《寰宇通志》的记录基本一致。[①]说明早在明景泰年间，三角淀的水域面积就已经扩涨至周围二百余里的范围，而且有明一代没有发生较大的变化。

明代也多称永定河为浑河，浑河出西山至看丹口后，主要分为两派，北派“东由通州高丽庄入白河”，这与今凉水河道大体相当，南派“南流霸州，合易水，南至天津丁字沽入漕河”。[②]南派为浑河主流，下游变迁最为复杂，“其决口改道多在固安县西北地段，或向西南经涿州、新城、雄县等州县东境，下至霸州；或经固安县西境，下至霸州；或经固安县北境，入永清县界，下至霸州或东安县南境”[③]。反反复复摆动频繁，但大都流入东淀汇大清河，很少影响到三角淀。因浑河的干扰减少，三角淀成为周边区域的沥水汇集之区，蓄水量并不是很大，“直沽之上有大淀，有小淀，有三角淀，广延六七十里，深止四五尺”[④]。其补给河流包括凤河、王家陀河、刘道口河、鱼儿里河等，三角淀的大致范围，北至今黄花店，东至汉沽港、大范口（今范瓮口），西至北运河西堤，南至王庆坨、韩家墅。

明嘉靖之后，随着运河堤坝系统的完善，永定河、大清河等河流汇入运河道路受到一定影响，为三角淀的盈涨创造了条件，三角淀渐渐与东淀相连通。拒马河、黄汊河等河流也成为三角淀的补给水源，拒马河自“永清县南流入三角淀”，黄汊河“大成县东北八十里，自交河流入三角淀”。[⑤]因此清代文献中一般称三角淀为东淀，“即古雍奴水，当西沽之上最大，周二百余里，后渐填淤。袤延霸州、永清、东安、武清，南至静海，西及文安、大城之境，东西百六十余里，南北二三十里，为七十二清河所汇。永定河

---

① （明）李贤等：《大明一统志》卷1《顺天府》，四库全书本；（明）沈应文修、（明）张元芳纂：《顺天府志》卷1《地理志》，明万历刻本；（清）顾祖禹撰，贺次君、施利金点校：《读史方舆纪要》卷11《武清县》，北京：中华书局，2005年，第460页。

② 万历《顺天府志》卷1《地理志》，明万历刻本。

③ 尹钧科、吴文涛：《历史上的永定河与北京》，北京：北京燕山出版社，2005年，第212—213页。

④ 嘉靖《霸州志》卷1《舆地·山川》，上海：上海古籍书店，1962年，第7页。

⑤ 万历《顺天府志》卷1《地理志》，明万历刻本。

自西北来，子牙河自西南来，咸注之，今曰东淀”[①]。《嘉庆重修一统志》同载“古时惟三角淀最大，又当西沽之上，故诸水皆会入于此。今渐淤而小，合相近诸淀泊，总谓之东淀云”[②]。因此清人王履泰也就认为文安县西北的三角城是三角淀名称的来源，“三角淀之名不知所自，昉《太平寰宇记》古三角城，在文安县西北二十里，后赵石勒筑，是本城名为水所潴，即以其名名之，淀向为东、西二淀，七十二清河之会归”[③]。

这一时期也是东淀水域的极盛期，“渺然巨浸，周二三百里，清泓澄澈，中港汊纵横，周流贯注”[④]。三角淀与东淀相连通，收纳凤河、龙河、永定河、拒马河、大清河等河流，发挥重要的蓄水调水功能，由于淀水浩渺，常常还会出现海市蜃楼的景象，“武清三角淀，云是旧城，阴晦之旦，渔人多见城堞市里，人物阒集”[⑤]。

清代前期，三角淀有盈缩变化，分为5个大淀泊，母潴泊（母猪泊）“在武清县南三十里废遥埝内，围广二十里，地势洼下，为沥水归之区，东由瓦口泊入北埝外旧减河”；沙家淀“在武清县南五十里，西至敖子嘴，东至陈家嘴，南至二光，北至永定河废北埝，长约十里，宽约八里”；朱家淀“在武清县南五十余里，沙家淀之东南，西连沙家淀，东至凤河边，南至九道沟，北至庞家庄，长宽约八里”；叶家淀（叶淀）“在武清县南六十里，半入天津县境，西北接朱家淀，东南连凤河，长宽五六里”；曹家淀“在凤河东堤之西，叶淀东南，南至韩家树（韩家墅），西北至双口，约长十五里，宽二三里

---

①（清）齐召南纂：《水道提纲》卷3《京畿诸水》，清光绪七年（1881）上海文瑞楼铅印本。

②《嘉庆重修一统志》卷7《顺天府二·山川》第1册，北京：中华书局，1986年，第27页。

③（清）王履泰纂修：《畿辅安澜志·清河》卷上《三角淀》，清光绪年间刻本。

④（清）陈仪：《治河蠡测》，载光绪《畿辅通志》卷82《河渠略八·治河说一》，清光绪十年（1884）刻本。

⑤（清）于敏中等编纂：《日下旧闻考》卷112《京畿·武清县》，北京：北京古籍出版社，1985年，第1852页。

不等”。[①]“叶淀、沙家淀本相连,而叶淀尤广阔,周一百三十余里”[②]。5个淀泊相互连通排泄宛平、大兴、东安、武清等县的沥水。

清代中期,永定河、大清河和子牙河下游的治理呈现清浊分流的特点。[③]尤其是清廷对永定河下游筑堤束水,以牺牲三角淀为代价,来缓解永定河对大清河和运河的压力,直接导致了三角淀的淤废。自康熙三十七年(1698)至同治十一年(1872)的175年间,文献记载中永定河下游有16次重要的改道,平均11年改道一次,其中人工改道10次,自然改道6次,南北来回摆动将整个三角淀淤平。

从永定河下游改道趋势来看,可分为四个阶段,同样也是三角淀淤废的四个过程:

第一阶段:康熙三十七年(1698)至雍正三年(1725),永定河下游汇入东淀,尤其是康熙三十七年(1698)和三十九年(1700)两次筑堤束水,河道自郭家务、卢家庄向永清县东南,经今里澜城西、信安东,出柳岔口、辛章入东淀。大量泥沙沉积,东淀渐渐缩小,“三十年来,河无迁徙冲突之患,惟入淀之后,下口日淤,信安、胜芳诸淀,辛张(辛章)、策城诸泊渐成平陆,壅淤清流,几无达津之路”[④]。

第二阶段:雍正四年(1726)至乾隆十九年(1754),永定河改柳岔口北为下口,经王庆坨北入叶淀。雍正四年(1726),怡亲王允祥奉命挑挖新河,改柳岔口北,经狼城(里澜城)、宋流口、东沽港至王庆坨北接长甸河(长淀河)。乾隆十六年(1751),又改为自得胜口至王庆坨南入叶淀。这一阶段基本上把东安县南部的支流、淀洼全部淤平,包括狼城河、吕公河、淘河、东畔河、西畔河,琅川淀(东安县治南七十里)、淘河泊(东安县治南五十里)、莲花泊(甄家庄南)、瀼字淀(甄家庄东北)、徐孟泊(东沽港西

① (清)陈琮:《永定河志》卷2《集考》,清乾隆五十四年(1789)抄本。

② (清)王履泰纂修:《畿辅安澜志·永定河》卷2《叶淀》,清光绪年间刻本。

③ 王建革:《清浊分流:环境变迁与清代大清河下游治水特点》,《清史研究》2001年第2期。

④ 乾隆《东安县志》卷15《河渠志》,台北:成文出版社有限公司,1968年,第319页。

南)、长淀泊(葛渔城东)等。"自狼城至东沽港,永定河身长二十里,下口浑流所占,则淘河、葛渔城、于家堤三村宛在水中,田庐多被其害,一二年来亦日就淤垫矣","头道、二道等河,月城、黄花等套,自南而北日渐淤平,三角淀尽成沃壤,叶淀亦淤其半"。[①]

这一阶段的堤坝建设也比较频繁,三角淀也开始有堤坝围拦。南埝堤,雍正六年(1728),怡亲王以"河自河,淀自淀"的治理思想,建三角淀围堤,西接北岸大堤至韩家墅止,长三十里;乾隆三年(1738),修筑隔淀坦坡,自霸州牛眼村(即柳岔口)接老堤起至武清龙尾止,长四十九里;乾隆八年(1743)又接筑至天津县青光村。北埝堤,乾隆四年(1739),筑北大堤,自永清半截河东起至东安贺家辛庄止,长三十六里;乾隆五年(1740),接北大堤尾筑起至武清东萧家庄凤河边止,长四十七里。[②] 南埝堤将三角淀与东淀、大清河分隔;北埝堤防止淀水北浸,北埝堤外又筑遥堰,遥堰外又筑越堰。[③] 同时又在凤河两岸筑堤,以防永定河及三角淀威胁北运河,雍正四年(1726)筑凤河东堤,由双口至韩家墅,长十四里。又在北运河西侧桃花寺西至韩家墅北接东堤,筑横堤十里,"由是淀水无北浸之患"。乾隆五年(1740),于庞家庄、双口北接筑十二里,乾隆二十一年(1756),筑西岸堤三十三里。[④]

除了堤坝外,永定河主堤上也多建水坝减河泄洪。乾隆三年(1738),建一座金门闸石坝(南岸),长安城(南岸)、东胡林(北岸)、曹家务(南岸)、惠家庄四座草坝;乾隆四年(1739),建半截河草坝(北岸);乾隆七年(1742),建求贤村(北岸)、清凉寺(南岸)、双营(南岸)、惠家庄(北岸)四座草坝;乾隆八年(1743),建张仙务(南岸)、郭家务(南岸)、五道口(北岸)三座草坝;乾隆九年(1744),建卢家庄(北岸)四座草坝;乾隆十三年(1748),建崔营村草坝(北岸);乾隆十五年(1750),建马家铺草坝(南岸)、冰窖草

---

① 乾隆《东安县志》卷15《河渠志》,台北:成文出版社有限公司,1968年,第319页。

② (清)陈琮:《永定河志》卷8《工程》,清乾隆五十四年(1789)抄本。

③ 光绪《畿辅通志》卷86《河渠略·堤闸一》,光绪十年(1884)刻本。

④《畿辅安澜志·永定河》卷5《堤防》。

坝(南岸)。[①]其中北岸的水坝减河都通往三角淀,尤其影响到了母猪泊和沙家淀。

堤坝和减河的建设使三角淀完全成为蓄洪沉沙的区域,只有凤河一道出口汇入北运河,这样加速了三角淀的淤积。淀内河道紊乱,每次洪水过程,随意冲决,洪水下泄经常受阻。雍正十二年(1734),便专设三角淀通判,乾隆三年(1738),又添设垡船二百、衩夫三百,[②]对三角淀进行防汛和疏浚管理。

第三阶段:乾隆二十年(1755)至道光二年(1822),永定河由调河头挑挖新河,或东入沙家淀,或东北入母猪泊,两泊遂淤。到乾隆后期三角淀基本淤为平壤,"数年以来,永定河流迁徙无常,浊水灌入,日渐阗淤,降成沃野,小民可以种植,固目前小利。然东南失此受水之一大陂泽,倘遭水溢,诸河之下流无所停蓄,不为漫衍横流,势必直穿漕运,亦司民牧者之所殷忧也"[③]。

第四阶段:道光三年(1823)之后,此时期调河头以东地区已经淤高,永定河主泓道便向南自然改道,后经人工挑挖引河,自柳坨至里澜城北,或经葛渔城北、鱼坝口,或经葛渔城南、郑家楼、安光,再东汇入北运河。光绪年间,永定河自永清县何麻子营趋向东南,经卢家庄、黄家务、曹家庄、赵百户营南、双营北、贺尧营南,经北柳坨、南柳坨之间,谓之新下口,又东南经冰窖村北,这里南北遥堤相距五十里,"浮沙壅积,弥望无涯,河流荡漾其间,沿途涣散,朝南暮北,所至辄淤,而旧河身一道横亘于中,矗如壁立"。又东经五道口南、赵家楼北,安澜城(里澜城)北、孙家坨南,又东经霍家场南、卢家铺南、甄家庄南,又东经惠家铺南,为中泓新道,惠家铺北为北泓故道,南泓在窦店、范瓮口一带。又东经杨家场北、葛渔城南、窦店窑北,又东经萧家庄南、郑家楼北、六道口南,又东经汉沽港南、双口

①《畿辅安澜志·永定河》卷6《堤防》。

② 光绪《顺天府志》卷40《河渠志五·河工一》,北京:北京古籍出版社,1987年,第1429页。

③(清)吴翀:《武清县志》卷3《河渠》,乾隆七年(1742)刻本。

南、安光村南、常家堡北东南合北运河。[①](见表2-7)

表2-7 永定河下游历次改道情况

时 间	改道流经地点	改道类型
康熙三十七年(1698)	自良乡老君堂旧河口起,经固安北十里铺、永清东南朱家庄,会东安狼城河,出霸州柳岔口、三角淀,达西沽入海。浚河百四十五里,筑南北堤百八十里,赐名永定	人工改道
康熙三十九年(1700)	自郭家务接筑南堤,自卢家庄接筑北堤,并至霸州柳岔口止。在安澜城西改河南下,流出柳岔口,注大城县辛章河,仍由(东)淀达津归海	人工改道
雍正四年(1726)	于柳岔口稍北改为下口,开新河自郭家务至长甸河,凡七十里,经三角淀达津归海	人工改道
乾隆十六年(1751)	从旧有之东老堤开通,俾东南出,因加培康熙三十九年(1700)接筑之北堤,并乾隆三年(1738)所筑之南坦坡埝为南埝,以乾隆四年(1739)所筑之北大堤为北埝,自得胜口至王庆坨南,再挖引河长二十二里,穿淤高之三角淀,而东导入叶淀,达津归海	人工改道
乾隆二十年(1755)	由调河头入海,挑引河二十余里,加培埝身二千二百余	人工改道
乾隆三十七年(1772)	于贺尧营东、调河头南,挑河东出,由毛家洼达沙家淀,会凤河下游,过双口,归大清河,以达津归海[与乾隆二十年(1755)改道大体一致]	人工改道
乾隆三十八年(1773)	伏汛大溜奔腾,泥沙悉归调河头之旧河床中,淤为平陆,澄清之水自行另从调河头以北,散漫而下,经东安县响口村注入沙家淀	自然改道
乾隆四十三年(1778)	水流出下口,逆折北趋,在贺尧营南三里北六工十八号出口,改河稍北,仍向东流	自然改道
嘉庆六年(1801)	忽复徙至调河头北,沛然东下,奔注母猪泊,再由沙家淀达津归海	自然改道
嘉庆十六年(1811)	大溜忽于北八工九号(武清县西),兜湾侧注,逼成横溜,东注母猪泊	自然改道

① (清)李鸿章等修、(清)黄彭年等纂:光绪《畿辅通志》卷78《河渠略·河道四》,光绪十年(1884)刻本。此河道行水时间为同治十一年(1872)至光绪二十年(1894)。

续表

时　间	改道流经地点	改道类型
道光三年（1823）	河由南八工堤尽决而南，直趋汪儿淀（霸州堂二铺附近），排荡而入凤河故道，以达津归海	自然改道
道光十一年（1831）	河突由南八工十五号，转向东北，经窦店窑、六道口、双口，注入大清河归海	自然改道
道光二十四年（1844）	南七汛决口，自南六汛开引河（永清县东南），经葛渔城北鱼坝口，南入天津县，合凤河入海	人工改道
道光三十年（1850）	河骤涨，北七工漫三十余丈，由旧减河经母猪泊注凤河。于冯家场北河湾开引河，经葛渔城南、鱼坝口北，经三凤眼达津	人工改道
同治三年（1864）	于柳坨（永清县东南）开引河，下至张坨、马坟、胡家房（东安县南）等处，东过汊沽港、二光、鱼坝口，顺天津沟汇入凤河，达津归海	人工改道
同治十一年（1872）	挑挖中泓，经惠家铺南、窦店窑北、六道口南、双口南、安光村北入北运河	人工改道

资料来源：光绪《畿辅通志》卷78《河渠》，光绪《顺天府志》卷36《河道一·永定河》。

永定河筑堤束水，造成了下游的严重紊乱，而“河自河，淀自淀”的清浊分流治理过程，使三角淀全纳永定河水，永定河下游河道从南向北，再从北向南来回摆动，最终将三角淀淤为平壤。

清代后期，运河系统已经衰落，天津开埠后渐渐成为近代中国北方经济中心和门户城市，天津港日趋繁荣，海河航运越来越重要。然而三角淀失去了调洪蓄沙的作用，永定河洪水往往夺北运河后直入海河，造成航道淤塞，同时也对天津及周边地区存在洪涝灾害的威胁，所以永定河下游的出路亟须解决。

（2）民国时期永定河加重影响海河航道

永定河下游在清代以前几无堤坝所设，其洪泛区范围大致在今清河以南，北运河以西，小清河、白沟河以东，大清河以北的广大区域。金元明时期，永定河在卢沟桥以下的良乡、大兴、廊坊、武清、固安、霸州等地区冲决改道，大量泥沙沉积在泛区，同时也加速了众多洼淀的淤积，如延芳淀、东淀。没有堤坝的河道，洪水泛流，起到散水匀沙的效果，“水发之年，一往湍急，散漫于数百里之远，深处不过尺许，浅止数寸，及至到淀（三角淀），沙已停积，只余清流”，“卢沟桥以下、淀池以上，一望平芜，虽不免年年过水，而水过沙留，次年麦收丰稔，所谓一水一麦是也”。[①]

清代以来，将永定河束于一道，束水刷黄，河床及河口外淤积加速，汛期屡次自然决口或人工挑河改道，只能再次向下游延长堤坝，以至下游三角淀、叶淀、母猪泊及沙家淀等泊淀渐次淤平，降低了下游泊淀在汛期滞洪蓄水的能力，与众河汇集海河，洪峰叠加，必然导致水灾频发。当永定河汛期流量和流速增大时，将大量泥沙冲进海河，也加剧了海河河床及大沽沙坝的淤积。

民国时期，三角淀专指永定河自双营以下至北运河，南北两堤之间的区域，东西长约37千米，南北宽约16千米，面积约600平方千米。若连南外堤在内，则南北最宽处达24千米，平均宽21千米，总面积约750平方千米。汛期永定河洪水进入三角淀后四溢漫流，流速骤减，泥沙沉淀，具有“散水匀沙”的作用，但是此时的三角淀经过百余年的淤积，淀内地面高出淀外地面3米~6米，[②]已经丧失了调蓄洪水、泥沙的功效。卢沟桥以上河段最大洪水流量约为5000立方米/秒，至双营入三角淀时约为2400立方米/秒，含沙量约为16%，而海河最大流量约为1500立方米/秒，而且海河河道多弯曲，坡度小，又受到潮汐影响，很难消纳永定河洪水，泥沙遂沉降在河道和大沽沙坝。（见图2-2）

民国时期已经开始对河流进行监测研究，1920年5月，顺直水利委员会于三家店设立水文站，6月设立黄河陕州水文站，均监测含沙量。此后华北水利委员会也很快恢复对永定河的监测，并常年测量官厅、三家店、卢沟桥及双营等地点的河流情况。1931年，华北水利委员会的徐世大利

---

① （清）李鸿章等修、（清）黄彭年等纂：《畿辅通志》卷82《治永定河说》，光绪十年（1884）刻本。

② 华北水利委员会编印：《永定河治本计划》第1卷，1933年，第50页。

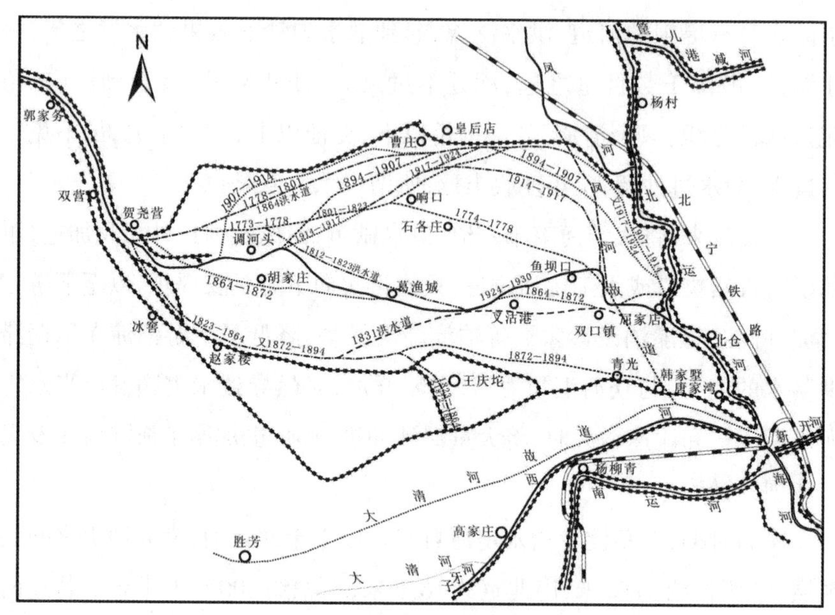

图2-2 1823—1930年三角淀泓道变迁示意图

资料来源:华北水利委员会编印:《永定河治本计划》,附图,1933年。

用这些数据和泥沙样品研究了永定河泥沙的来源、比重、化学成分、沙粒下沉速率,认为含沙量一般随流量的增大而增加,洪水与低水时含沙量相差大至数十倍乃至数百倍,且和流速也有较大关系,流速越大,含沙量也愈大。顺直水利委员会分别于1921年和1927年测量三角淀地形,测算出永定河平均每年在三角淀沉积250万立方米的泥沙。徐世大则根据此结果再加上1924年决口入大清河之泥沙量及入海之泥沙,推算出永定河平均每年排泄沙量为280万立方米,在洪水期,如河不决口,排沙量可增至350万立方米以上。[①] 永定河排沙量之大,世界上其他大型河流也不能相比,对下游河流造成严重的破坏,找到泥沙的去路是当务之急。

三角淀内不准筑堤打坝,任河水漫流,淀内主要行水河道有三条:北泓,自响口以北皇后店,沿北遥堤至老米店入北运河;中泓,自调河头经葛

① 徐世大:《永定河之泥沙》,《水利月刊》1931年第1卷第2期。同载《永定河治本计划》第1卷,1933年,第141页。

渔城、六道口、汊沽港、双口至屈家店入北运河;南泓,自王庆坨经三河嘈、青光、韩家墅至唐家湾入北运河。三泓20年至30年一轮换改道,北泓淤高则走中泓,中泓淤高则走南泓。自韩家墅建军营后,废弃南泓不用,留北泓和中泓轮换走水。中泓河道短而直,每当河水走中泓时,上游又无决口处,则天津港必淤积,如在1924—1934年间,永定河泥沙自中泓入北运,海河淤积严重。①

1928年7—8月,永定河洪水排入海河后,海河含沙量骤增,7月为17千克/立方米,8月为15千克/立方米,是平常年份的将近10倍。②是年抵津船只中没有超过13英尺(约3.96米)吃水量的,到达天津市内港区的船只,由1927年的874艘减少为668艘,而1929年减少到538艘。③此时河北省政府于7月4日刚刚成立,《大公报》便呼吁省府应该立刻办理两件大事,其一就是治理海河淤塞问题,"天津白河淤塞,把天津商埠弄成麻木不仁,商业经济吃亏不小",天津河务局等机关早已瘫痪,"河工水利关系民生,何等重大,政府竟尔如此漠视,令人骇怪。但是现在正是伏汛届时,水祸可虑,省政府接近人民,利害切己,应当拿治河问题认真办理"。④

1928年是海河淤塞最为严重的年份之一,汛期时河道内泥沙量达到1377万立方米,海河自金汤桥至南开段河道普遍淤高0.6米~1.8米。⑤其中第四段裁弯上河口至严庄的河道淤高了1.8米,第五段裁弯上河口至第四段裁弯上河口为最浅河道段,仅深3米。然而当永定河决口时,泥沙大多沉积于泛滥区域,清水下泄海河,又增大了海河的冲刷力量。如1929年7

---

① 徐正编著:《海河今昔纪要》,石家庄:河北省水利志编辑办公室编辑发行,1985年,第56、110页。

② 海河工程局:《海河工程局1928年报告书》,1929年,卷宗号w3-1-609,天津市档案馆藏。记录为水面、水中和水底含沙量,此数据为平均数。

③ 海河工程局:《海河工程局1929年报告书》,1930年,卷宗号w3-1-613,天津市档案馆藏。

④《河北省政府立刻该办两件事》,《大公报》1928年7月5日。

⑤ 海河工程局:《海河工程局1928年报告书》,1929年,卷宗号w3-1-609,天津市档案馆藏。

月，永定河在金门闸附近决口，至年终时河道最浅处在泥窝与葛沽之间，为4.3米，加上潮汐作用和挖泥船的浚淤工作，泥窝前的水深增至4.8米。[①] 由此可知，永定河的流量与河道变化对海河的冲淤情况影响巨大。

3. 轮船吨位的增加

不同吨位的船舶对航道的宽度、水深及底宽有不同的要求。河道口门的宽度和河身的宽度至少要大于驶入最大船只的长度，现代轮船的长度分为三级：小型海轮长度为50~60米，中型海轮为80~150米，大型海轮为200~300米。船舶吃水深度与轮船吨位成正比，船舶吨位越大吃水越深。（见表2-8）

表2-8 现代船舶吨位与吃水深度关系

船舶类型	总吨位（吨）	平均吃水深度（米）
一般海轮	500	3.5
	1000	4.8
	3300	6.9
	5000	7.7
	8000	8.5
	10000	9.0
	15000	9.5
	20000	10.0
	30000	10.2
	50000	11.0
	80000	11.2
大型油轮	50000~60000	12.2
	60000~80000	12.9
	80000~100000	14.0
	100000~150000	15.7
	150000~200000	17.4
	200000以上	19.8

① 华北水利委员会编印：《永定河治本计划》第1卷，1933年，第54—55页。

续表

船舶类型	总吨位(吨)	平均吃水深度(米)
内河客货轮	货1200吨,客800人	4.0
	货800吨,客1200人	3.8
	货500吨,客1000人	3.5
内河货驳	1200	3.33
	540~700	2.32
	80	1.5
	50	1.2
内河客轮	500人	1.5
	300人	1.2
	60人	1.0

资料来源:杨吾扬等著:《交通运输地理学》,北京:商务印书馆,1986年,第296页。

20世纪初期海河天津段宽为51.51米,海河整理委员会把天津外国租界至下游的宽度调整为98.78米,白塘口至咸水沽之间的宽度为69.69米~81.81米,到下游的新河附近宽度逐渐增加,在大沽河口为199.98米。河流深度在天津附近为3.64米~9.09米,在塘沽为3.64米~6.67米,在北炮台为3.94米~5.45米,海河整理委员会把天津下游水深调整为3.64米以上。①

在海河及运河上行驶的船只种类很多,像粲子船、乍拉船、挎子船、莽牛船、牛舌船、碰头船、西河对、小粮船、标船、马艚、大舢板、小舢板等20余种,其船体长度为6.06米~30.3米,宽度多在0.91米~4.55米之间,吃水深度在0.61米~1.21米之间。所以这些船只在海河中行驶毫无障碍。海船则吨位稍大一些,最大的是150吨至200吨,吃水深度在1米~4米之间,在海河河航行困难也不大。(见表2-9)

① [日]日本中国驻屯军司令部编:《二十世纪初的天津概况》,侯振彤译,天津:天津市地方史志编修委员会总编辑室,1986年,第73页。

表2-9 中国旧式海船种类

船名	长度(米)	宽度(米)	深度(米)	吃水深度(米)	载重(万千克)
宁波船	18.18~45.45	4.55~7.27	2.42~5.15	1.56~3.64	21.04~39.07
沙船	15.15~42.42	3.03~6.06	1.89~4.24	1.21~3.03	6.01~30.05
登收船	15.15~39.39	2.73~7.27	1.89~4.24	1.21~3.03	12.02~30.05
改巧船	18.18~39.39	2.42~5.45	1.82~3.64	1.21~2.42	9.02~16.83
盐船	30.3	4.56	2.12	1.56	14.42

资料来源:根据《二十世纪初的天津概况》所记录船舶资料整理,第91—92页。

但是海河为轮船提供的航行条件就相形见绌了,20世纪初期进入天津港的轮船吨位多在900吨~2000吨之间,吃水深度则要求海河深度至少保持在5米~7米。日益淤积的海河河道,一般的轮船需要乘潮才能进入港口,但转头困难,大型轮船则只能停泊在大沽沙坝之外等待驳船。海河的自然条件已经无法适应近代港口的发展趋势了。(见表2-10)

表2-10 近代进出天津港的轮船吨位数

<table>
<tr><th>国别</th><th>航业公司</th><th>船名</th><th>吨数</th><th>船名</th><th>吨数</th></tr>
<tr><td rowspan="12">英国</td><td rowspan="12">中国航运公司</td><td>闽江</td><td>367</td><td>桂阳</td><td>1062</td></tr>
<tr><td>甘肃</td><td>1143</td><td>嘉兴</td><td>1143</td></tr>
<tr><td>盛京</td><td>1034</td><td>直隶</td><td>1143</td></tr>
<tr><td>湖南</td><td>1143</td><td>镇江</td><td>1229</td></tr>
<tr><td>新安</td><td>1047</td><td>南昌</td><td>1063</td></tr>
<tr><td>北海</td><td>1227</td><td>九江</td><td>1228</td></tr>
<tr><td>济南</td><td>1350</td><td>张家口</td><td>1143</td></tr>
<tr><td>顺天</td><td>1081</td><td>天津</td><td>1227</td></tr>
<tr><td>宁波</td><td>1128</td><td>广西</td><td>1228</td></tr>
<tr><td>常州</td><td>1203</td><td>汉阳</td><td>1206</td></tr>
<tr><td>四川</td><td>1143</td><td>云南</td><td>1206</td></tr>
<tr><td>宜昌</td><td>1228</td><td>—</td><td>—</td></tr>
<tr><td rowspan="3">中国</td><td rowspan="3">轮船招商局</td><td>协和</td><td>1082</td><td>海定</td><td>1124</td></tr>
<tr><td>遇顺</td><td>1079</td><td>图南</td><td>942</td></tr>
<tr><td>泰顺</td><td>1216</td><td>新济</td><td>1385</td></tr>
</table>

续表

国别	航业公司	船名	吨数	船名	吨数
		安平	1159	爱仁	826
		新丰	1385	飞鲸	980
		广济	361	公平	1743
		新裕	1385	—	—
英国	印度支那航运公司	怡生	1127	连升	1049
		岳生	1424	维新	1170
		景生	1223	德生	977
		和生	1127	浴生	977
美国	北德劳伊德轮船公司	青岛	978	提督	1196
		胶州	646	—	—
中国	开平矿务局	开平	1605	广平	1243
		承平	1062	西平	1266

资料来源:根据《二十世纪初的天津概况》所记录航业资料整理,第104—106页。

三、冬季封港与破冰

(一)航道冬季破冰

近代天津港发展的另一障碍就是冬季冰冻封港。海河每年有2个半月至3个月的结冰期,严重影响船只的往来。一般从11月下旬结冰,至次年2月下旬解冻,12月下旬封河,次年3月上旬开河,也就是说天津港每年开港时间只有9个月(见表2-11)。1月中旬结冰最厚,天津市内冰厚度达1.5英尺(约0.46米),越往下游结冰越厚,大沽口冰层相垒,高达数英尺,往往把栈桥破坏。①如果轮船太早进港或太晚出港,时常会因水浅在大沽口外搁浅,且遭积冰围冻,则不能行驶。有时气温高会延长通航时间,如1889年,轮船“斯美”号于农历正月二十九日首到大沽口;出口尾船是“北直隶”号火轮,于农历十一月二十四日出港,次日“北平”号又随之出

① [日]日本中国驻屯军司令部编:《二十世纪初的天津概况》,侯振彤译,天津:天津市地方史志编修委员会总编辑室,1986年,第73页。

港，“第火轮出口数日后，天气反暖，缮此论时，河道仍尚开通，今冬真可谓和暖异常矣”[①]。(见图2-3)

表2-11 1902—1911年天津开港和封港日期

年份	开河日期	船最早到港日	船最晚离港日	封河日期
1902	2月23日	3月14日	12月17日	12月24日
1903	2月24日	2月28日	12月14日	12月17日
1904	2月27日	3月1日	12月13日	12月18日
1905	2月26日	3月2日	12月13日	12月14日
1906	2月26日	3月11日	12月12日	12月20日
1907	3月3日	3月2日	12月14日	12月23日
1908	3月6日	3月6日	12月22日	12月13日
1909	2月19日	2月23日	12月13日	12月14日
1910	2月27日	2月28日	12月10日	12月12日
1911	3月5日	3月4日	12月21日	12月29日

资料来源:《天津航道局史》,第38页。

图2-3 冰封的海河

资料来源:[日]儿岛鹭麿:《北清大观》,东京:东京印刷株式会社,1909年,第14页。

---

① 吴弘明编译:《津海关贸易年报(1865—1946)》,天津:天津社会科学院出版社,2006年,第153页。

1911年5月26日，天津总商会向海河工程局董事会致函，为了适应天津港进出口贸易的快速增长，采用破冰船维持冬季港口运行。至少在海河口塘沽进行破冰作业，通过铁路连通市内港区。

> It is needless to point out the great handicap that Tientsin trade suffers by the closing of the river for the winter months, and now that competition from other ports is likely to make itself felt, owing to the rapid extension of railway facilities, the Chamber trusts that means may be found to keep the port open. (Chairman W. F. Southcott)[①]

1911年7月26日，海河工程局的总工程师办公室拟订了一项非常详细的破冰可行性报告，主要包括破冰船作业所需的潮汐情况、河道截面、破冰船的结构和马力、燃料煤的供应、破冰船的参考价格，以及德国、波兰等欧洲国家港口冬季破冰的经验。[②]对于天津总商会和海河工程局商议和实施海河冬季破冰工作的经过和破冰的作用，龚宁、龙登高等做了详细的考证。[③]到1913年11月，海河工程局从江南造船厂购置了“开凌”“通凌”两条破冰船，开始了冬季破冰作业。到1925年，海河工程局先后购买了“没凌”“清凌”“工凌”“飞凌”破冰船，并架设电报设施，冬季每日通报冰情。（见表2-12、表2-13）

自1916年起，大沽航道维持冬季通航。海河工程局在一年中，三季挖淤，冬季撞凌，维持天津港国内外贸易的繁荣。

---

① Hai Ho Conservancy. *Hai Ho Conservancy Board 1898—1919.* Tianjin: The Tientsin Press, 1919: 121.

② Hai Ho Conservancy. *Hai Ho Conservancy Board 1898—1919.* Tianjin: The Tientsin Press, 1919: 122-133.

③ 龚宁、龙登高、伊巍：《破冰：天津港冬季通航的实现——基于海河工程局中外文档案的研究》，《中国经济史研究》2017年第6期。

表2-12　天津港破冰船概况

船名	制造时间	制造厂	船体长/宽/深/吃水深度(米)	功率(千瓦)	价格
开凌	1913	江南造船厂	25.9、6.1、2.74、1.52	294	6580镑
通凌	1913	江南造船厂	36.6、8.36、4.42、3.05	515	13650镑
没凌	1914	江南造船厂	36.6、9.14、3.51、2.74	657	115000两
清凌	1915	江南造船厂	36.6、9.14、3.51、2.74	662	140000两
工凌	1923	江南造船厂	29.7、6.2、2.74、1.6	294	61000两
飞凌	1925	江南造船厂	29.9、7.01、3.66、2.13	331	76500两

资料来源:《天津航道局史》,第39页。

表2-13　海河大沽口冬季电报信息

电报发报日期	航行困难次数	航行甚困难次数	不能通行次数
1917年—1917年3月4日	4	2	3
1917年12月22日—1918年2月2日	—	—	淤塞封港
1919年12月16日—1920年3月6日	1	—	—
1920年12月18日—1921年2月16日	1	—	—
1921年12月21日—1922年2月23日	6	—	—
1922年12月28日—1923年2月22日	4	3	4
1926年12月24日—1927年2月25日	—	1	—
1929年12月19日—1930年2月22日	2	—	—
1930年12月23日—1931年2月28日	14	—	—
1933年1月9日—1933年2月17日	1	—	—
1935年	4	—	—
1936年1月24日—1936年3月22日	11	19	13

资料来源:《大沽口二十年来冰情报告表》,《航业月刊》1937年第4卷第9期,第1—7页。

(二)极端冰灾事件

海河工程局每年冬季利用撞凌船进行撞凌工作,引领船只进出港口。撞凌工作对增加贸易额、增加天津港吞吐量起到巨大的作用。但是在严酷的天气下时常感到无能为力,尤其是极端天气发生时,会遭受重大损失。

1935年12月—1936年3月发生了一次极端冰灾事件，气温非常低，且持续时间长，是近代天津开港以来最严重的一次冰灾。12月8日、9日之交，深夜起西北飓风，温度骤降至2华氏度，大量冰凌聚积于河内与浅滩上，潮差减小，拖船、驳船和轮船不能通行。14日航运得以恢复，但17日冰凌复起，横断海道，适值多艘商轮、拖船与驳船出口，均被冻结搁浅。此后，芝罘丸、定生、顺天、日升、湖南、通凌、成都、南昌、日东丸、北康、志摩丸等船皆搁浅，至24日，气候转暖，潮差增大，大部分轮船得以脱险。29日，硕厚冰凌复自北塘下移，堵决航道。[①]

至1936年2月6日，百余里河道均被冰凌封锁，冰凌相互撞击后，立即凝结，愈结愈巨，最大冰块厚达一丈，面积达十余方丈，颇为壮观，商轮、驳船无法进出。河口外搁浅轮船有太古公司之湖北、南宁、惠州三轮，日本美昌之营口丸，大阪公司之华山丸，三北公司之瑞康，日本国际公司之长山丸，政记公司太利、福利二轮，通顺公司之新太，大连公司之益进丸。被困于西大沽有北方航业公司之北方轮，在塘沽有招商局之遇顺、太古公司之浙江轮。潮涨后完全冻结，落潮后又开裂，无法营救，部分船员、旅客弃舟步行登岸。[②]随即成立撞凌管理委员会，由天津洋商会主席或其代表、港务长、海河工程局主任工程师和交通部天津航政局局长组成。在海河工程局撞凌船的努力下，至11日大沽口外渐渐解冻，航运稍有恢复。但17日气温急剧下降，大沽口再度结冰，巨大冰块厚达数尺长三十余尺，撞击船身，较前尤烈。[③]

2月20日，各轮船被困情势越趋严重，天津轮船业同业公会电请交通部援助。[④]22日，冰封如故，河口内外被困轮船增至30多艘，并发现两座冰岛，周广约一亩，下与海底相连接，高出海面达三丈，数十年来十分罕

---

①海河工程局编：《海河工程局1935年报告》，1936年，第5—7页，卷宗号，w1-1—1413，天津市档案馆藏。

②《海河被封航运全停》，《大公报》1936年2月6日。

③《大沽口再度结冰》，《大公报》1936年2月19日。

④《大沽口冰冻》，《大公报》1936年2月21日。

见。[①] 秦皇岛港亦被封冻,轮船无法通行。25日、26日,天津航政局请求派飞机援助大沽口外和秦皇岛外被困轮船,但被风雪天气所阻。到3月初,部分船员、旅客和轮船失踪,情势十分严重。3月4日,气温上升,冰情开始好转,天津至塘沽恢复通行。这两个月损失巨大,30余艘轮船加上货物,价值2000万元,被困船员、旅客1000人以上,其对于天津及华北商业关系甚巨。[②] 6日,大沽口外冰情仍很严重,但大小船只勉强可航行,航运即将恢复。直到3月22日,大沽口外冰面开化,所有灯船、航标等设施恢复,冰难结束。[③] 在冰灾期间,海河工程局、天津航政局、天津总商会、冀察政务委员会,以及天津轮船业同业公会和各船业公司,展开了大规模救援活动。[④](见表2-14、图2-5)

当时媒体也开始告诫轮船公司:"凡自沪驶津船只,均须备足煤斤、食粮、蔬菜食品,免被冰封锁港内,时有断煤断食之虞,同时至各轮驶抵大沽口时,须由碎冰船引导入口。"[⑤]

表2-14　1935—1936年大沽口遭遇冰灾船舶

日期	船舶名称	遭难地点	遭难与脱险情形
1935年12月17日	湖南、日升、拖船、驳船	南堤灯桩	被冰块推上南岸,分别于19、20日后脱险
1935年12月18日	新宁丸、定生、顺天	拦沙坝	搁浅,19日后脱险
1935年12月19日	开凌撞凌船	河口附近	机器舱被冰挤漏
1935年12月20日—21日	日东丸、清凌、志摩丸、南昌、成都、北康、驳船4艘	拦沙坝	搁浅,3日后脱险。清凌船救日东丸受损,其余船只搁浅,驳船被冰漂流,24日后脱险
1935年12月25日	岳州	拦沙坝	搁浅,当日脱险
1935年12月28日	益进丸	河口附近	被冰推上南岸,53日后脱险

①《大沽海面冻成冰岛》,《大公报》1936年2月23日。

②《津塘交通昨日恢复》,《大公报》1936年3月4日。

③《大沽解冻后海口一切设施昨日全复旧观》,《大公报》1936年3月23日。

④ 蔡勤禹、尹宝平:《1936年天津大沽口冰灾与救助》,《中国海洋大学学报(社会科学版)》2018年第1期。

⑤ 情报:《天津大沽口冰河航行办法》,《保险界》1939年第5卷第4期。

续表

日期	船舶名称	遭难地点	遭难与脱险情形
1936年1月1日	驳船、定生	拦沙坝	驳船被冰漂流,定生搁浅,1日后脱险
1936年1月5日	阜生	拦沙坝	搁浅南岸,7日后脱险
1936年1月6日	遇顺	拦沙坝	搁浅北岸,1日后脱险
1936年1月10日	长城丸、新潟丸	河口附近	搁浅,1日后脱险
1936年1月11日	没凌、长平丸、南岭丸	拦沙坝	搁浅,14日后脱险
1936年1月14日	颍州	海面上	被困在冰田中,由清凌救出
1936年1月15日	志摩丸、长山丸	拦沙坝	搁浅,19日后脱险
1936年1月16日	阜生	拦沙坝	搁浅,31日后脱险
1936年1月25日	驳船3艘、北华、浙江、清凌、通凌、飞凌、没凌	海面上	由清凌救出,但受损,翌日修好。飞凌在葛沽受损,其他破冰船在救援时受损
1936年1月26日	没凌	河口附近	机器受损,1日后修复
1936年1月30日	定生、开凌	拦沙坝、塘沽	定生搁浅,1日后脱险。开凌受损
1936年2月1日	三兴	拦沙坝	搁浅,45日后脱险
1936年2月4日	没凌	河口附近	机器受损,当日修复
1936年2月6日	营口丸、新泰、泰利、北京	拦沙坝	搁浅,营口丸8日后,其余船只7日后脱险
1936年2月7日	日营丸、湖北	海面上、拦沙坝	日营丸13日后脱险,湖北搁浅8日后脱险
1936年2月16日	甘州、颍州、丰利、昌利、驳船2艘	河口附近	搁浅,丰利23日后脱险,其余船只19日后脱险,驳船16日后拖进塘沽
1936年2月20日	长山丸	海面上	被困冰田,乘客140名,2日后得救
1936年2月22日	通凌	拦沙坝	受损,1日后修复
1936年2月23日	清凌	河口附近	受损,25日后修复
1936年2月24日	通凌、没凌、景山丸	拦沙坝	通凌受损,6日后修复。景山丸搁浅,2日后脱险
1936年2月26日	元亨	拦沙坝	搁浅,9日后脱险

续表

日期	船舶名称	遭难地点	遭难与脱险情形
1936年2月27日	芦山、定生	拦沙坝	芦山搁浅，当日脱险，定生由没凌救起
1936年2月28日	景山丸	拦沙坝	搁浅，1日后脱险
1936年3月5日	昌安、增利、昌和	大沽口外	被困冰田
1936年3月8日	纯利	拦沙坝	搁浅，1日后脱险
1936年3月10日	通凌	河口附近	受损，遗失推进器

资料来源：《航业月刊》1937年第4卷第12期，第315—322页。

图2-4　1935—1936年冬季大沽口冰灾[①]

① 海河工程局编：《海河工程局1935年报告》，1936年，卷宗号w1-1-1413，天津市档案馆藏（上图）；下图摘自《良友画报》1936年第115期。

冰灾对天津及华北商业造成严重的损失，涉及航运公司有政记公司、轮船招商局、三北公司、太古洋行、怡和洋行、大阪商船株式会社、大阪汽船会社、寿康公司、通顺轮船行、华洋轮船公司等，被困轮船共50余艘，出口货物不能出港，在塘沽长期堆积存放，进口货物也不能及时进港，尤其是干鲜果品全部腐烂，致使价格上涨，波及天津及国内市场。比如上海煤价上涨，冰灾"阻碍航船，影响运输，致山西白煤等、大同烟煤灯等来源断绝。上海所用之鸿基煤，价格飞涨，以前每吨向售19元5角者，月初售至24元左右。现已解冻，航路恢复，北煤虽尚未南来，然沪上煤价已有回软之势"[①]。冰灾造成直接和间接损失约在400万元，如果全面估算损失约有500万元。（见表2-15）

表2-15 冰灾损失估算

单位：万元

直接损失	估算金额	间接损失	估算金额
船期损失	150	货物利润损失	25
煤炭损失	72	残废损失	12
粮食损失	9	利息损失	20
淡水费用	2	货栈及小工费用	20
船舶修理费用	10	运费	10
公私救助费用	15	税收损失	10
电报费用	6	旅客损失	不计
驳船公司	20	金融损失	不计
其他杂费	9	保险损失	不计
共计	293	共计	97

资料来源：《大沽口冰难纪实》，《航海杂志》1936年第2卷第3期。

就是在平常冬季，海河口外也经常发生轮船冻阻事件，因此天津冬季封港对华北经济影响巨大。冰灾之后，海河工程局进行了经验总结，当遇到极端冰冻事件时需采取相应的措施。比如，另行购置海洋行驶之撞

① 市况：《大沽口冰冻后影响上海煤价》，《矿业周报》1936年第11期。

冰船；可以临时预租大型撞凌船，每年预缴租金。同时天津总商会与领事团和国民政府接洽商准，增加河工捐、船捐，约为五六万元，用以大沽口外破冰费用。[①]并在河口北部修筑了一道冰坝，长1700多米，阻止河口以北的冰凌侵入大沽航道。

这次冰灾范围之广，几乎涉及整个渤海湾、辽东湾、莱州湾。[②]当时号称不冻港的秦皇岛、北戴河、昌黎等海滨，在1936年2月下旬，均封冻20余里。气温最低时海河河道全部封冻，其中葛沽一带河段最为严重。冰灾的原因，首先是1936年气温普遍低于多年同期气温，而且寒潮期长度也远超过往年；同时这年盛行东风，冰凌不能顺流入海，多堵塞在河口处；此年的降雪量也超过往年，大量降雪稀释海水表面的盐分，提高了海水的结冰点；另外就是海河河道淤塞，河床抬高，致使河水更易结冰，冰层深度直达河床，加大了破冰作业的难度，比如大沽沙坝航道南北浅滩、葛沽至陈塘庄河段封冻最严重。[③]总之海河的淤积加重了冰灾。

---

① 海河工程局编：《海河工程局1936年报告》，1937年，第9页。天津图书馆藏。

②《严重冰情图》，载海洋图集编委会编：《渤海黄海东海海洋图集·水文》，北京：海洋出版社，1993年，第524页。

③ 赵恕：《民国二十五年二月渤海湾海河之冰灾》，《气象杂志》1936年第12卷第4期。

第三章 近代海河流域治理机构

近代天津一方面是进出口贸易的繁荣,另一方面是航行环境的恶劣,中外人士无不心怀忧虑。清末,在津海关和北洋大臣的斡旋下,专门治理海河干流的海河工程局成立。这是海河水系首次使用近代科学技术、新材料进行治理工程,促使了中国水利向近代化的转型。海河工程局相继开展了闭塞支渠、裁弯取直、挖泥清淤、填垫土地等工程,在很大程度上改善了海河的航运条件。然而海河工程局只能治理自租界至河口的海河干流,无法从根本上解决海河淤塞问题。1917年海河水系发生大洪水,流域内损失巨大,北洋政府遂组织成立顺直水利委员会,首次从流域出发,开展了雨量、流量监测、地形测绘,开展了防汛、改善海河航运环境的工作,制定了流域综合治理规划,在中国水利史上有里程碑的意义。同时海河工程局参与委员会的日常事务,主持和设计相关水利工程,开始涉足海河水系上游的治理。整理海河委员会、整理海河善后工程处主要办理海河放淤工程,将含沙量最大的永定河引入放淤区域,防止泥沙流入海河,并起到了较好的效果。1928年,顺直水利委员会改组为华北水利委员会,华北水利委员会将工作扩展到整个海河流域,对河流湖泊进行规划治理,兼及农田水利和港口建设。

一、海河工程局

(一)海河工程局成立经过

1887年,天津海关税务司德璀琳(Detring)在呈报给总税务司赫德的

《1886年津海关贸易报告》中，已经认识到“视海河为畏途，未见改善之兆，上游近来逐年淤浅，虽然屡加研讨补救方法，但毫无明确之结果”，并认为海河的淤积是由于潮汐在弯道程度很大的河道中回流的结果，提出“设若截断数处河湾之颈部，便可修成一条几乎直通河口之水道，河水在其流程中既无弯道之阻，庶可维持一条其深足以行船之通海航道”。①

1890年7月，大雨不止，海河水系发生水灾，永定河数处决口威胁天津，当时中外人士深感海河一线难以宣泄，清政府却迁延废弛。1890年，德璀琳向李鸿章建议，从关税中提出100万两，派林德（A.de.Linde）对海河进行一次实地测量，拟订浚河计划，但被清政府反对未实施。1892年，德璀琳和林德在租界南段河道钉下木桩，准备推行裁弯取直，因当地村民和官员反对未能实施。

1896年，海河状况严重恶化，商界被迫紧急行动，与直督反复磋商。1897年初，王文韶为北洋大臣，开始注意海河淤积问题，派顾问林德与法国驻津总领事团领袖杜士兰伯爵、英国驻津领事宝士徒、天津洋商总会董事长克森士及海关税务司协商，拨款10万两，另由英租界工部局发行公债15万两作为治河基金，宣布成立海河工程局（HaiHo Conservancy Board）。②

1900年后，由天津都统衙门管理，《辛丑条约》中明确规定北河（海河）改善河道，“在1898年会同中国国家所兴各工，尽由诸国派员兴修。一俟治理天津事务交还之后，即可由中国国家派员与诸国所派之员会办，中国国家应付海关银每年六万以养其工”。③

海河工程局开销巨大，以津海关收入、公债、捐税、船税、造桥临时税、挖泥工费等为收入来源，开展了对海河干流长达半个世纪的治理工

---

① 吴弘明编译：《津海关贸易年报（1865—1946）》，天津：天津社会科学院出版社，2006年，第142页。

② 吴蔼宸：《天津海河工程局问题》，出版不详，第1、2页。另引自周星笳主编：《天津航道局史》，北京：人民交通出版社，2000年，第5—6页。

③ 王铁崖：《中外旧约章汇编》，第1册，北京：生活·读书·新知三联书店，1957年，第1007页。

作。至1949年积累了丰富的治理河流泥沙的实践经验,“成长为一支拥有500人的中国航道疏浚施工队伍,包括挖泥船员、管线架设、航标管理维护、航道整治、水深水文勘测的陆地工人和航道工程技术人员”[①]。其维护海河航运,对近代天津城市繁荣和北方经济发展起到了巨大的客观性历史作用。

(二)海河工程局组织结构

海河工程局在成立之初,经过直隶总督、英法领事和天津总商会主席商定为中外委员会组织,参加委员代表有天津海关道、直隶总督代表、天津海关税务司、轮船驳船公司代表、各外国租界代表、天津总商会代表。同时另设董事部处理各项事务,董事部成员包括首席领事、税务司和海关道。

1912年之后,海河工程局董事会由首席领事、税务司、津海关监督、商会会长和轮船公司代表组成。董事会商议各项事务,首席领事为董事长,同时设总工程师1人,负责各项工程的设计、实施和管理,以及人事安排、财务管理等。并设秘书长1人,执行董事部会议的决定,管理各项行政事务。[②]

海河工程局下设4部:

总务测量部,负责编制工程设计、测绘制图、水文观测、工程实施和管理等。

工厂与船坞部,负责制造、采买水利工程所需材料,维修挖泥船、破冰船、标志等设施。

挖河部,负责海河河道挖泥,市内洼地吹填工作,1913年后,增加破冰管理职责。

海口部,负责河口外大沽沙工程,开挖航道、修理河口、测量沙道等。

---

① 冯国良、郭廷鑫:《解放前海河干流治理概述》,载天津市政协文史委编:《天津文史资料选辑》第18辑,天津:天津人民出版社,1982年,第28页。

② 华北水利委员会:《海河工程局略说》,《华北水利月刊》1929年第2卷第10期。

到1945年国民政府接收海河工程局，1948年公布了《海河工程局组织条例》，明确海河工程局隶属于水利部，管理改善海河及其河口水道，制定有关工程规划并实施。设置局长1人，3个科室，“第一科，掌理工程、查勘、测绘、设计、实施及其他有关土木工程事项；第二科，掌理万国桥、机械修理厂及与水利有关之灯塔、标志、船舶机械工程事项；第三科，掌理文书印信、出纳庶务及材料之购采、保管，并不属其他各科事项”[①]。

在1945年之前，海河工程局基本在英国掌控之中。除了海关道台外，其余董事都由外国人担任。1945—1948年，改隶水利部，局长先后由杨豹灵、徐世大、向迪琮担任，但总工程师仍由崔德哈担任。1949年之后，先后隶属华北人民政府、水利部、交通部，1958年更名为天津航道局。

二、顺直水利委员会

顺直水利委员会是应对1917年水灾而成立，旨在修整直隶河道，治理和预防水灾。在海河工程局的参与下进行了9项治标工程，像堵口修堤、裁弯取直、疏浚减河、筑造水闸等缓解了灾情。其中裁弯取直、北运河挽归故道、马厂减河建水闸等工程，对于增加海河流量、增大潮差、增加水流冲刷力量发挥了良好的作用。同时从长远考虑，开展了治标工程和制定相关规划，对海河水系治理起到指导意义。

（一）顺直水利委员会成立经过

1917年夏秋，海河流域发生了民国时期最严重的洪灾之一（其他两次为1924年和1939年），五大河同时漫溢，洪峰相遇宣泄不畅，各河决口数百余道。被淹区域103个县19045个村庄，计有15000平方英里（约38850平方千米），受灾民众约625万有奇，财产损失不可胜计。天津亦成为泽国，永定河泥沙下行至海河，是年7月间，48小时内河底淤高7英

①《海河工程局组织条例》，《国民政府公报》1948年1月9日。

尺~9英尺(约2.13米~2.74米)。9月30日,北洋政府任命熊希龄督办京畿一带水灾河工善后事宜,驻津办事处设于河北大经路(今中山路)造币总厂。[①]

清朝末年管理河道、漕运的河道总督、漕运总督等官职相继裁撤,河工则由河流所经行政辖区分理,不能通盘考虑整个流域的治理,这一状况一直延续到民国初期。熊希龄督办京畿水灾河工善后事宜以来,觉察到海河水系割裂管理的弊端,于是1917年11月5日向政府提议海河水系应"脱离直省行政区域,还以归之国有"[②]。言外之意,即要求设置专管治理海河水系的机构。

海河工程局据津海关税务司梅乐和(F.W.Maze)建议,邀请上海濬浦总工程师海德森(H.von Heidenstam)与方维因(H.van der Veen)、平爵内(T.Pincione)共同商讨治河策略,提出三条意见:其一,设立委员会,与河务相关机构都要派代表加入讨论治河计划,所需测量及搜集资料费用约需银12万两。其二,于治本计划实施前,先在牛牧屯附近开挖引河,挽北运河归故道,借清流刷永定河流入海河的泥沙。其三,在三岔口实施裁弯取直工程。[③]英国公使朱尔典于1917年11月8日,照会外交部部长汪大燮转呈北洋政府,声请成立专门委员会,并由熊希龄任委员会主席。委员会经费可由外国7家银行出资70万元,作为水灾捐款支付工程费用。外交部收到呈请后,即请熊希龄核覆,外交部经过与外国使团多次交涉后同意成立委员会。1918年3月20日,顺直水利委员会于天津成立,会址设在河北造币总厂,不久迁至原清海关道署,1920年直隶省长索还署衙,委员会便迁至意租界五马路。1928年,顺直水利委员会改组为华北水利委员会。

---

① 熊希龄编:《京畿河工善后纪实》卷1《通告各机关本处开办日期文》,1929年,第1页。

② 熊希龄编:《京畿河工善后纪实》卷2《呈大总统河道应归国有请交国务会议文》,1929年,第7页。

③ 顺直水利委员会编印:《顺直河道治本计划报告书》,1925年,第1—2页。

（二）顺直水利委员会组织结构

经过北京外交使团和北洋政府协商后，采取委员会制，委员会组成主要由海河工程局派外方代表参加，华人由全国水利局、直隶省长和督办京畿一带水灾河工善后事宜处派代表参加。委员会成立之初由7人组成，熊希龄任会长，中方代表3人，吴毓麟代表直隶省长（由黄国俊参加会议），杨豹灵代表全国水利局，方维因督办京畿一带水灾河工善后事宜处，代表京兆尹；外方代表3人，中国税务处巡港司戴礼尔（W.F.Tyler）、上海濬浦总工程师海德森、海河工程局总工程师平爵内。

1920年5月，督办京畿一带水灾河工善后事宜处裁撤，方维因委员资格遂取消。会长商准由海河工程局技术部部长罗斯（F.C.Rose）代表京兆尹。1922年6月，戴礼尔辞职，由斐利克（F.Hussey Freke）继任。1925年，因吴毓麟不在天津，省公署另派李蕴为委员。委员会主要负责直隶河工、保管外交团协拨款项。为执行权能便利起见设审查会，戴礼尔任主席，戴礼尔辞职后罗斯公选继任。会长不出席审查会议，议决议案由秘书呈报会长，经会长核准后始发生效力，但除会长提出必须再行考虑的议案外，审查会议通过的议案即便实行。

委员会成立之初下设6处：秘书处、会计处、测量处、流量测量处、工程处、材料处。1920年裁撤材料处，1923年流量测量处并入测量处。会长委任魏易为秘书处主任、斐利克为会计处主任。委员会内关于工程技术问题分由测量处和工程处处理。事不专一管理不便，1921年经英国驻北京公使朱尔典，向印度政府聘请了水利专家最高水利工程长官英国人罗斯，熊希龄于3月22日任命其为技术部部长。自1920年至1922年梅立克（H.B.Merrick）任测量处主任，梅氏归国后由测量处总稽查员安立生（S.Eliassen）继任。工程处自成立以来就由顾德启（R.D.Goodrich）任主任。[1]

顺直水利委员会的成立汇集了当时中外知名水利工程专家，利用近

---

① 顺直水利委员会编印：《顺直河道治本计划报告书》，1925年，第5—7页。

代科学知识、工程技术和材料，对直隶河道展开治理活动，在中国水利史上具有里程碑的意义。此外经过1917年水灾海河航运受阻，大沽沙坝航道淤积严重，海河工程局对海河一线治理深感困难，因此参加顺直水利委员会，开始海河水系上游的治理。自1918年成立至1928年改组为华北水利委员会，顺直水利委员会存在10年间，第一次较大规模地在海河流域设置流量、雨量等观测站，并收集了大量相关数据；同时对海河流域进行了地形测量，绘制了精准的地形图，为委员会的水利工程以及后来的水利机构治理海河水系提供了必要的数据和经验。其完成的水利工程、建造的水利设施也为日后治理海河水系奠定了基础。

（三）顺直水利委员会经费

海河水系的地形测量、水文观测、工程设计和施工，需要巨额资金。熊希龄在委员会成立之初，准备申请使用北洋政府与五国银行团签订的善后借款，北洋政府也批准拨付委员会使用，其时还有余款120万元。1920年，财政部每月再拨给委员会关平银3万两。委员会规定经费存在外国银行，包括汇丰、汇理、正金、麦加利等银行，支付经费都需要经委员会主席、审查会主席和会计签字核准。（见表3-1）

表3-1　1918—1925年顺直水利委员会经费收支情况

单位：元

工程	北河挽归工程	三岔河口裁弯工程	测量与行政费用	天津南堤工程	新开河工程	马厂河工程	总计
收入	1761418.00	70000.00	4339347.02	242336.00	322729.73	507000.00	7242830.75
支出	1575553.19	70000.00	3465533.20	146643.14	322729.73	234994.43	5815435.69
结余	185864.81	0	873813.82	95692.86	0	272005.57	1427395.06

资料来源：《顺直河道治本计划报告书》，1925年，第9—10页。

然而上述经费远远不够委员会开销，熊希龄在1928年总结顺直水利委员会工作时，计算了委员会实施的各项水利工程费用：三岔口裁弯工程，委员会出资71428.57元，天津南堤工程出资121159.93元，马厂河建闸河新河工程花费226619.36元，新开河建闸与疏浚工程花费312578.08元，北运河挽归工程支出1542504.63元(与1925年总结数额有出入,见表3-1),土门楼建闸与王庄培堤工程款134623.8元,北运河培堤工程款数50000元,以及青龙湾下游购地费用为153000元。另外除了工程费用,还有地形测量费、水文观测费、各处行政费,等等,1920年之前的地形测量和行政费用支出758901.8元,水文观测经费支出277281.84元、地形测量和制图费用2468718.36元,支付技术部经费313446.19元、工程处经费502415.62元、委员会行政费和购置费641491.41元。以上委员会共计支出7574169.59元。①

三、华北水利委员会

顺直水利委员会为应对直隶水灾而成立,防汛后十余年间开展的水利计划和工程,主要目的是维持海河航道的通畅和港口的繁荣,总体上对直隶旱涝灾害、海河航运,并没有突出的贡献。而且委员会委员多是外国人,受到英法等国家掣肘,政府的拨款又存在外国银行,受到多方质疑。1928年,北伐战争后,遂即改组为华北水利委员会。

(一)华北水利委员会改组经过

在北伐战争中,著名的水利专家汪胡桢就对顺直水利委员会进行了严厉的批评,包括委员会委员组成、工程效果、经费管理等。②而且委员会对于海河上游水灾多发区域有置之不理之嫌,建设委员会须恺在接收顺直水利委员会时就说:其治水计划方法"惟注意海河一带,此种计划可谓完全替外人作傀儡。因海河水利航运自佳,外人经商华北可安然无患。殊不知河北一省地广人众,频年各县受水灾之患,叠见不鲜,田园宿舍淹没无数,而当局竟计未及此,任人民受此疾苦而勿顾"③。

---

① 熊希龄:《顺直河道改善建议案》,北京:北京慈祥印刷工厂,1928年,第8—15页。

② 汪胡桢:《北伐军进展中不要忘却顺直水利委员会》,《建设周刊》1927年第1卷第15/16期。

③《顺直水利委员会接收经过》,《申报》1928年8月24日。

1928年8月，由建设委员会接管顺直水利委员会，[①]改组为华北水利委员会，随后开展了对海河流域的综合治理与规划。其工作可分为三个时期：筹备时期，专从事搜集资料，如调查各河上游、测量河道地形、观测水文气象等等；设计时期，根据所收集的资料进行相应的水利工程设计规划；实施时期，即实施各项水利工程计划。[②]

华北水利委员会会址仍在天津意租界五马路11号，并聘任李仪祉、须恺、李书田、吴思远、陈汝良、彭济群、周象贤、王季绪、刘梦锡等9人为委员，指定李仪祉为主席兼总工程师，李书田任总务处处长，须恺任技术处处长。1929年陈懋解任委员长，徐世大任技术处处长，1930年，陈懋解辞职，以彭济群任委员长。

交通委员会暂定华北水利委员会管辖区域为冀鲁豫三省和平津两特别市，以后经费充裕再行扩充管辖范围。华北水利委员则提出将管辖范围以政区改为以黄河、白河及其他华北各河湖流域为限。不久黄河水利委员会成立，则建设委员会又规定华北水利委员会管辖范围以华北各河湖流域及沿海区域为限。[③] 1931年4月1日，华北水利委员会改隶内政部，又规定以黄河以北注入渤海各河湖流域及沿海区域为范围。[④] 1934年11月，因当局统一水利行政，改隶全国经济委员会。此后当局规定每月拨款50万元，全年共计600万元，还有关于海河和永定河工程费用，以

---

① 接管时与河北省政府和北平政治分会产生分歧，见《顺直水利会之隶属问题》，《申报》1928年9月7日，《河北省仍请接管顺直水利会》，《申报》1928年10月6日。

②《华北水利委员会未来施政纲要》，《益世报》1934年12月11日、12日。载于郭凤岐、陆行素主编：《〈益世报〉天津资料点校汇编》第2册，天津：天津社会科学院出版社，1999年，第1430页。

③ 李仪祉：《顺直水利委员会改组华北水利委员会之旨趣》，《华北水利月刊》1928年第1卷第1期。

④ 华北水利委员会编印：《华北水利建设概况》，1934年，第1页。

6年的津海关附加税作为专款，经全国经济委员会商由中央银行垫借。[①]

1937年七七事变后迁往大后方，仍留测候所继续工作。1945年，抗战胜利后迁回天津。1947年改组为华北水利工程总局，隶属水利部，王华棠任局长，下设总务处、工务处和堵口复堤工程处，下属单位有官厅水库工程局。1949年1月17日，由天津市军事管制委员会水利接管处接管，更名为华北水利工程局。[②]

（二）华北水利委员会组织结构

华北水利委员会对海河流域进行治理，包括各项防汛、灌溉、航运及水利工程。委员会中选定三人至五人为常务委员，其中一人为主席主持会议。委员会设总务处和技术处分管各种事务。

总务处下设文书课，掌管收发文件、草拟文稿、编辑文电、编列表册和报告、保管印信和档案；会计课，掌管收支款项、登记账册及编制预决算；事务课，职掌购买物品、保管器物文具及其他一切杂物。

技术处下设测绘课，分设绘图室及测量流量各队，掌管各项测量及绘算事项；工务课，分设设计室和工程队，职掌各种工程设计、实施和监督各项事务；材料课，掌管工程材料价格统计、材料选购、材料保管和支付。

总务处设处长一人，各课设课长一人，课员及雇员若干人；技术处设总技师一人，技正、技士、技佐若干人，各课设课长主任技师一人，各室设主任一人，制图员、设计员若干人，课员及雇员若干人，各队设队长一人，测量和工务员若干人，事务繁忙时特设事务员若干人。1935年，改秘书长为总务处处长，技术长为工务处处长。总务处下设三科，第一科掌管文书，第二科掌管会计出纳，第三科掌管庶务。工务科下设三组，测量、工程、造林（未成立）。1936年7月又增设海河放淤组。附属机构有测量队、

---

① 华北水利委员会：《华北水利委员会之过去现在与将来》，《华北水利月刊》1936年第9卷第3/4期。

②《海河志》编纂委员会编：《海河志·大事记》，北京：中国水利水电出版社，1995年，第71页。

水文站、测候所、各工程处以及灌溉试验场等等。①(见图3-1)

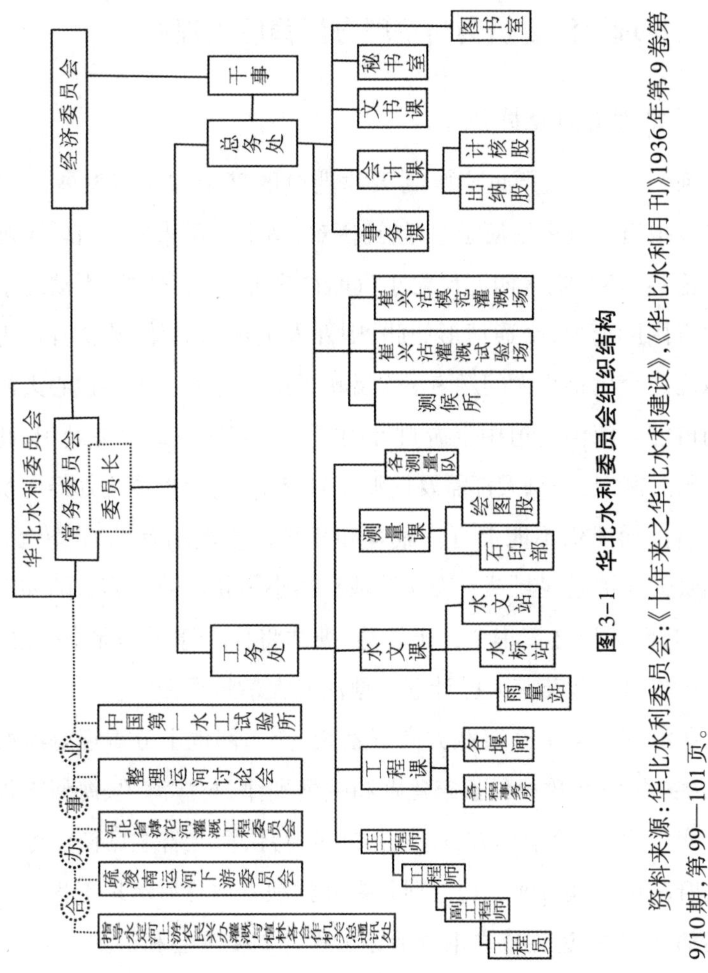

图3-1 华北水利委员会组织结构

资料来源:华北水利委员会:《十年来之华北水利建设》,《华北水利月刊》1936年第9卷第9/10期,第99—101页。

委员会常务委员兼任总务处和工务处处长,其他职位须通过常委会委任。常务委员会必要时可聘用工程顾问、律师和会计师等,也可另设事务员若干办理不属于各处内事务。委员会每季开会一次讨论各项事务,

① 华北水利委员会:《十年来之华北水利建设》,《华北水利月刊》1936年第9卷第9/10期。

常务委员会每周开例会一次讨论相关事务。[①]

四、整理海河委员会与整理海河善后工程处

(一)整理海河委员会

海河淤塞严重,严重影响到天津港口的繁荣和城市发展。1927年《大公报》报道:"近来白河淤塞,航运困难,情形为历来所未有。千吨以上船只无论矣,甚至吃水四五尺之小汽船往来亦有屹立中流不动之事。天津为北方国际商埠,交通情形如此,中外人士忧虑莫释,甚至有视为天津商埠地位之今后存亡大问题者。"[②]反映了国内外人士无不担心天津商业衰落的可能。海河河道中上游自万国桥至杨家庄段最容易淤积,此段正是租界码头区,几乎每天都需要挖泥船昼夜工作,但挖浚之处经一晚又淤1.8米左右,轮船仍不能上行。旅客和货物便于塘沽登陆,再转运津城。人们感叹天津被淤泥封锁,"现在塘沽利用小火轮以便船客上陆乘船及货物之装卸,而天津之繁华全移于塘沽,塘沽将代天津为华北唯一之要港,而日趋繁华也。闻英美人已计划在塘沽或大沽筑港云"[③]。

天津海河航运关系着北方商贸繁荣,交通部也十分重视海河淤积问题,于1927年派航政司科长宋建勋和颜勒到津,与津海关、海河工程局等机构考察河道,讨论治理方案。[④]1928年9月,河北省主席商震令天津特别市政府制定治理海河工程计划并筹办款项。数月后治理工程大纲和筹款方案都已完成,遂先成立审查治标工程计划委员会和筹款委员会,确定工程计划和筹款方案后再呈报中央核准立案。1929年开始进行筹备工

① 华北水利委员会:《中华民国建设委员会华北水利委员会暂行组织条例》,《华北水利月刊》1928年第1卷第1期。

②《白河与天津》,《大公报》1927年9月5日。

③《泥沙封锁津港航行已无可能塘沽将代津为华北第一要埠》,《顺天时报》1927年9月2日。

④《交通部委任令》,1927年10月8日,宋建勋、颜勒:《天津海河调查报告书》,1927年12月。

作,7月间成立临时办事处,11月整理海河委员会正式成立。

整理海河委员会为委员合议制度,河北省政府主席为会长,天津特别市市长为副会长,初定相关部门出代表二人,有财政部、建设委员会、内政部、外交部、河北省政府、天津特别市政府、海河工程局(董事一人和总工程师一人),共委员14人组成,但外交部一直未派代表参加,实际委员为12人。

委员会每月举行一次常会,会长任会议主席,一切事务均提交会议,通过后方能实施。因经常涉及水利工程问题,委员会第五次会议时,决定组织一个工程委员会,专司一切整理工程计划事项,于1929年8月2日在特二区港务局成立,临时主席为海河工程局总工程师哈德尔[①],委员有杨豹灵、李书田、王季绪、向迪琮、方维因、李仪祉和陈懋解等人。[②]凡是有关工程范围的议案先交此会商讨,再提交常会公决。

委员会下设秘书处、总务处、会计处和工务处,秘书处办理机要会议记录、收发撰拟文件、保管档案、典守印信、编译报告及职员任免等事务。总务处办理庶务、统计、警卫、土地收用等事宜。会计处办理款项出纳、编制预决算等事务,特请两位中外名望高的人。工务处办理工程计划实施事宜,特延请咨询工程师,遇到疑难问题可以资商。另外又特设会计专务委员及工务专务委员,专门对相关事务进行考核。

1928年10月间,委员会就商讨了关于款项的筹集办法,准备于津海关值百抽五税收项下加征附捐8%作为基金发行公债,12月上报财政部,次年5月批准,定于6月17日开始征收附捐。7月间准备发行河北省疏浚海河治标工程短期公债400万元,主要由中法工商银行承担。[③]之后便开

① 哈德尔(J. A. Hardel,1878—1934),法国人,1929年来津,先后任海河工程局总工程师、华北水利委员会委员、整理海河善后工程处顾问,致力于华北水利,1934年10月6日于津特一区寓所病逝。

②《整理海河工程委员会成立》,载郭凤岐、陆行素主编:《〈益世报〉天津资料点校汇编》第2册,天津:天津社会科学院出版社,1999年,第1366页。

③ 整理海河委员会编印:《整理海河治标工程进行报告书》,1933年,第1—6页。

展了海河治标工程。

(二)整理海河善后工程处

1932年,整理海河委员会所制定的工程计划大部分已经完成,于伏汛开始放淤,取得了一定效果。但放淤也造成淀北区域农田的损失,因而引起当地居民的反对,而且放淤区地势高于永定河河道,每次放淤必先抬升水位才行,致使三角淀内农田被淹,也引起三角淀居民的反对,于是委员会便计划开第二放淤区,连同以往工程计划需用款192万元,故呈请政府延长津海关征收附加税6年。另外委员会官僚作风腐化严重,人浮于事,效率低下,[①]当局也不满委员会一再追加款项,决定撤销整理海河委员会,内政部遂会同河北省政府于1934年1月另组织成立整理海河善后工程处,办理委员会未完成工程。

整理海河善后工程处,由内政部委派茅以升为处长,[②]河北省政府委派副处长一人,下设会计主任一人、秘书一人,工程师、副工程师、工程员、制图员、事务员各若干人,必要时设工程和会计顾问。时值全国统一水利行政,工程处遂归全国经济委员会直辖,同时受河北省政府指挥监督。原定工程处于1934年底办理海河第二期治标工程结束后即行撤销,因工程未就,延期至1935年3月15日撤销,海河治标工程改归华北水利委员会接办。

民国时期中央水利行政省并、分割频繁复杂。民国初年,水利事业分属内务部和农商部,1914年设立全国水利局,但未有管理全国水利事业的职权。南京国民政府成立后,水利建设归建设委员会,农田水利归实业部,水灾防救归内政部。1931年,内政部收并水利建设工作,又先后设立水利委员会机构,负责主要河流流域的水利规划和建设,比如华北水利委员会、黄河水利委员会、扬子江水道整理委员会、太湖流域水利委员会、导

---

①《如何整理海河整理委员会》,《大公报》1930年10月19日。

②《茅以升昨就任海河工程处长》,载郭凤岐、陆行素主编:《〈益世报〉天津资料点校汇编》第2册,天津:天津社会科学院出版社,1999年,第1424页。

淮委员会、广东治河委员会、运河管理局等。[①] 1930年前后，国民政府开始进行统一全国水利行政事业，1934年颁布了《统一水利行政及事业办法纲要》《统一水利行政事业进行办法》，将全国水利行政统归全国经济委员会水利委员会，1947年又将水利委员会改组为水利部，归属行政院。

国民政府实行流域水利行政和省县地方政府水利行政双轨制，比如河北省建设厅主管黄河河务局、子牙河河务局、北运河河务局、大清河河务局、南运河河务局。永定河河务局划归河北省建设厅管理，先后撤销了永定河工款保管委员会和整理海河善后工程处。[②]

海河流域水利事业的实质推动者为海河工程局、顺直水利委员会和华北水利委员会，海河工程局长期由英国把持，主要负责海河航道疏浚和港口工程，顺直水利委员会和华北水利委员会促进了海河流域从传统河工向现代水利的转型，从防洪救灾向流域综合规划和治理的发展。

---

① 行政院新闻局编：《水利行政》，南京：行政院新闻局印行，1947年，第1—4页。夏茂粹：《民国时期的国家水政》，《档案与史学》1999年第1期。

② 全国经济委员会编印：《办理统一全国水利行政事业纪要》，1935年，第48—50、第73—76页。

第四章 近代海河治理与规划

一、地形测绘和水文观测

(一)顺直水利委员会的流量、雨量观测和地形测绘

顺直水利委员会以解决直隶地区治水根本问题为宗旨,治标工程是为解燃眉之急,治本工程才是最重要的。[①] 不管是治标工程还是治本工程,都需要精确的地形图和水文观测数据。1917年水灾后,督办京畿一带水灾善后事宜处延请中外水利专家商讨治水办法,但是海河流域没有雨量和河流径流量的系统数据,也没有精准的地形图,无法制定相应的治理方案。因此顺直水利委员会成立后便着手开展海河水系的测量工作。

1.河流径流量和雨量测量

顺直水利委员会于1918年4月成立流量测量处,后并入测量处。在设置流量测站时并未涉及雨量,后在测站增加雨量测量,由于数据很少,便函请各地教会义务记录雨量(见表4-1)。通过对各河流量的历年记录,认识到海河水系径流量的特点,尤其是对1917年和1924年两次水灾的原因进行了分析,"大河流域下行水量反不如小河之巨",因为伏汛时,急雨皆在太行山和燕山东麓降下,大量洪水汇集于东麓发源的河流,而大河集雨区都在太行山西麓,雨水不多,径流量亦少。[②]并测得各河历年洪峰流量、最高水位和含沙量纪录。

---

① 熊希龄:《顺直河道改善建议案》,北京:北京慈祥印刷工厂,1928年,第10页。

② 顺直水利委员会编印:《顺直河道治本计划报告书》,1925年,第13页。

表 4-1 1918—1925年顺直水利委员会测站数目

年份	1918	1919	1920	1921	1922	1923	1924	1925
流量测站数目	13	30	41	41	41	44	44	44
永久雨量测站数目	11	23	39	38	51	53	55	58
临时雨量测站数目	无	无	无	无	4	16	28	36

资料来源:顺直水利委员会编:《顺直水利治本计划报告书》,第12页。

尤其对永定河泥沙特性进行了研究,除了经过实验得出泥沙颗粒大小和成分外,测得永定河淤积速度和数量。根据地形图测得三角淀内200年淤积泥沙约20亿立方米,平均每年淤积约1000万立方米,再加上决堤时淤泥在别处泥沙约5亿立方米,则每年平均淤积量约1250万立方米。自1918—1925年中卢沟桥以下流量为45立方米/秒,含沙量为1.1%,其中沉积在三角淀中有1%。[①]

委员会每月总结一次雨量记录,年终再总结一次,以1922年至1925年的连续数据绘制了海河水系7、8两月的降雨量等值线图,发现太行山和燕山对雨量的分布影响显著,以京汉铁路和北京至玉田县间连线为分界线,分界线内至太行山、燕山东之间为夏季雨量集中区域。委员会也认识到4年的数据可能与现实情况有一定差距,采用更长时间的连续数据才更有说服力。[②]

2.地形测绘

顺直水利委员会成立之前绘制的地形图有外国人绘制的百万分之一地形图和国民政府参谋本部所制二十万分之一地形图,还有内务部在民国初年对各河流所测横剖面图和坡度图以供参考。委员会成立后开展各项水利工程急需精准地形图,并决定对主要河流及附近区域进行测绘,分别为:潮白河自天津至牛栏山,永定河自天津至卢沟桥;大清河自天津至保定府湖;滹沱河自天津至正定府;南运河自天津至临清。

① 顺直水利委员会编印:《顺直河道治本计划报告书》,1925年,第20—22页。

② 顺直水利委员会编印:《顺直河道治本计划报告书》,1925年,第14页。

原拟将滹沱河、滏阳河、卫河、潮白河和永定河另辟出海新河，故兼测量献县、临清等地区至海地区的水平测量。测量中要绘制河道横剖面并设立永久性标石。

地形测量采用大沽水平面，即大沽高程基准，1902年海河工程局以海河大沽口北炮台处平均低水位为零点。测量的原点也选定海河工程局在子牙河汇入北运河处大红桥的水准基点，原点经纬度为北纬39.94度，东经117.10度。1918年至1919年分别对上述区域测绘完毕，并绘制五千分之一和五万分之一地形图。1919年后又对各河流之间的平原进行测绘，截至1925年测量河流达8493千米，特别测量17100千米，地形测量达62970千米，共测量77042千米。[①]

（二）华北水利委员会的地形测绘和水文气象观测

华北水利委员会在顺直水利委员会的基础上继续测量地形，并扩大其观测范围，于黄河、滦河、辽河、卫河流域施测，其中黄河测量工作在黄河水利委员会成立后停止。1931年以前经费充足，常年设有两大测量队，分头工作取得很多的测量成果，1931年之后因日本入侵中国，经费削减，只能进行补测工作。（见表4-2）

表4-2　1934年以前华北水利委员会地形测绘工作

测量流域	测量时间	测量长度（千米）	比例尺	河流横断面
河北平原	1928年12月—1929年6月	2455	1/10000	-
	1929年10月—1930年4月	1824	1/10000	-
黄河	1928年12月—1929年4月	320/820	1/10000 1/5000	河身110个 堤身155个
滦河	1929年10月—1930年7月	3252	1/10000	-
	1931年6月—1931年7月	190	1/10000	-
	1931年10月—1931年12月	644	1/10000	共379个

① 顺直水利委员会编印:《顺直河道治本计划报告书》，1925年，第24—27页。

续表

<table>
<tr><th>测量流域</th><th>测量时间</th><th>测量长度（千米）</th><th>比例尺</th><th>河流横断面</th></tr>
<tr><td rowspan="4">辽河</td><td>1930年5月—1930年7月</td><td>360</td><td>1/10000</td><td>143个</td></tr>
<tr><td>1930年10月—1931年1月</td><td>916</td><td>1/10000</td><td>333个</td></tr>
<tr><td>1931年3月—1931年7月</td><td>1588</td><td>1/10000</td><td>492个</td></tr>
<tr><td>1929年4月—1929年5月</td><td>下马岭至官厅</td><td>-</td><td>-</td></tr>
<tr><td rowspan="2">永定河</td><td>1930年4月—1930年7月</td><td>103</td><td>1/10000</td><td>35个</td></tr>
<tr><td>1931年11月—1931年12月</td><td>600</td><td>1/10000</td><td>河身170个
堤身334个</td></tr>
<tr><td rowspan="2">塌河淀</td><td rowspan="2">1929年3月—1929年5月</td><td>金钟河</td><td>1/2000</td><td rowspan="2">河身堤身共263个</td></tr>
<tr><td>北运河</td><td>1/5000</td></tr>
<tr><td>潮白河</td><td>1932年10月—1933年3月</td><td>399</td><td>1/10000</td><td>103个</td></tr>
<tr><td>卫河</td><td>1933年4月—1933年6月</td><td>176</td><td>1/10000</td><td>83个</td></tr>
<tr><td>沙河、唐河</td><td>1933年12月—1934年2月</td><td>201</td><td>1/10000</td><td>8个</td></tr>
<tr><td>滹沱河、冶河</td><td>1934年2月—1934年6月</td><td>366</td><td>1/10000</td><td>29个</td></tr>
</table>

资料来源：华北水利委员会编印：《华北水利建设概况》，1934年8月，第3—4页。

水文测量扩展到整个海河流域，设立水标站，每日记录水位涨落情况，分为主次两种类型，主要记录是每日自上午8时至晚8时间，每隔2小时记录一次水位，汛期则改为每1小时或半小时记录一次，昼夜观测最高水位；次要记录与平时在上午8时至下午4时间，观测两次即可，只在汛期增加记录次数，昼夜观测最高水位。主要记录占水位记录的80%。在各河流要冲，河漕顺直断面比较均匀处设立水文站，使用浮标或流速计测量流量，平时每隔二三日施测一次，汛期或有变化时可随时施测，同时需要记录含沙量。而且汛期于平汉铁路各大桥梁处，增设临时水文站，分记录水位、流量和含沙量。以上所有记录按月统计编制成表，每年编制总表。

同时于各河流附近地方设立雨量站，加上已有其他机构设立的雨量站，按月将观测记录报送华北水利委员会。1929年2月在委员会会址设立测候实验所，次年4月改为测候所，每日分别对气压、气温、风向、风速、湿度、云向、云状、云量、蒸发量、能见度等天气概况观测16次，仪器校对后将结果按日分送无线电台、天津船舶无线电台和《大公报》播送、发布，抄送国立中央研究院气象研究所和山东建设厅测候所以供科学研究，并将观测数据编印成气象月报。

此外对于部分工程的设计，委员会进行了相关地点的地形地质调查工作。如为制定《永定河治本计划》，于1928年11月—1929年2月组织勘测队对永定河上游实地勘测，自怀来县至宁武县长约600千米，为《治本计划》的设计提供了翔实的数据。此外还有1929年11月至12月对潮白河上游拟建水库地址测量；1933年9月至10月对漳河上游拟建水库地址测量；1930年5月开始的拟建官厅水库地址钻探工作；1934年3月至4月，对拟建滹沱河拦水坝地进行钻探；1934年3月至6月钻探灵寿县卫水河泉源，等等。[①]

华北水利委员会继顺直水利委员会后，进一步完善了海河流域的地形、河流以及天气的观测系统，记录了流域内各种相关连续数据，为其制定流域规划、工程设计提供翔实的数据，也成为今后研究海河流域气候、水文、地形演变的珍贵资料。

二、海河干流的治理

海河干流的治理活动主要由海河工程局掌控和负责，海河干流直接关系着天津市内港区和航运。海河干流的治理主要包括闭塞支渠、建造水坝和培护河岸、裁弯取直、海河河道和大沽沙坝航道疏浚、市内洼地吹填、冬季破冰等。

（一）闭塞支渠、建迎水坝和护岸工程

1.闭塞支渠

海河水系水患频仍，清代人们就认识到扇形水系下游河道难以宣泄，

① 华北水利委员会编印：《华北水利建设概况》，1934年，第2—8页。

因此便在南北运河及海河干流上开凿支渠，宣泄洪水。北运河上曾开挖筐儿港减河、青龙湾减河，但到清末已经淤塞；南运河上曾开挖了兴济减河、哨马营减河、四女寺减河，至清末也大多废弃。1880年周盛传重挖马厂减河，西南起靳官屯，东北至西大沽入海河，也称靳官屯减河。这条减河不仅起到了宣泄洪水的效果，且对葛沽地区水田的改造发挥了重要作用。

清政府还在三岔口附近开挖了几条减河，分别注入天津东北的塌河淀，如贾家口引河、陈家沟引河、南仓引河、霍家嘴引河和堤头村引河。这些引河至清代晚期也渐渐淤废。1874年，李鸿章主持开挖金钟河，循陈家沟引河旧迹，过塌河淀南，东趋入蓟运河至北塘入海，又于1887年深挑河道。

天津城以南存在大面积的洼淀，夏秋季节洪水泛滥难以排泄，遂在海河干流上开凿了一系列的引河，如贺家口引河、白塘口引河、咸水沽引河、马家口引河、何家圈引河、双港引河、葛沽引河，等等。①

这些引河、减河虽起到排泄汛期洪水的作用，但在平时也分流海河的水量，降低潮水位，对航运不利。

1898年8月，林德开展了他的改善海河航运计划，首先在减河上建造水闸，避免分泄海河水量，分别是金钟河上的陈家沟水闸、军粮城水闸和西沽水闸。陈家沟水闸于1900年1月11日竣工，增加了65%的海河水量，10天之内港内水位上涨1英尺8英寸（约0.55米）。其他两座水闸于1900年5月16日竣工。但在不久之后的义和团运动中三座水闸遭到破坏，1902年后经清政府赔偿80158两白银，海河工程局相继修复。②

2.建迎水坝和护岸工作

在海河河道过宽处，水流平缓河底平坦，水浅时分为数支水流，没有正途，且河流凹岸时常受河水冲刷，不停向内凹陷，加大河道弯度阻碍航

---

①（清）吴惠元总修：《续天津县志》卷7《河渠》，同治九年刻本。（清）道光丙午年新镌《津门保甲图说》，《引河图说》，道光二十六年刻本。

② Hai-Ho Conservancy Board. *Hai-Ho Conservancy Board 1898-1919*. Tianjin: The Tientsin Press, 1919: 16.

运。海河工程局于1910年拨款16000两，专项治理护岸工作。德克莱（De.Ryke）在上海港使用柳条排铺设在河岸防止冲刷取得了成功，并极力建议在海河中使用，于1911年开始在第一次裁弯的下端铺设，50%的柳条买自上海，共长1400英尺（约427米），花费5696.62两。本次护岸工程成功经受了9—11月洪水的考验，柳条排内外淤积了泥沙，起到了保护第一次裁弯河道的作用。①

迎水坝垂直于河岸，先打下木桩，于木桩间编排柳枝，汛期时便可拦截泥沙，而且逼水于一途，矫正流向，增加河水对河底的冲刷能力，提高了水位，再将木桩撤出备用。迎水坝多至数列并排，削弱洪水的力量，迎水坝之间又可以存积淤泥，保护河岸不受冲刷。此项工程天津至塘沽间随处可见。② 如1934年，为改善崔家码头与第三裁弯处河湾，先用挖泥船沿北岸挖浚，再延长南岸测量标石55号至58号间的11列迎水坝，计长863英尺（约263米），使航路向北推移了100英尺（约30.5米）。虽然在7—8月间河道又淤浅，但航道曲度和倾向仍保持原状，且淤泥均附在南岸各延长坝之间。③

迎水坝等护岸工程对海河航道的维持有一定的效果，海河工程局每年春秋两季不停地加筑、延长迎水坝，修补和更换柳条排，每次都需要大量的柳枝。所需柳枝大多来自西河地区，海河工程局为了节省费用，1926年在第五段裁弯处试种柳树成功，至1932年共栽种119750棵柳树，每年可供给20000多柳条捆。1930年又于军粮城处开种柳树，为治理海河节省了大量费用。④（见表4-3）

---

① Hai-Ho Conservancy Board. *Hai-Ho Conservancy Board 1898-1919*. The Tientsin Press，1919：29-30.

② 王华棠：《海河纪游》，《水利月刊》1934年第7卷第1期。

③ 海河工程局编：《海河工程局1934年报告书》，1935年，第32页，卷宗号w1-1-1417，天津市档案馆藏。

④ 海河工程局编：《海河工程局1930年报告书》，1931年，第13页，卷宗号w3-1-610，天津市档案馆藏。海河工程局编：《海河工程局1932年报告书》，1933年，第37页，卷宗号w1-1-1421，天津市档案馆藏。

表4-3 1911—1947年部分年份海河工程局重要建坝和护岸工作

时间	地点	工作内容
1911	第一裁弯下端	铺设柳条排护岸1400英尺
1912	第二裁弯下端、浦口车站码头、大沽浅滩	护岸
1917		洪灾后重修原有护岸
1926	第五裁弯处	试种柳树
1929	第五裁弯新河间	建31列迎水坝,共长1523米
1930	军粮城	第二次种植柳树
1932		5—6月间将所有迎水坝添设新柳枝
	津浦码头、第三裁弯上端	修葺24列迎水坝,并延长528米
	第五裁弯处	增种12000棵柳树
1933		五六月间更新所有迎水坝的柳木
	津浦车站码头、第三裁弯上端	修补延长15列迎水坝,计167米
1934		更新所有迎水坝的柳木
	卢家庄以下海河南岸	延长11列迎水坝,共长263米
1935	测量标石36—38号	修复3列迎水坝外端
	第五裁弯上河口	建7列迎水坝,共长718英尺
	卢家庄附近	建5列迎水坝,共长540英尺
1936		春秋两次将所有迎水坝添换新柳枝
	卢家庄	建4列迎水坝,共长60英尺
	测量标石62—65号	建4列迎水坝,共长470英尺
1937		7月更换第三裁弯、卢家庄和坟山裁弯迎水坝柳枝
	第三裁弯上端	建4列迎水坝,共长450英尺
1940	小孙庄	修葺河堰
	新河船坞前	使用钢筋水泥修葺河岸
1941		7月更换所有迎水坝的柳枝
	新河船坞前	建3列迎水坝,共长210英尺

资料来源:历年海河工程报告书。

(二)裁弯取直工程

海河在裁弯取直之前的长度约为90.1千米,而自天津至大沽河口的直线距离是48.3千米。海河多弯曲河道，对凹岸的侵蚀速度很快，弯度越来越大，个别湾道的半径只有122米，远远小于轮船在内河航行所需最小湾道半径约610米，轮船在急转弯处经常发生碰撞，而且需要很长时间才能绕过河湾。

早在1892年，德璀琳和林德就准备开展挂甲寺一带河道的裁弯工程，因当地人和官员反对作罢。其时，林德已经考虑到，海河并不适宜修理成一条笔直的河道，若潮汐河道过于笔直，潮差和河水流速会增大，同样会加大对河岸的侵蚀，反而不利于轮船航行。因此裁弯河道要保持一定弯度，上端部分半径至少需要约457米。①

1901—1923年，海河工程局主持了5次裁弯取直工程，缩短河道共26.3千米，海河干流自金钢桥起至大沽口长74千米，航行时间可减少1小时，海轮可乘潮水抵津，通航船舶吃水量大增，一般为4.5米~5.0米，最大为5.5米。②（见表4-4）

表4-4　海河工程局主持的历次海河裁弯工程

年份	名称	起止地点	河道长度（m）		开挖土方（m³）	
			裁后	缩短	人工	机器
1901—1902	第一段裁弯	挂甲寺—杨庄	1207	2173	1699020	
1901—1902	第二段裁弯	下河圈—何庄	1770	4988		
1903—1904	第三段裁弯	杨家庄—邢庄	3380	7241	1931219	
1911—1913	第四段裁弯	赵北庄—东泥沽	3782	9074.76	28317	2421103
1921—1923	第五段裁弯	下河圈—卢庄	2743	1534	249416	1782233
1941—1945	葛沽裁弯	东泥沽—郑家庄	84000	—	1435000	

资料来源：《海河工程局1898—1919》（*Hai-Ho Conservancy Board 1898-1919*），第21—40页；《天津航道局史》，第23、57—58页。

---

① Hai-Ho Conservancy Board. *Hai-Ho Conservancy Board 1898-1919*. Tianjin: The Tientsin Press, 1919: 17-18.

② 冯国良、郭廷鑫：《解放前海河干流治理概述》，载天津市政协文史委编：《天津文史资料选辑》第18辑，第29页。数据将1918年顺直水利委员会主持的三岔口裁弯工程统计在内。

第一段裁弯和第二段裁弯，河道宽度为99米~110米，自地面至河底深度为7米。分别裁去了半径很小的天津湾、火柴厂湾和浅涩的东部湾，双湾和菜园湾，以及东局子和菜园之间的两道急转弯。1902年到津船只有134艘，1903年就增加到333艘，最大的一艘轮船“连升”号吃水量3.55米，也驶抵租界码头。(见图4-1)

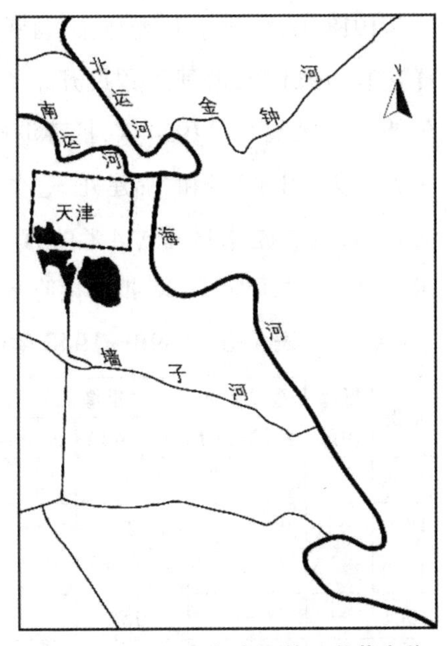

图4-1 三岔河口与海河第一段裁弯前河道示意图

资料来源：根据Map of Tientsin,1900改绘。

第三段裁弯花费300000两，雇工15000人，掘土682000方，裁去了坟头湾、美点湾和白塘口湾，于1904年6月27日通航。当年夏汛，水流速度增大，将第一段裁弯以下的右岸冲刷掉了46米，流速达到了5节/小时。同时也节省了航行时间，在本次裁弯通航后两天，“广济”号轮船自塘沽至天津行驶了4小时10分钟，和裁弯前相比至少节省1小时。当年抵达津港有374艘轮船，其中吃水量最大者是“安平”号，约有3.6米。

第四段裁弯花费236200两，于1913年7月15日通航，船只航行时间减少为3小时，是年抵津码头有703艘。纳潮量也随之增加，1914年测得海河增加水量为18050790.8立方米，其中上游来水仅占7.7%，1501152.86立方米。抵津港码头船只也上升至814艘，超过吃水量4米的有44艘，吃水量最大者“昌升”号，为4.58米。[①]

① Hai-Ho Conservancy Board. *Hai-Ho Conservancy Board 1898-1919*. Tianjin: The Tientsin Press, 1919: 21-40。M.Louis Perrier. *Report on the HaiHo and Taku Bar*. The Tianjin: Tientsin Press, 1923: 80.

1918年，顺直水利委员会主持了三岔口和南运河的裁弯工程(下文详述)。1921年，海河工程局开始了第五次裁弯，也称灰堆裁弯，完善和延伸第二段裁弯。1924年，抵津港船只1311艘，其中吃水量超过4米的有794艘，"升平"号和"福建丸"吃水量最大为5.4米。1925年就增至1702艘轮船，其中吃水量超过4米的有1100艘，"北昌"号吃水量最大为5.58米，是自天津开埠以来驶抵津港吃水量最大的轮船。(见表4-5)

表4-5　1898—1943年抵津轮船数量与吃水深度

年份	抵津轮船	通过大沽浅滩轮船	抵津船只吃水深度			最大吃水深度(米)	船名
			小于4米	大于4米	总量		
1898	—	—	0	—	0	—	—
1899	—	—	2	—	2	—	—
1900	—	—	4	—	4	—	—
1901	—	—	15	—	15	—	—
1902	—	—	134	—	134	—	—
1903	—	—	333	—	333	3.56	连升
1904	707	—	374	—	374	3.58	安平
1905	795	—	395	—	395	3.53	特皮兹
1906	1017	—	444	—	444	—	—
1907	856	—	—	—	513	4.11	连升
1908	788	—	—	—	511	4.11	定生
1909	1006	—	620	3	623	4.11	长山丸
1910	992	—	598	9	607	—	—
1911	1198	—	678	20	698	4.27	万
1912	943	654	615	5	620	3.85	义隆
1913	1001	731	687	16	703	4.27	昌升
1914	1147	831	770	44	814	4.47	昌升
1915	982	790	684	84	768	4.72	张家口
1916	866	696	585	73	658	4.47	捷升
1917	742	555	462	11	473	4.11	—
1918	759	575	500	29	529	4.34	捷升
1919	1024	855	657	90	747	4.72	名古屋丸

续表

年份	抵津轮船	通过大沽浅滩轮船	抵津船只吃水深度			最大吃水深度(米)	船名
			小于4米	大于4米	总量		
1920	1154	1041	718	284	1002	5.16	华戍
1921	1415	1275	770	461	1231	4.95	西鲁
1922	1370	1223	622	550	1172	5.30	定生
1923	1447	1288	514	755	1269	5.33	—
1924	1502	1337	517	794	1311	5.36	升平、福建丸
1925	1896	1711	602	1100	1702	5.58	北昌
1926	1889	1702	671	994	1665	5.22	北岭丸
1927	1701	1503	874	361	1235	5.30	定生
1928	2031	1791	668	0	668	3.66	—
1929	1878	1615	538	6	544	3.96	—
1930	1781	1556	932	528	1460	4.45	—
1931	1835	1625	686	116	802	4.57	北晋
1932	2149	1934	364	18	382	4.11	定生、顺天
1933	2302	2061	869	139	1008	4.36	北泰
1934	2266	2016	915	59	974	4.15	成利、新丰、平顺
1935	2216	1985	848	145	993	4.27	北华
1936	2044	1833	792	194	986	4.42	一进丸
1937	1681	1060*	992	81	1073	4.42	新泰
1938	2683	2280*	2319	643	2962△	4.88	达生
1939	2807	2275*	1969	556	2525△	4.88	龙安丸
1940	3122	2758*	2222	320	2542△	4.88	日满丸
1941	2406	2212	416	1176	1592	5.06	阜生、凉洲
1942	1623	1452	755△	174△	929	5.09	胜浦丸
1943	1283	1130	610	42	652	4.75	平龙丸

资料来源:《海河工程局1943年报告书》。*代表军舰及运输舰不在其内,△代表军舰及运输舰包括在内。

20世纪20年代，海河工程局就已规划在葛沽裁弯，[①]直到1941年，由日伪统治下的海河工程局主持，计划自东泥沽接第四段裁弯新河，东北行至郑家庄，全长8.4千米。使用“西河”挖泥船和人工挖掘河道，但因经费紧张，原料和燃料短缺，被迫于1945年停工，总计挖泥1435000立方米。[②]

裁弯取直工程，减小了河道弯曲度，河水更为通畅，潮差也随之增大，以5月和7月份的天津平均潮差为例，1898年是0.1米，1902年闭塞支流后为0.5米，1908年第三段裁弯后为1.08米，1910年则为1.23米，1914年第四段裁弯后为1.34米，1916年增至1.54米，1920年为1.91米。潮差的增大和流速增加，增强了河水的冲刷能力，能够增加海河深度，保证了天津港吞吐量的稳定增长。海河的裁弯取直工程是近代治理海河最重要的成功经验之一。（见图4-3）

（三）海河河道与大沽沙坝航道的疏浚工程

1.海河河道的疏浚工程

虽然海河经裁弯取直后，航运状况得到巨大的改善，但市内港池、大沽沙坝航道和河湾处经常淤积。林德于1900年在改善海河的报告中建议，天津或大沽要成为国际港口，需要保持一个稳定的水深条件，即大沽沙坝航道3.66米，河道深度为3.84米。保持这样深度的任务非常艰巨，使用挖泥船进行清淤工作是必不可少的。[③]

1902—1924年，海河工程局先后购买了铁抓挖泥船一号和二号、固定挖泥船“北河”号、通用挖泥船“新河”号、吹泥船“燕云”号、固定挖泥船“西河”号、吸泥船“中华”号、吸泥船“快利”号、挖泥船“高林”号等等，对港池、湾道和大沽航道进行挖淤工作，取得了显著的成绩。

---

① Hai-Ho Conservancy Commission. *Report on the Future of the River HaiHo and Its Approaches.* Tianjin: The Tientsin Press, 1922: 10-11.

② 周星笳主编:《天津航道局史》，北京：人民交通出版社，2000年，第57—58页。

③ A.de Linde. *Report of the HaiHo River Improvement and the Rivers of Chihli.* Tianjin: The Tientsin Press, 1900: 13.

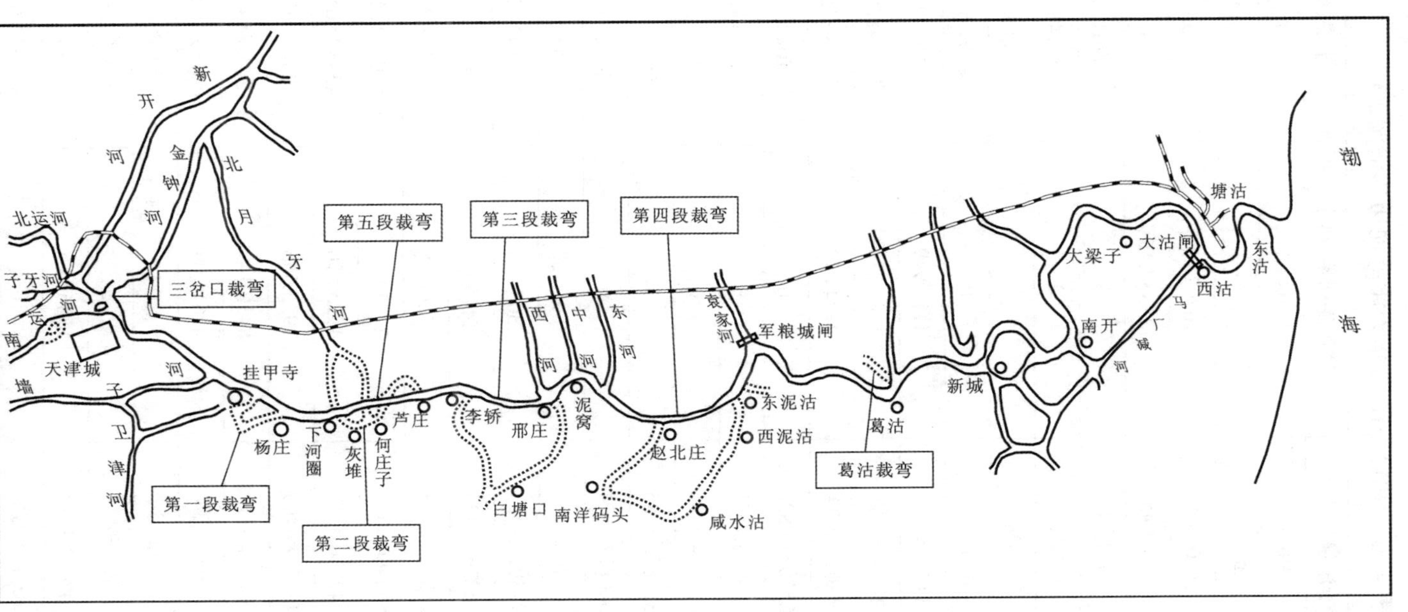

图4-2 历段海河裁弯取直工程示意图

资料来源:海河工程局:《天津海河全图》,1927年,《天津航道局史》,第20页。

表4-6 1902—1948年天津港池历年清淤工作

年份	清淤量(m^3)	倾倒海河量(m^3)	填土量(m^3)
1902	33980.4	33980.4	0
1903	124028.46	124028.46	0
1904	167070.3	167070.3	0
1905	137337.45	137337.45	0
1906	39643.8	0	39643.8
1907	31148.7	0	31148.7
1908	56634	0	56634
1909	36197.6211	0	36197.6211
1910	113975.925	4711.949	109263.9762
1911	173838.063	1189.314	172648.749
1912	180435.924	27849.77	152586.1545
1913	257022.0822	0	257022.0822
1914	283948.7175	0	283948.7175
1915	458984.5896	0	458984.5896
1916	856886.5785	0	856886.5785
1917	326812.1604	0	326812.1604
1918	67422.777	8891.538	58531.239
1919	713976.3429	23084.02	690892.3245
1920	562163.2425	1415.85	560747.3925
1921	483405.1704	5026.268	478378.9029
1922	593960.4018	3737.844	590222.5578
1923	242900.3943	1925.556	439392.0573
1924	485537.4405	1925.556	483611.8845
1925	17641.491	8410.149	244885.416
1926	455960.334	4261.709	451698.6255
1927	591825.3	0	591825.3
1928	396438	0	396438
1929	508069.2774	175664.5	332404.7679
1930	305115.675	0	305115.675

续表

年份	清淤量(m³)	倾倒海河量(m³)	填土量(m³)
1931	394065.0354	11878.98	396344.5539
1932	477198.084	45916.02	431282.0685
1933	287261.8065	38072.21	249189.6
1934	306545.6835	10307.39	296238.2955
1935	522774.2955	11709.08	511065.216
1936	590097.963	17188.42	572909.544
1937	316753.962	12204.63	304549.335
1938	415580.292	19142.29	396438
1939	329468.295	2265.36	327202.935
1940	509091.5211	5040.426	504254.9775
1941	568916.847	453.072	628141.8525
1942	449625	16830	449700
1943	433575	450	433125
1944	216075	0	216075
1945	45188	13013	32175
1946	129300	4800	124500
1947	228430	3570	224860
1948	217270	4500	212770
总计	15139577	947851.51	14716743

资料来源：海河工程局历年报告书，其中1902—1941年原数据单位是立方英尺(ft³)，经换算得现数据。(1ft³=0.028317立方米)

由表4-6可知，1902—1948年天津租界港池清淤量达到15139577立方米。起初挖泥船清淤之后，复将淤泥倾倒于下游河段，等到汛期，湍急河水足可以将泥沙冲刷到泥窝和葛沽一带，挖泥船再行泥窝、葛沽清淤，泥沙可复冲刷至海口。这样的清淤方法只是权宜之计，只能维持港池内的深度，且汛期过后加速了大沽沙坝航道的淤积。

天津租界区域原是一片洪泛地带，地势低洼又与海河潮汐相通，土地咸卤不宜耕种，且人烟稀少。《中国时报》的编辑米琪先生曾经描述了英法美租界刚刚划定时，租界范围内的情况："戈登上尉和法国工兵军官，在一片荒凉的土地上放置了界石。这个地区内尽是一些帆船码头、小菜园、土堆，以及渔民、水手的茅屋，而这些破烂不堪的肮脏茅屋彼此之间被一道道狭窄的通潮沟隔开，沟渠两旁是荒芜的、无人管理的小道。租界地区是一些肮脏又有害健康的沼泽地，沼泽周围分布了无数座坟墓。"① 今天的大沽路、泰安道等道路周围原存在很多水坑，妨碍了租界的规划建设。自1906年起，为了适应天津各国租界发展，海河工程局将所清出的淤泥用于填垫租界内的洼地、坑塘，至1948年填土量达14716743立方米，推动了天津城市用地规模的扩展。（见图4-3、图4-4）

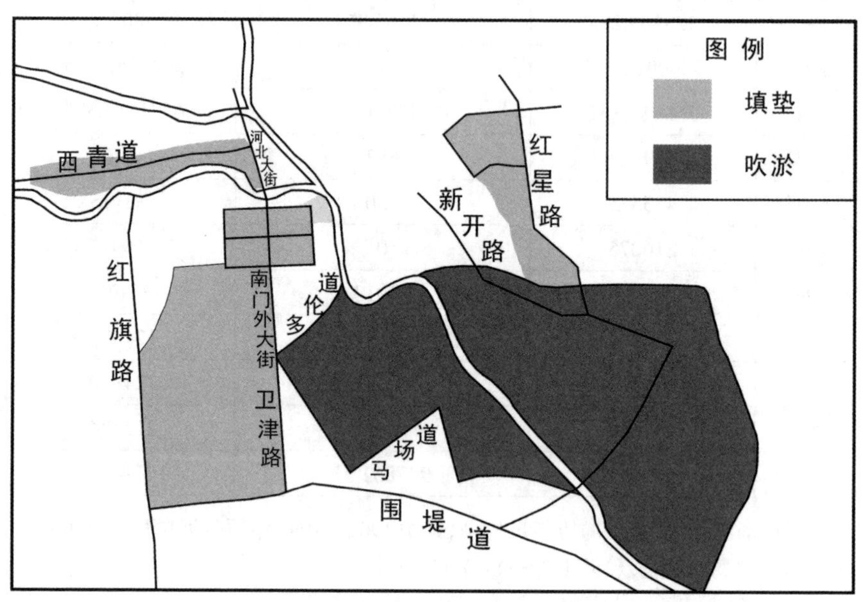

图4-3 填垫吹淤范围示意图

资料来源：张树明主编：《天津土地开发历史图说》，天津：天津人民出版社，1998年，第100页。

①［英］雷穆森：《天津租界史（插图本）》，许逸凡、赵地译，刘海岩校订，天津：天津人民出版社，2009年，第34页。

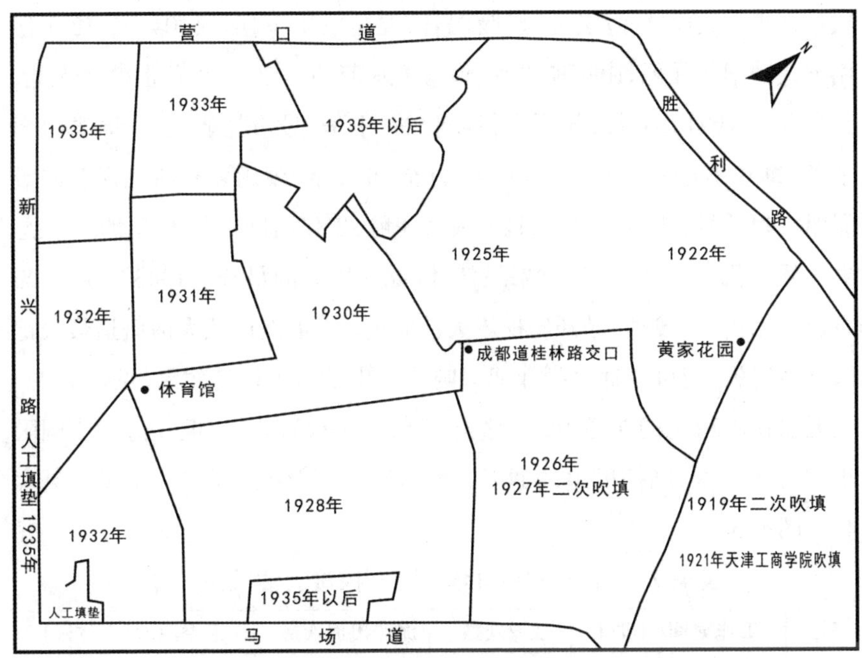

图4-4 营口道至马场道间吹填过程示意图

资料来源:《天津航道局史》,第36页。

2.大沽沙坝航道的疏浚工程

海口航道变化靡常,又弯曲难寻,设置航标十分必要,海河工程局分别在河口段、深渊段和大沽沙段设置了灯杆、灯船、浮标等设施,昼以符号,夜以红、白、绿灯标识航道方向、范围和吃水深度。海河工程局主要采取了两种治理方式:其一沿航道方向修筑防波堤,集中水流冲刷航道;其二使用挖泥机清淤航槽。第一种方法所需费用甚大,且极难维护,因此最初采用了挖泥船疏浚方法。[①]

1903—1904年大沽浅滩几乎与海平线等高,[②] 1904年开始使用链斗

---

① Hai-Ho Conservancy Board. *Hai-Ho Conservancy Board 1898-1919*. Tianjin: The Tientsin Press, 1919: 52.

② 1902年,英军"兰渤勒"号炮船测量海河,确定高程网大沽基准点,标石设于海河口北炮台。1956年,确立全国统一性高程网基点黄海零点,大沽零点停止使用,二者理论差值为1.514米。本书所录海拔高程皆以大沽零点为基准点。

式挖泥船“北河”号清淤,配以吸泥管,但是效果不佳。1904—1913年使用滚式铁耙挖泥船,由拖船带动,借落潮水流冲刷效果显著,但效率太低,1914年至1921年6月,改用自行航驶的“中华”号吸泥船,工作时需海面平稳,每月不过一二日。1921年7月至1942年,改用装有活底泥舱的吸泥船“快利”号,此船马力大,且有较大泥舱,工作时间不限于落潮时,在恶劣气候时仍可工作,疏浚效果最佳,因此使用时间最长。1943年7月,与“快利”相当的“浚利”号开始挖浚大沽航道。① 虽然记载大沽航道最浅记录已经遗失,但可以通过抵津船只吨位看出挖浚工作的效果(见表4-7)。挖泥船在不稳定的航道上进行挖泥工作虽是权宜之计,但在近代中国限于财力和技术,维持航道的通畅,为天津港的繁荣起到巨大作用。(见表4-7、图4-5)

表4-7 1928—1943年“快利”挖浚大沽航道工作

年份	工作时间(小时)	往返次数	泥船出泥次数	挖浚泥沙(立方米)
1928	1368.4	1801	358	-
1929	1502.3	2219	480	-
1930	1604.3	2180	448	90000
1931	956.45	1484	307	57900
1932	1183.15	1789	422	90750
1933	1530.2	2464	494	83624
1934	1641.1	2293	469	86313
1935	1299.5	1859	409	87302
1936	1254.1	2038	435	97118
1937	1399.25	2242	433	81460
1938	1561.55	3170	517	99627
1939	1776.4	3344	633	116641
1940	2492.35	4532	1085	282204
1941	2528.1	4614	1122	312728

① 薛观瀛:《海河口大沽沙疏浚概况》,《水利月刊》1947年第15卷第1期。李华彬主编:《天津港史(古、近代部分)》,北京:人民交通出版社,1986年,第181—183页。

续表

年份	工作时间(小时)	往返次数	泥船出泥次数	挖浚泥沙(立方米)
1942	2128.15	3451	958	293806
1943	1612.25	2243	605	179159
总计	25837.55	41723	9175	1958632

资料来源:海河工程局1928—1943年报告书。

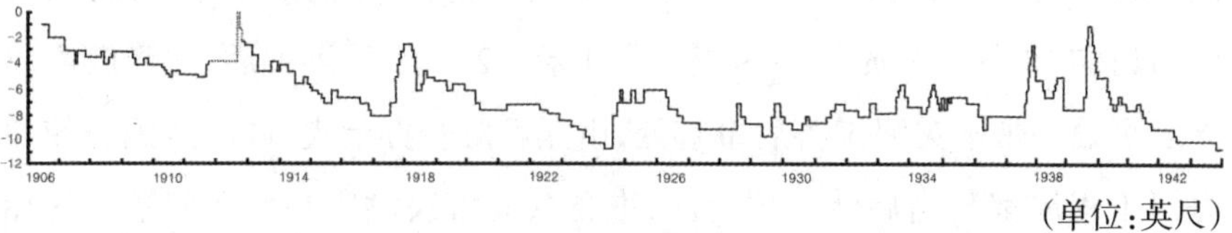

(单位:英尺)

图4-5 1906—1943年大沽沙坝航道标志深度变化

资料来源:历年海河工程局年报。

1923年,海河工程局批准了永久航道规划,1924年经过实地勘测和试验,设计沿河口顺流向124°建造双导堤,南北两堤分别长5182米和5791米,正处于破波带激浪区,堤间距离282米~325米,再由"新河"号挖泥船在堤间挖浚。1929年永久航道即将完成之际,4月间一场风暴便将航槽淤平,双导堤也被风浪摧毁,工程遂告失败,总工程师平爵内引咎辞职。11月21日董事会经讨论提交议案,因海河口种种困难建议放弃永久航道的挖浚,集中力量修复现有航槽。[①] 双导堤"只会延长一段海河,促使大沽浅滩加速向外延伸,而使导堤口外形成一新的拦门沙,因而导堤对于固定大沽航槽的意义全失"[②]。1939年于塘沽建天津新港,在北导堤处建南防波堤,潮汐顺堤方向涨落,渐渐成新深槽,于1949年选定为新航道。

① 海河工程局编:《海河工程局1930年报告书》,1931年,第2—10页,卷宗号w3-1-610,天津市档案馆藏。

② 许景新:《海河口治理》,载黄胜主编:《中国河口治理》,北京:海洋出版社,1992年,第133页。

三、海河水系的防洪治理

1917年8月，海河流域发生大洪灾，是近代三次重大洪灾之一（分别是1917年、1924年和1939年）。这次洪灾淹没15000平方英里（约38850平方千米），至灾103个县、19045个村，灾民达到625.1344万人。[①]洪水波及天津等城市，同时也严重影响了海河航运，永定河洪水排入海河，海河河道在48小时内淤高7～9英尺（2.1米～2.7米）。洪灾后，北洋政府成立了京畿一带水灾河工善后事宜处，由熊希龄督办治灾，同时各国公使和海河工程局都与当局外交部交涉，准备共同解决洪灾和航运问题。1918年3月20日在天津成立顺直水利委员会，编制和实施海河流域治理规划和工程，而在委员会成立之前，就已经拟订了北运河挽归故道工程。

（一）北运河挽归故道工程

1.北运河挽归故道工程目的

潮白河由白河、潮河两个主要支流组成，白河，古称沽水，潮河，古称鲍丘水，这两条支流在历史上曾经分流入海。北魏时期，沽水与鲍丘水已经在潞县北合流，以下便有潞河之名。至辽代，白河与潮河合流地点北移至今顺义区的牛栏山，以下河道称为潮白河，明嘉靖三十四年（1555），为了将漕粮运输给密云驻军，便实施了“遏潮壮白”工程，将白河与潮河合流点北移至密云城西南的河槽村。[②]

潮白河一直作为北运河的支流，为北运河提供丰沛的水源，因此，历史上北运河也被称为白河，甚至也将海河干流也称作白河。然而潮白河的顺义至通州段，在汛期会有洪水冲决循箭杆河东南流入蓟运河，不仅北运河水源减少，也往往造成香河、宝邸地区洪涝灾害。箭杆河，也称作窝

① Chihli River Commission. *Final Report and Grand Scheme 1918-1925*. Tianjin: The Hua Pei Press, 1926: 1.

② 尹钧科主编，吴文涛、孙冬虎：《北京城市史·环境交通》，北京：北京出版社，2016年，第26—28页。

头河,没有源头,两岸也无堤堰,有人认为箭杆河是古鲍丘水的分流河道,夏秋时节洪水汇入河道,下游排泄不畅,在清雍正年间,怡亲王曾筹划疏浚裁弯箭杆河,以减少下游地区的洪涝。至清代晚期,潮白河道存在向东摆动的趋势,尤其是李遂镇以下河道,先向西,再向南流弯曲迂回,遇到洪水,极易发生改道,但是潮白河改道后,北运河水量骤减,不通舟楫。

清光绪十年(1884),潮白河在李遂镇附近决口,洪水直趋东南,主河道在祖村附近汇入箭杆河。为了保持海河航运,恢复水源,又可在汛期冲刷永定河排入海河的泥沙,清政府、北洋政府、海河工程局曾多次修筑决口。1912年潮白河又在李遂镇决口,1913年当地又行堵塞,但到汛期被冲溃。1916年北洋政府应外交使团请求,拨款30万元,由海河工程局在决口处建造滚水坝,北运河河务局培筑两岸堤坝,但汛期时又被洪水冲决。1917年海河流域洪灾时,李遂镇的洪峰径流量为2796立方米/秒,而牛牧屯以上之箭杆河仅能容纳约500立方米/秒,于是在箭杆河无法承受洪水,下游地区泛滥成灾。

北运河挽归工程的第一个目的一直就存在争议,主要是涉及工程的效益问题,一是恢复北运河的径流量顶托永定河洪水泥沙涌入海河,对海河航道造成重大淤阻危害,保证北运河的航运功能不受影响。在顺直水利委员会成立后,立即展开了激烈讨论,北洋政府的水利局顾问方维因不支持这项工程,认为冲抵永定河泥沙并不起作用,反而花费巨大的工程成本。海河工程局的总工程师平爵内强烈支持这一方案,他考虑更多的是维持海河航道。①

挽归工程的第二个目的是减轻或避免宝邸、香河箭杆河下游地区的洪涝灾害影响。这一工程目的得到顺直水利委员会多数委员的同意,箭杆河下游地区的洪水泛滥问题是自清朝悬而未决。顺直水利委员会决定先抛开争议,首先开展了水文和地形测量,为挽归工程提供数据支撑。在

---

① The Commission for the Improvement of the River System of Chihli. *Proceedings of the Commission*(Volume 1). Tianjin: The Hua Pei Press, 1918: 13–15.

1918年5月14日的委员会会议以上，熊希龄提出收到当地农民的反对信件，担心工程会导致田地淹没。于是又被搁置。[①]1920年3月5日的委员会会议上，京畿一带水灾河工善后事宜处说明收到来自顺义、三河和宝邸县农民的来信，催促牛牧屯挽归工程，缓解三县的洪涝灾害。[②]其时此项工程已经决定施工，但是又缺少资金，再次拖延。

2. 北运河挽归故道工程设计与实施

这项水利工程牵涉天津海河工程局、顺直水利委员会、宝邸和香河县，以及箭杆河两岸村民，在工程设计和实施过程中，出现了各方利益冲突矛盾，先后有两套设计方案，即罗斯的设计方案和各方利益妥协的修改方案。

（1）罗斯的设计方案

1921年5月，顺直水利委员会聘请英国人罗斯为工程技术部部长，后又兼任委员，罗斯曾为印度政府工务部部长，一直在印度负责农田灌溉水利规划与治理，后在1926年因政治原因被替换。[③]1921年7月16日罗斯负责制定工程的最终设计报告，[④]他认为"工程计划当令与将来永定河入海之大计划相连，方属为上策。盖仅恃北河挽归故道之计划不能消除永定河患，而欲根本消灭永定河患，非将该河导之，直接入海不可"[⑤]。由此可知，罗斯并不同意海河工程局总工程师平爵内的想法。

罗斯根据1917年的洪水标准，对挽归工程进行了详细的设计，包括引河、维修堤坝、减河、水闸，等等（见表4-8、图4-6）。李遂镇至牛牧屯河

① The Commission for the Improvement of the River System of Chihli. *Proceedings of the Commission*(Volume 1). Tianjin: The Hua Pei Press, 1918: 69.

② The Commission for the Improvement of the River System of Chihli. *Proceedings of the Commission*(Volume 3). Tianjin: The N.C. Daily Mail, 1920: 14.

③ The Commission for the Improvement of the River System of Chihli. *Proceedings of the Commission*(Volume IX). Tianjin: The N.C. Daily Mail, 1926: 12.

④ The Commission for the Improvement of the River System of Chihli. *Proceedings of the Commission*(Volume 4). Tianjin: The Hua Pei Press, 1921: 32.

⑤ [英]罗斯：《北运河挽归故道说帖》，顺直水利委员会印，1920年，第5页。

段，东岸地势高，自东赵村至诸葛店不筑堤，自诸葛店至牛牧屯地势低洼需要筑堤；西岸自苏庄至牛牧屯引河口全线筑堤。需要拆迁村落有江北村、高各庄、郝家店、马庄、范辛庄、枣林庄、于庄、凌家庙、摇不动、兴各庄、小宋庄、宋各庄、侯各庄、于辛庄、侯东仪、赵家庄、殷家后。两堤高度4米～9米，两堤相距1.5千米，并建造水闸启闭，设计洪水流量为190立方米/秒，水闸上下游建造护岸。

牛牧屯引河，自牛牧屯箭杆河开引河至北运河约3千米，引河宽约758米，两岸筑堤，堤顶宽6米，设计洪水流量2400立方米/秒。新青龙湾河口建设水闸（操纵机关），在北运河上建船式闸，设计最大流量为240立方米/秒；在新青龙湾河建滚水坝，设计最大流量400立方米/秒，滚水坝宽400米，分为三口，中口宽200米、高11米，旁边两口高12米；新青龙湾河道原考虑设计宽度为2000米，因涉及拆迁村庄过多，所以改为自河口下至26.5千米河道设计宽度750米，才能保证消纳2000立方米/秒的洪水流量。涉及拆迁或围堤村庄，包括荒庄、褚庄、马房、马神庙、柴庄、李胡庄、丁庄、王庄、李大人庄、高新庄、小高新庄、张庄子、杨家场、口哨、大赵庄、小赵庄、西狼儿窝、东狼儿窝、李家牌、八大沽、高庄户等。河道至高庄户处，设计宽度为2000米。

工程预算总额为487.8678万元，其中用于购买新青龙湾河、箭杆河土地为49.2555万元，拆迁村庄用款60万元，工程建造款为314.9774万元，还有15%的其他临时开销为63.6349万元。但是青龙湾减河拆迁村落的极力反对，无法筹措巨额的工程款，而且原方案以1917年的潮白河2000立方米/秒洪水流量为设计标准，1924年洪水最大流量为4700立方米/秒，所以取消青龙湾减河整理工程计划，只实施苏庄挽归工程。[①]

① 顺直水利委员会编印：《顺直河道治本计划报告书》，1925年，第37页。

表4-8　挽归工程河道洪水位与最大径流量设计

工程设计	设计流量（立方米/秒）	水文测量地点	洪水位(米)
李遂镇	3100	新青龙湾河口	13.5
箭杆河	240	新青龙湾河口以上北运河	15.0
牛牧屯引河	2415	牛牧屯新引河下口	18.55
引河口至新青龙湾河口	2260	牛牧屯新引河上口	19.0
新青龙湾	2000	箭杆河	28.0
北运河入海河流量	260	—	

资料来源:《北运河挽归故道说帖》第6—7页,高程为大沽高程。

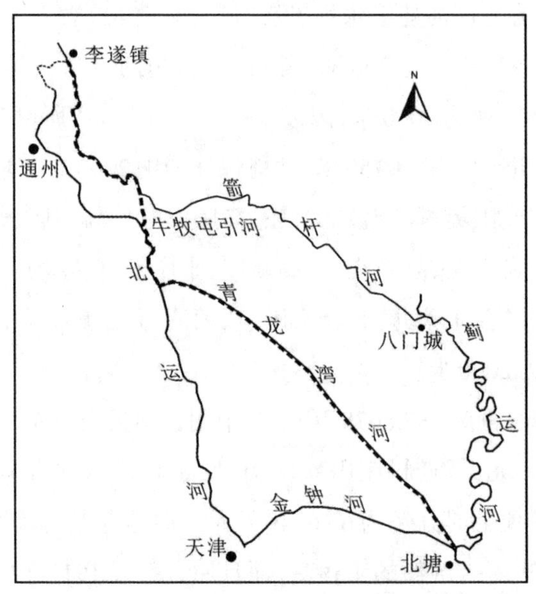

图4-6　罗斯设计方案示意图

资料来源:《北运河挽归故道说帖》,第22—23页。

(2)修改方案

罗斯设计的方案是解决宝坻地区洪涝灾害的优质方案,但是工程预算过高,顺直水利委员会仅有经费171.15万元,无法完成这项设计,再有涉及拆迁村庄众多、占用大量农地,遭到强烈的反对。顺直水利委员会对原设计方案进行修改,在潮白河苏庄决口改道处开挖引河至平家疃,与

1912年前故道相连接，长约7千米，引河流量设计为600立方米/秒，将部分洪水归入北运河，并培修通州至青龙湾河口堤坝。并于青龙湾河口建造人字形坝引导洪水分流。[①]苏庄新引河口建造进水闸一座，引河宽为46米，在箭杆河主河道上建造泄水闸，设有28个闸门，每个闸门宽为6米，最终竣工后进水闸设有10个闸门，泄水闸设有30个闸门。

北运河挽归工程，最初也被称为牛牧屯裁弯或牛牧屯引河工程，但因当地农民反对和资金短缺，而改为在苏庄开挖引河和新建泄水闸和进水闸，因此被称为苏庄操纵机关工程，这样北运河天津至通州段可恢复航运，也可减轻箭杆河下游宝邸地区的洪涝灾害。（见图4-7、图4-8）

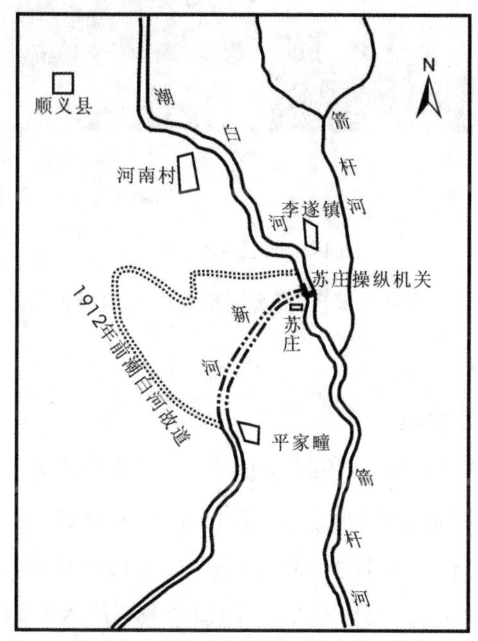

图4-7 北运河挽归故道工程示意图

资料来源：《顺直河道治本计划报告书》，第36—37页。

① The Commission for the Improvement of the River System of Chihli. *General Report*. Tianjin：The N. C. Daily Mall，1921：7-9.

进水闸(1925)

泄水闸(1925)

进水闸遗迹
(笔者摄于2015年11月1日)

泄水闸遗迹
(笔者摄于2015年11月1日)

图4-8 苏庄闸今昔

资料来源:1925年的两幅图来自《顺直河道治本计划报告书》,1925年,第46—47页。

(3)工程施工与管理

顺直水利委员会决定于1922年春施工,因战事拖延,1923年开始购置工程土地,购买民地3307亩地,用银15.8199万银圆。1924年春,顺直水利委员会每月垫付工程款2984元,分三项工程招标,新引河土工原商议由冯玉祥部队施工,后两次招标于12月完成,共挖土35.1401万方,花费17.9643万元。泄水闸和进水闸工程经招标后,于1923年4月开始施工,但屡经洪水冲毁,直到1925年8月,最终才得以竣工。

工程竣工后,顺直水利委员会派工程师1人、机匠1人、闸夫测夫6人、护兵信差等2人,常驻苏庄闸管理和养护。关于水闸的启闭,委员会根据各方意见,制定了非常详细的启闭制度,共计21条,比如当洪水水位至大沽高程26米时,将进水闸下截门关闭,同时将泄水闸西侧两个或两个以上闸门提起30厘米。[1]同时河堤维等工作也需要京兆尹和北运河河务局协助培修管理。1928年9月，顺直水利委员会改组为华北水利委员会，苏庄操纵机关也转归华北水利委员会管理。

3.北运河挽归故道工程的影响与历史意义

(1)这是一项不成功的水利工程

北运河挽归故道工程，实际上并没有发挥应用的工程效益，按照修改方案建成后，挽归新道设计流量仅为600立方米/秒，在汛期时，大部分洪水还是通过泄水闸进入箭杆河，对顶托永定河洪水，防止永定河泥沙冲入海河航道并未起到作用，同时箭杆河道也没有实施疏浚、培堤、裁弯等工程，香河和宝邸地区仍然每年承受泛滥之害。从1917年至1929年潮白河发生了6次大洪水，平均2年一次洪水，洪峰流量一般在2200立方米/秒，箭杆河根本无法容纳，下游地区常年泛滥。因此华北水利委员会在1933年又设计了《整理箭杆河蓟运河计划》，准备对箭杆河进行根本治理。[2]

此外，苏庄闸所建设的地点也不是理想的选址，苏庄闸以上的潮白河河道也不时改道，1924年洪水时，在沙务口决口200米，后河道改行闸西进入故道，并有直接冲入新引河的趋势，因此上游河段又增加培修河堤工程。[3]比较理想的开挖新引河的地址是牛牧屯，距离北运河最近，也顺应潮白河就箭杆河的趋势，但因地方反对而放弃。顺直水利委员会在工程完工后，要求每年都要进行维护整修，才能确保挽归工程的持续使用。但1939年洪灾，潮白河彻底将苏庄闸冲毁。

1928年，顺直水利委员会改组为华北水利委员会，熊希龄总结顺直水利委员会的工作时也承认其不是一项成功的水利工程，苏庄北运河

① 华北水利委员会:《潮白河苏庄闸之养护与管理》,《华北水利月刊》1931年第4卷第12期。

② 华北水利委员会:《整理箭杆河蓟运河计划》,《华北水利月刊》1932年第5卷第9/10期。

③ 华北水利委员会:《整治箭杆河蓟运河计画大纲》,《华北水利月刊》1931年第4卷第9期。

挽归工程共花费154.250463万元，但只能部分消解宝邸地区的洪涝灾害，而在洪水期抵冲永定河洪水泥沙也作用不大。每当洪水泛滥，箭杆河下游香河、宝邸地区，牛牧屯附近农民就会私决北运河河堤，“此后若不于牛牧屯设法严杜，则苏庄新闸之进水水量即有操纵亦是效用，而香河与牛牧屯一带之人民遭此水患，今虽追悔其从前反对开河之错误已无及矣”[①]。

(2)北运河挽归故道工程的历史意义

北运河挽归故道工程在1912年潮白河改道后开始酝酿，至1925年竣工，又在1939年海河流域洪灾中冲毁，经过海河工程局、顺直水利委员会和华北水利委员会提议设计和建造管理。这项工程在政局动荡和屡起战事背景下，经中外多个部门交涉协商建成，实属艰难，同时该工程也属于中国传统水工向现代水利工程转型的典型案例，促进了中国地形测量、水文观测技术、工程设计的进步。此外，顺直水利委员会在筹措资金和实施工程时，利用银行信贷、发行债券和合同招标等办法，都值得深入研究。

现在工程遗迹尚在，引河和进水闸基本保存完整，应作为水工文化遗产，属于大运河文化带的重要元素，可以设计为遗址公园，为大运河国家文化公园和北京公共文化空间建设添砖加瓦。

(二)三岔口裁弯取直工程

1.三岔口裁弯工程决定经过

三岔河口是北运河、南运河、海河和金钟河交汇处，北运河与南运河、金钟河汇合后向东转过金家窑再向西才进入海河，严重影响水流的宣泄。清末，李鸿章曾经提议裁直三岔口河湾，种种原因未能实现。1918年，海德森、平爵内和方维因建议进行三岔口裁弯取直工程，但因三岔口处于天津城市的繁华地区，裁直工程阻力很大。地方乡绅反对裁弯工程“今海关道署及大胡同繁盛之商市胥在其中，且金家窑北沿北运、南面南运，其间

① 熊希龄：《顺直河道改善建议案》，北京：北京慈祥印刷工厂，1928年，第4—5页。

学校、工厂尤甚繁密，北运河之金家窑不过里许一小湾耳，本无足轻重，今决议裁之，其间弊害甚大”[①]。他们认为海河工程局屡次裁直和海口航道挖浚工程，河道通畅后咸潮涌入，小站地区的稻田深受其害，影响海河两岸的农田水利。而且三岔口裁直后，北运河和南运河洪峰并至，金钟河失去减河作用，加大了洪水对天津华界与租界的威胁。平爵内相应作了一一辩解，[②]并得到直隶省长曹锐和警察厅长杨以德的支持，最终以乡绅自行筹资办理，按照顺直水利委员会制定的工程计划，由平爵内任监督，这才比较顺利地开展裁直工程。

2.三岔口裁弯工程实施与效果

此项工程分为三个方面：北运河三岔口裁弯（也称天主堂裁弯或望海楼裁弯）、南运河大王庙裁弯和南运河西大湾子裁弯工程。购买3000户土地，拆掉300家房屋，拆去明代古庙一座。三岔口裁弯工程于1918年6月6日开工至9月23日竣工，将北运河由金钢桥直下望海楼教堂右侧入海河，原来河湾长1828.8米，裁直后为243.84米。三岔口裁弯竣工后即开始大王庙裁弯工程，即将南运河入北运河河口向北移至金钢桥北侧，在大王庙前入北运河。由曹秉权主持大王庙裁弯工程，花费77366.42元，其中顺直水利委员会支付71598.16元，其余由曹氏私人垫付。

南运河西大湾子裁弯，于1918年秋季开工至1919年春季竣工。此工程并非原中外协商的工程计划，因此段南运河南岸自清朝就没有堤坝建筑，1917年水灾后顺直水利委员会将要建造坚固大堤，南运河自邵公庄向南绕过梁家嘴向北至今大丰桥东流，此河湾内居民稠密拆迁困难，所以决定舍去此湾将其裁直。1921年顺直水利委员会又出资17000元修缮裁弯河道堤坝，并堵塞原两河口。[③]（见图4-9、图4-10、图4-11）

---

① 熊希龄编：《京畿河工善后纪实》卷2《函平爵内关于三岔河口裁直理由请说明见复文》，1929年，第47—48页。

② 熊希龄编：《京畿河工善后纪实》卷2《平爵内呈复京畿河道研究会怀疑各节文》，1929年，第48—53页。

③ 顺直水利委员会编印：《顺直河道治本计划报告书》，1925年，第33—34页。

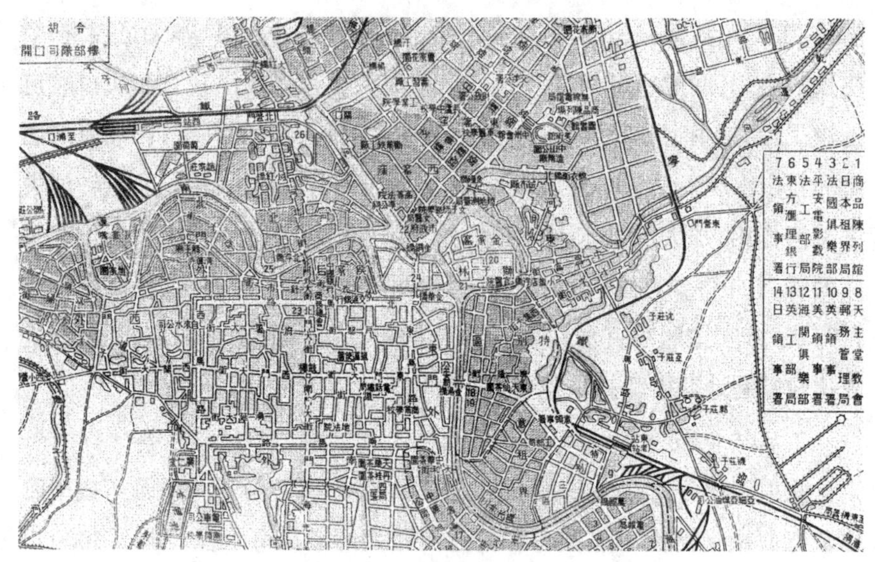

图4-9 三岔口裁弯后河道

资料来源:直隶陆地测量局编绘:《天津街市图》,1920年。

图4-10 三岔口与大王庙裁弯后情形

资料来源:《顺直河道治本计划报告书》,1925年,第46—47页。

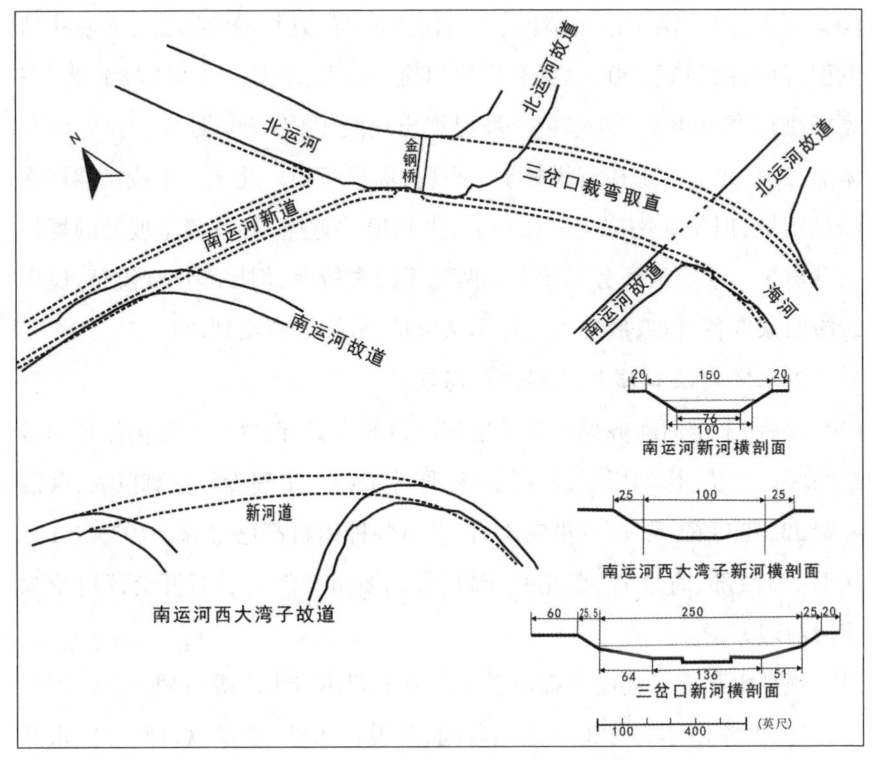

图4-11 三岔河口裁弯取直工程示意图

资料来源:《顺直河道治本计划报告书》,1925年,第33—34页。

工程效果,三岔口以北北运河大红桥处平均潮差强度,裁弯前1914年为0.57米,裁弯后1920年为1.62米,增加了1.05米。海河在6月份时径流量最少潮汐最大,1914年6月份大红桥处平均潮差强度为1.23米,1920年6月份此处平均潮差强度为1.9米,增加了0.67米。[①]

(三)永定河堵口工程

1.永定河决口情形

1924年7月中旬直隶地区连遭大雨,13日卢沟桥水位升至大沽海平线上64.68米,南岸上二、三工堤坝为最脆弱,夏家场决口一处,两天内高

① 海河工程局编:《海河工程局1928年报告书》,1929年,第28页,卷宗号w3-1-609,天津市档案馆藏。

岭又连决三口，洪水经小清河、大清河入海河，数月漫溢四野。[①] 右决口宽度：高岭决口宽800米、保和庄决口宽300米、小马厂决口宽800米、夏家场决口宽800米。北岸黄土坡堤坝出现险工，黄土坡处属于永定河北岸上二工，北上一工在清代修筑了石堤，堤坝坚固。北上二工段虽然屡次经过培护，但是在南岸上三决口后，洪水横冲直撞，导致黄土坡处的堤坝相继坍塌。永定河河务局曾召集两三千民夫抢救，但屡屡出现险情，民夫纷纷回家准备逃难，后经冯玉祥军队抢护，最终没有出现决口。

2.永定河决口堵筑工程设计与实施

灾后，永定河河务局拟订了堵筑决口的方案，但这一方案仍然延续传统的堵口方法，比如埽工，使用桩、秸秆等工料。工程设计预算巨大，共需经费2357858.63元，而且洪灾之后，沿河各种用料都已难寻。1925年1月10日，财政部、直隶省、京兆尹、顺直水利委员会派人员召开会议讨论永定河治理方案。

顺直水利委员会已经提出了永定河上游建造水库等治理方案，“拟根本计划，就察哈尔官厅地方之山谷间，建设蓄水池，筑操纵机闸。庶水涨水落时得以随时启闭”，“而于沿河诸山增植树株，庶节宣有度、节候堪调，则彪悍之势可减，泥沙之垫自轻，而防守当更易矣”。[②] 将卢沟桥滚水坝、金门闸进行改良，另在永定河下游双营至静海独流附近，开辟一条入海河道。当然这是长久之计，对于灾后的决口堵筑，会议后随即成立督办永定河决口堵筑工程事宜处，堵筑工程由顺直水利委员会承担，另外设立浚河工程处，由永定河河务局承担挖浚河道任务，工程实施方由鹿钟麟部队承担。[③] 工程经费，财政部以盐税为担保，向中外10家银行借款70万元，利息1.2分，10个月偿还本息。[④]

---

① 顺直水利委员会编印：《督办永定河决口堵筑工程事宜处报告》，1925年，第1页。

② 顺直水利委员会编印：《督办永定河决口堵筑工程事宜处报告》，1925年，第3—4页。

③《冯军修护永定河纪实》，北京：昭明印刷局，1924年，第24页。

④ 汪胡桢：《永定河决口堵筑工程始末》，《河海周报》1925年第13卷第1期。

施工时放弃了传统的埽工用料，而多采用石料，石料采办自周口店，并通过京汉、京奉铁路运至长辛店站和黄土坡站，再经大车和骆驼队运输至决口处。南岸决口处运至石料3万吨，约6000立方米，黄土坡堤坝运至石料1万吨，约2000立方米。堵口工程于1925年3月施工，至6月底完工。工程共花费605121.06元，其余款项，其中44000元拨给顺直水利委员会，作为用石料修复永定河堤坝工程费，拨给京兆尹38000元，用于永定河河务局采办物料、修补堤防用费，剩余12000元作为机动经费。[①]（见图4-12）

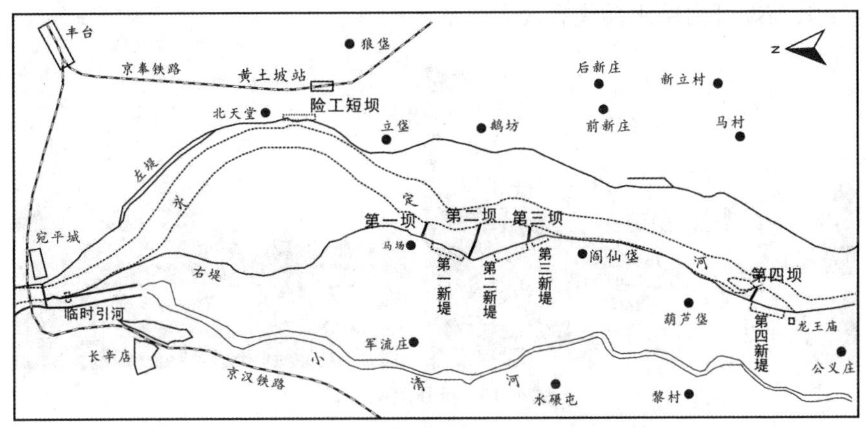

图4-12 永定河堵口工程示意图

资料来源：《督办永定河决口堵筑工程事宜处报告》附图。

（四）其他减河堤坝工程

1.新开河建闸及疏浚工程

新开河由清代晚期李鸿章所开，以宣泄北运河洪水，在河口建有滚水坝，坝顶高度大沽海平面4.92米，年久失修，河身淤塞严重。三岔口裁弯取直后金钟河减河作用消失，顺直水利委员会将恢复新开河减河功能，由平爵内设计监工，于1919年伏汛前竣工，历3个半月。

① 顺直水利委员会编印：《督办永定河决口堵筑工程事宜处报告》，1925年，第9页。

该工程改滚水坝为水闸，共有14闸门，长、宽为3米，门为厚板镶钢边，闸上有木架设绞盘。同时疏浚河道，河道两堤间距离自122米~152米不等，在堤间先挖61米宽浅槽，浅槽中央再挖一深槽以备行船。（见图4-13）

新开河自河口至金钟河长计有13千米，河道径流量由35立方米/秒增至220立方米/秒，共花费322730元。水闸可以任意调节水量，水量微弱时闭闸，避免因减少入海河流量，而降低河流冲刷泥沙力度；汛期开闸可以宣泄北运河洪水。熊希龄认为1922年和1924年大水，海河得以安然无恙，与新开河减水功能有很大关系。[①]

图4-13　新开河闸今昔

资料来源：左图摘自《顺直河道治本计划报告书》，1925年，第34—35页；右图为笔者摄于2010年9月1日。

2. 马厂减河水闸及新河工程

清代晚期李鸿章主持开凿马厂减河，一是宣泄南运河洪水，一是为马厂、小站、新城和大沽等驻兵地点开辟水道，至民国时河道已经淤废不堪。其时淮军在小站开辟营田种植水稻，马厂减河遂成为灌渠，每当春季旱期海河流量减小，需要将马厂减河闸门关闭，但此时小站农田亦需要用水，应开闸放水；当夏秋汛期至，应提闸分洪，但小站担心洪水影响收成，需要将闸门关闭。故营田局和河务局时常发生争讼。

顺直水利委员会考虑既不影响泄洪，又可兼顾小站的利益，于是在小

① 熊希龄：《顺直河道改善建议案》，北京：北京慈祥印刷工厂，1928年，第3—4页。

站上游重开一条新河直达渤海，设计流量为100立方米/秒，新河河口改用新式六扇钢门闸。工程于1920年10月5日开工至1921年春夏间竣工，共花费234773.36元。新减河成功地起到分洪的作用，“自民国十年以来，马厂减河从未闻有决口之事。不仅此也，南运河洪水每年由此排泄入海其量加增不少，因此而天津又多一重保障”[①]。（见图4-14）

图4-14 马厂减河进水闸

资料来源：《顺直河道治本计划报告书》，1925年，第35—36页。

3. 青龙湾河整理工程

此项工程属于北运河挽归故道工程一部分，原设计在青龙湾河道南建南堤，以现有南堤为北堤，两堤之间宽为2千米，导水入七里海。苏庄建操纵机构后，青龙湾河工程也随之改动：①将青龙湾河口土门楼滚水坝改为新式水闸；②展宽中泓河漕至70米，自河口18千米起至七里海以挖出泥土培高原有残堤；③改造七里海突出其蓄水功能；④自七里海开引河入金钟河；⑤整理七里海达蓟运河的东引河。

因地方乡绅、民众反对，1925年春季，只将土门楼滚水坝改为新式水闸，有40门，每门宽3米、高1.5米，又将附近王庄堤坝进行培修，花费134623.8元。[②] 此水闸经受了是年汛期洪水的考验，起到分水作用，乡民

① 顺直水利委员会编印：《顺直河道治本计划报告书》，1925年，第36页。

② 顺直水利委员会编印：《顺直河道治本计划报告书》，1925年，第41—42页。

纷纷称赞，其余工程便开工，于1929年6月完工。[①]（见图4-15）

图4-15 土门楼水闸

资料来源：《顺直河道治本计划报告书》，1925年，第40—42页。

4.天津南大堤和北运河培堤工程

天津西南地区地下排泄不畅，夏秋季节常常积水，清代于天津城西南修筑的堤坝已经残破不堪，加之旧城城墙被拆后失去了防水屏障，1917年南运河右堤溃决，西南一带成为泽国，旧城与租界区被淹有3个月之久。1918年8月，官绅协商自南运河堤旁习艺所附近筑堤，沿旧有土堤直达马场道，再折向海河第一裁弯处故道。此堤为内堤，大多占据私人土地，于是再筑外堤。外堤自南开附近与内堤相接，由此向南与陈塘庄路堤相连接，前后工程共花费64400元。[②]（见图4-16、图4-17）

北运河挽归故道后虽然取得了较好的效果，但是北运河堤坝大都残败，不堪冲刷，北运河河务局又无款项修补堤防，因此每年海河工程局要求开苏庄水闸放水时，北运河河务局又恐危堤不固要求闭闸。顺直水利委员会已经注意到此问题，但未有修堤之举，只是提出北运河河务局须筹款筑堤。[③]

① 熊希龄：《顺直河道改善建议案》，北京：北京慈祥印刷工厂，1928年，第5页。
② 顺直水利委员会编印：《顺直河道治本计划报告书》，1925年，第33页。
③ 熊希龄：《顺直河道改善建议案》，北京：北京慈祥印刷工厂，1928年，第6页。

图4-16 天津南堤与新大围堤(左)、墙子河(右)连接处

资料来源:《顺直河道治本计划报告书》,1925年,第32—33页。

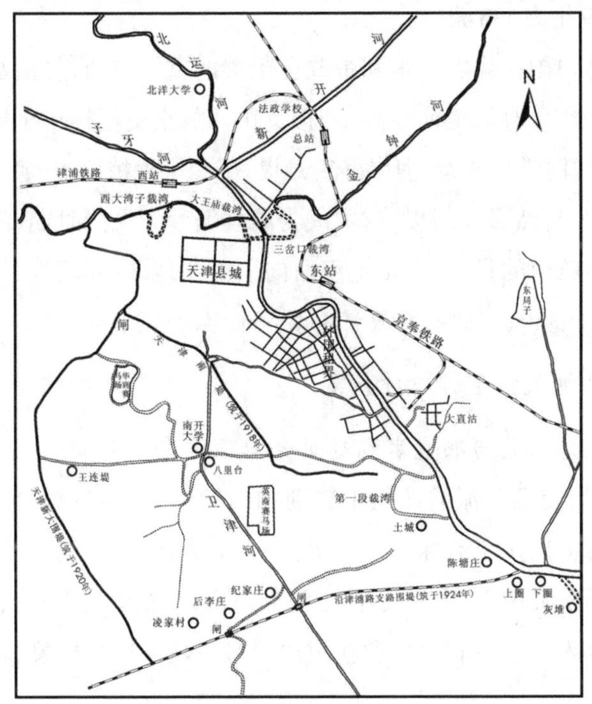

图4-17 天津周围河道裁弯取直与围堤工程示意图

资料来源:《顺直河道治本计划报告书》,1925年,第32—33页。

四、海河放淤工程

民国时期,随着天津港口日益繁荣,海河航道淤积问题愈加突出。1928年,河北省政府刚刚成立,《大公报》便呼吁省府应该立刻办理两件大事，其一便是治理海河淤塞问题，“天津白河淤塞，把天津商埠弄成麻木不仁，商业经济吃亏不小”，“河工水利关系民生，何等重大，政府竟尔如此漠视，令人骇怪。但是现在正是伏汛届时，水祸可虑，省政府接近人民，利害切己，应当拿治河问题认真办理”。[①] 1928年是海河淤塞最为严重的年份之一，汛期河道内泥沙量达到1377万立方米，海河自金汤桥至南开段河道普遍淤高0.6米～1.8米不等。[②] 海河含沙量骤增，7月为17千克/立方米，8月为15千克/立方米，是平常年份的将近10倍。[③] 而抵津船只中没有超过4米吃水量的，到达市内港区的船只由1927年的874艘减少为668艘，1929年为538艘。[④]

放淤是中国古代农田水利中改良土壤的重要措施，将河水引入低洼卤地，等泥沙沉积后，地面淤高，即得良田。放淤也同样用于河道防护工程，清代南运河进行放淤，河岸外筑月堤，于两岸种植树木，放淤后泥沙沉降于月堤内，自然形成新堤，树木成为堤坝筋骨。民国时期，海河放淤出于维持海河航道的目的，将永定河引向下游洼地，令其泥沙沉淀，既使海河通畅，又得良田，因此海河放淤也就是永定河放淤。

（一）海河放淤工程设计方案

1.海河工程局与顺直水利委员会治理方案

1927年，交通部派航政司宋建勋和颜勒考察海河淤塞状况后，经相关机构商讨得出两套治标解决方案：一方案为：顺直水利委员会提出，在北仓迤北屈家店永定河与北运河汇流处以南，开挖引河下达欢坨，趋金钟河经北塘口入海。在北运河和新引河河口各建一操纵机关（新式水闸），

---

①《河北省政府立刻该办两件事》，《大公报》1928年7月5日。

② 海河工程局编印：《海河工程局1928年报告书》，1929年，卷宗号w3-1-609，天津市档案馆藏。

③ 海河工程局编印：《海河工程局1928年报告书》，1929年，卷宗号w3-1-609，天津市档案馆藏。

④ 海河工程局编印：《海河工程局1929年报告书》，1930年，卷宗号w3-1-613，天津市档案馆藏。

分泄水量。引河设计长度为15千米，一年可竣工，共需费用200余万元。另一方案为海河工程局提出，距天津北10余里霍家嘴原有普济废河一道与北运河相通，可将其加以修浚，无须购地建桥，只需在北运河口建操纵闸以便宣泄，河道长约7千米，疏通后接新开河再入金钟河，经北塘口入海，而费用计有六七十万元，两月可竣工。[①]

经实地考察后对两种方案进行比较得出结论，在北仓迤北开引河弊端大于普济河，北运河建闸可能使上游淤塞，且减少入海河水量，潮汐也不能通过，影响北运河航运。新引河口建闸，若将永定河全泄入金钟河，而金钟河河道狭小不能容纳永定河洪水，日久则淤塞不通，影响其减河作用，还有可能于北仓之南决口，威胁天津。若将一部分永定河排入金钟河，则普济河即可使用，且无须花费巨大款项。[②]两种方案都是为永定河开辟入海通道，皆经金钟河趋北塘口入海，北塘口外会淤积大量泥沙，而大沽口落潮方向为南东，其落潮岸流会将北塘口泥沙挟至大沽沙坝航道影响航运，由此看来并非长远之策。

2.永定河河务局制定放淤计划

海河工程局和顺直水利委员会所开展的治理海河水系的工程和计划都未涉及放淤事宜。顺直水利委员会总工程师罗斯提出了永定河治本方案，即于官厅建水库，下游开新河通海。永定河河务局是直接管理永定河的专门机构，顺直水利委员会撤销后，原技师孙庆泽出任永定河河务局局长，并于1929年编制了《永定河治理工程计划书》，提出了永定河放淤灌田方法。

永定河河务局根据实际情况制定了4项治理计划：其一，维持现状计划，包括堤埝加固培高、堵筑堤头村决口、挑挖引河、裁弯取直、修补卢沟桥减水坝；其二，治标计划，包括建筑挑水坝、顺水坝、上游水库、疏浚三角淀河槽；其三，治本计划，包括造林、筑坝、改道；其四，水利计划，包括开

① 宋建勋、颜勒：《天津海河调查报告书》，出版者不详，1927年，第20—23页。

② 宋建勋、颜勒：《天津海河调查报告书》，出版者不详，1927年，第27—28页。

渠、灌溉和放淤。清代永定河筑堤以来，禁止两岸居民掘堤取水灌溉，农田多受透堤水浸泡，汛期又受决口冲刷，堤外土地满布沙丘干碱不毛。永定河伏汛时含沙量最大，上层悬移质泥沙营养丰富，适宜庄稼生长，可在堤外筑小埝，徐徐放水，数日后再将清水放出良田可得。按每亩收入5元计，放淤田亩可达16000多顷，每年可增收800余万元，这样既可以使农民收益，又可解决海河淤塞之患。

永定河伏汛多在每年7月10日开始至8月20日结束，一般有3个洪峰期，时间间隔也大致相等，每伏一次。可在堤下建水泥涵洞，其外再筑围墙一道，再外挖缓水池一方，降水引入干渠和支渠，干渠与支渠连接处建分水闸以调节水量，水深至0.5米即关闭闸门，泥沙沉积再将清水放出，放淤3次后可淤高0.36米厚。拟选4个区域试办放淤，共约345平方千米，每年可放水12400万立方米。“大汛洪水量每秒即可以泄出493.77立方米，此尤按四区而言，若加以扩充两岸，可淤之田能达1000平方千米以上，所有放出淤泥及宣泄水量皆当在四倍以上，是永定河淤沙问题已经解决，所有下游各河淤塞之患当可迎刃而解矣。”[①] 此放淤方案受到熊希龄的称赞：放淤“顺直水利委员会计划书中之所不及者，由是永定河之设计治法纤悉靡遗矣。”[②]

3.整理海河委员会制定放淤计划

整理海河委员会成立时，就经大会决定进行6项工程计划：其一，加固培高北运河堤坝，使其全水尽归海河，此项计划实际上是顺直水利委员

① 孙庆泽编：《永定河治理工程计划书》，北京：永定河河务局印行，1931年，第48页。所拟放淤四区域：第一区，永定河北岸第二段后辛庄与赵村之间，面积约61平方千米，共需306196元；第二区，永定河南岸第二段杨庄与公义庄之间，小清河迤东，南北长约10千米，面积约22.5平方千米，共需120130元；第三区，永定河南岸第三段韩营至西阳村，长约11千米、宽约8千米，面积约98平方千米，共需410410元；第四区，永定河北岸眼照屯东至安次县城东，长约20千米、宽约8千米，面积约163平方千米，共需673750元。

② 熊希龄：《永定河治理工程计划书·序》，载孙庆泽编：《永定河治理工程计划书》，北京：永定河河务局印行，1931年，第1页。

会所制定的治标工程中的一项。其二,一律培高三角淀周围堤坝,尤其是将南堤培厚增高。其三,在北仓迤北向东开一条适宜容量的新引河,用来宣泄永定河与北运河的洪水。其四,在北运河新引河口外,选择适当建一座泄水闸,洪水可经金钟河或新开河入海,为行船起见在泄水闸旁边另建船闸一座。其五,在塌河淀区域选定适当面积,承接新引河所泄洪水,任其泥沙沉积,使此区域渐渐成为可耕良田。这三项计划实为顺直水利委员会所提方案的改进方案。其六,将各河之操纵机关,如苏庄、土门楼、新开河及马厂等水闸,划归入一个机关统一管理。[①]

第三、第四、第五项计划实为顺直水利委员会所提整理方案的改进方案,选择天津东北的塌河淀洼地为放淤区域,将永定河洪水引入,在泥沙沉降后清水经泄水闸入金钟河趋北塘口入海河。这一计划没有减少北运河入海河水量,既解决海河淤积问题,也不致金钟河和北塘口淤塞,又使塌河淀成为良田,事半功倍,一举多得。第六项计划也十分重要,各个操纵闸集中管理后,可根据各河流不同汛期和枯水期,更有效地启闭水闸调节水量。

(二)海河放淤工程开展过程

1.放淤工程设计

工程计划确定后需要对工程进行具体设计,设计则需有准确详细的基础资料和数据。因此委员会先后对施工地区的地形、水文和田亩进行测量。1930年春,派人员测量北运河杨村以下及三角淀一带地形、北运河东西两堤及永定河南堤断面,以备选择新引河、各闸位置和各项土工设计。是年冬季又测量塌河淀、欢坨一带地形,并测量金钟河与筐儿港减河

① 整理海河委员会编印:《整理海河治标工程进行报告书》,1933年,第21—22页。对于海河放淤也有人提出不同观点,如朱延平撰写《整理海河应注意之要点》一文,认为永定河泥沙不一定造成海河淤积,放淤是次要方法,主要还是海河本身的疏浚。还主张永定河决口可以不进行堵塞任其改道。(《华北水利月刊》1929年第2卷第10期)

断面。1930年夏季，于北运河屈家店、北仓新开河旱桥、金钟河欢坨、北塘设5个水标站，观测水文情况。1931年春撤销北仓和北塘两站，添设筐儿港减河芦新河站，至是年秋季设计完成后全部裁撤。1932年夏季首次放淤时，为观测各河情况，又设水标站于卢沟桥、南仓、北宁铁路22号桥、二阎庄、北何庄以及节制闸、进水闸和泄水闸等处。是年9月，除水闸外其余水标站渐次撤销。

新引河所经地区土地面积较大，需要准确测量地亩数量，1930年冬季开始测量至次年夏季完成，测得各项工程用地。（见表4-9）

表4-9 放淤工程占地面积情况

工程名称	占地（亩）	用地（亩）	共计（亩）
屈家店操纵机关	63.04	—	65.87
新引河	1413.63	—	1413.63
永定河改道	142.40	—	426.25
北运河东堤	48.32	384.93	433.25
北运河西堤	170.18	365.28	535.46
永定河南堤	39.09	324.44	363.53
放淤区域南堤	1731.16	—	1731.16
泄水河	1092.00	—	1092.00
北宁路26号桥拦水堤	—	54.73	54.73

资料来源：整理海河委员会编印：《整理海河治标工程进行报告书》，1933年1月，第28页。

工程设计按照永定河三家店以上最大泄洪量5000立方米/秒～6000立方米/秒，至双营地方最大流量为2733立方米/秒，1922年最高水位23.31米，[①] 超过此水位上游必行溃决。由双营进入三角淀后流量和水位渐减小，以此推算各项工程标准，共设计有22项工程。[②] 具体如下：

新引河进水闸工程，导引永定河洪水进入放淤区。闸身6孔，每孔宽6米，闸墩宽1.6米，全长计44米，闸底高度0.8米，墙顶高度9米，闸门高

① 高度均以大沽零点为基准。

② 整理海河委员会编印：《整理海河治标工程进行报告书》，1933年，第29—39页。

为6米，由18英寸（约45.72厘米）高的工字铁和3英寸（约7.62厘米）厚钢板铺闸门，重10吨。

北运河节制闸工程，限制永定河浑水下泄海河，并分泄北运河清水。闸身6孔，每孔宽5.8米，全长计44米，闸基为1064棵长10米、大头直径0.3米美松木桩，墙顶高度9米，闸身与进水闸略同。

北运河船闸工程，节制闸横亘北运河阻碍航运，故另建新式船闸。用1250棵美松木桩深入土中，闸两端各有"八"字木门一道以资启闭，闸底高0.75米，门槛高1.8米，墙顶高8.5米，闸口宽8米。最高水位月7.5米，最小航行水深约2米。另在下游闸墙设吊桥一座以利交通。

新引河工程，自堤外边计占地宽200米，河道长4.4千米，河槽深约0.6米。河口处堤顶高7.7米，以1/2000坡度修至北宁铁路，铁路以东任水漫流。最大流量设计为700立方米/秒以上。

北运河东西堤培修工程，东堤自天齐庙至杨村长25.9千米，西堤自唐家湾至屈家店长7.7千米。设计北运河水面最高水位不超过8.1米。东堤自天齐庙至节制闸长10千米，以1/10000坡度，筑堤高自8米递增至9米，节制闸以上至杨村及西堤全段一律加高至9米，堤顶宽6米，堤外坡度为1/3，堤内坡度为1/2。

放淤区域南堤工程，自北宁铁路25号桥起至芦新河泄水闸止，计长18.7千米，堤顶高6米，顶宽6米。

泄水闸工程，放淤区域积水由泄水闸导入泄水河再注入金钟河，闸身长36.4米，12孔，每孔净宽2.6米，上游最高水位5米，最大泄洪量200立方米/秒。

泄水河工程，原考虑使用筐儿港减河，但此河河道宽广，河底高出平地，下游一部分河身已归民有，因此在此河西另辟泄水河一道，自泄水闸至金钟河共长6.2千米，河槽底宽34米，东堤利用筐儿港减河西堤，两堤间平均距离100米。

此外还有永定河南堤培修工程、永定河改道工程、平津汽车路混凝土桩桥工程、北宁铁路桥梁工程、放淤区域各村围堤工程、放淤区域围堤缸管涵洞工程、平津汽车路北仓混凝土桥工程、刘快庄木桥工程、唐家湾桃花寺铅铁管涵洞工程、二十二号房子铅铁管涵洞工程、北运河石楗工程、北宁铁路第26号桥拦水堤工程、屈家店操纵机关办公所工程、泄水闸办公所工程。（见表4-10、图4-18、图4-19）

表4-10 整理海河委员会办理放淤工程一览表

工程名称	工程地点	工期	承包公司	款项（元）
北运河节制闸	屈家店	1931年10月2日—1932年5月12日	德盛工程处	428130.10
新引河进水闸	屈家店	1930年12月11日—1931年9月14日	同兴公司、德盛成公司	395605.20
北运河船闸	屈家店	1930年6月21日—1932年8月24日	大兴土木公司、盖苓公司	300828.60
芦新河泄水闸	芦新河	1931年10月6日—1932年1月10日	远东公司	149316.00
二十二号房子涵洞	二十二号房子	1932年7月4日—9月2日	远东公司	31226.68
桃花寺涵洞	桃花寺	1932年5月26日—8月4日	永泰公司	17726.58
唐家湾涵洞	唐家湾	1932年5月26日—8月4日	永泰公司	20521.90
淀北各村围堤涵洞	淀北18村	1932年6月10日—7月11日	义合公司	12470.20
平津路混凝土桩桥	屈家店	1931年7月4日—12月17日	中国工程公司	74884.19
平津路北仓桥	北仓	1932年10月20日—11月30日	远东公司	5107.40
刘快庄木桥	刘快庄	1932年2月20日—4月20日	施克孚公司	11627.80
北运河石楗	屈家店	1932年10月4日—11月3日	其昌公司	6051.32

续表

工程名称	工程地点	工期	承包公司	款项(元)
屈家店办公所	屈家店	1932年7月6日—8月26日	德盛工程处	6300.00
芦新河泄水闸办公所	芦新河	1932年8月15日—10月4日	恒义顺工厂	1220.00
三角淀南堤培修	唐家湾至二十二号房子	1931年4月4日—5月28日	大兴土木公司	39639.04
北运河西堤培修	唐家湾至屈家店	1931年10月2日—12月19日	义合祥公司	46800.00
北运河东堤培修	天齐庙至杨村	1931年4月23日—7月10日	义合祥公司、同义成公司、大兴土木公司	52825.94
各村围堤	淀北18村	1932年3月16日—5月12日	同义成公司、义合公司、永泰公司、鸿兴公司	125876.05
放淤区南堤	25号桥至芦新河	1931年10月1日—1932年4月22日	远东公司、庆成公司	204740.00
永定河改道	屈家店	1931年9月23日—1932年4月25日	远东公司	159675.00
新引河	进水闸至25号A桥	1931年4月3日—7月3日	大兴土木公司、聚丰成公司	53652.22
疏浚新引河	进水闸至25号A桥	1933年5月10日—6月2日	毓华公司	10572.32
泄水河	芦新河泄水闸至金钟河	1931年10月1日—1932年5月2日	远东公司	112.062.80
捷地减河进水闸	捷地	1933年4月27日—7月17日	大兴公司	39419.00
筐儿港减河进水闸	宝家营	1933年9月25日—1934年4月26日	平成公司	41267.00
26号桥拦水堤	26号桥	1932年6月4日—6月30日	远东公司	4996.70

续表

工程名称	工程地点	工期	承包公司	款项(元)
引水河	25号A桥至淀北	1933年11月30日—12月25日	北宁铁路局	143325.43
筐儿港减河西堤培修	芦新河泄水闸至小马庄	1931年9月4日—11月25日	德记公司	24920.00
北宁铁路桥	—	—	东方铁厂、瑞德洋行	56908.40
挖泥船及附件	—	—	鸿兴公司	2721.76
共30项	—	—	—	2580417.60

资料来源:华北水利委员会编印:《海河放淤工程总报告》,1937年。

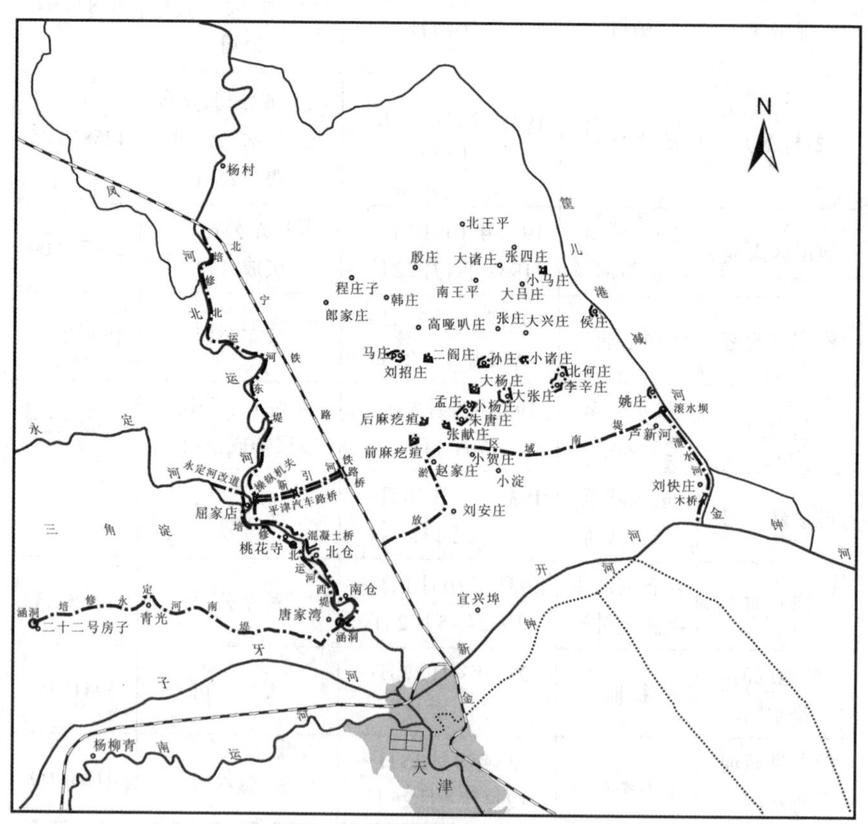

图4-18 海河放淤第一期工程计划示意图

资料来源:整理海河委员会编印:《整理海河治标工程进行报告书》附图,1933年。

图4-19 屈家店闸今昔

资料来源:上图为民国所建闸,《整理海河治标工程进行报告书》附图;下图左侧为1969年建永定新河进洪闸,作者摄于2010年8月31日。

图4-20 1932年首次放淤过水情形

资料来源:《整理海河治标工程进行报告书》附图,1933年。

2.放淤工程建设过程

(1)整理海河委员会主持工程建设与海河放淤过程

原定所有工程计划在18个月内完成,但因时局不稳,且与中法工商银行关于公债分存基金问题产生矛盾,以致停止募集影响工期,至1930年10月仅仅在北运河船闸基桩1250棵。整理海河委员会重新制定了实施工程序表加紧工作,1931年春季先后开工建造新引河进水闸、北运河船闸、新引河、培修北运河东堤、培修永定河南堤等相关工程,大部分于1932年5月间竣工,并进行了首次伏汛放淤,工程很成功,轮船吃水量由8英尺(约2.44米)增至14英尺(约4.27米),凡吃水量在14英尺以下船只均可驶入津埠(见图4-21)。但是淹没大量农田,影响冬麦播种,故1933年春汛来临时遭到淀北放淤区域农民反对。是年3月17日河北省政府毅然提闸放淤,淀北"河水猛泄,短堤浮埝悉被冲毁,而津县东北乡农田尽成泽国。乡民等惊醒,抢堵无及"[①]。淹没土地15万亩,春耕成为泡影,乡民遂聚集要求整理海河委员会赔偿损失,放淤纠纷便自此开始。同时屈家店附近北运河和永定河两岸村民发现放淤后新引河、永定河淤积甚高,至伏汛时恐怕洪水上涨有决口危险,便请求整理海河委员会参考华北水利委员会的永定河治标办法开挖新引河。[②]此后整理委员会便开始制定第二期整理海河治标计划。

1933年6月中旬,永定河洪水突至,部分泥沙冲进海河,有的河段淤高1.5英尺(约0.46米)左右,津海关港务厅紧急布告,吃水10英尺(约3.05米)以上者禁止入口,以免遇险。海河工程局的挖泥船虽昼夜清淤亦不见明显效果,英租界码头只能行吃水13英尺(约3.96米)轮船,法租界能行10英尺(约3.05米)轮船,则日租界码头仅能通过吃水5英尺(约1.52米)轮船,就连挖泥船也要等满潮时工作,稍有偏斜便搁浅。连续几日永定河来水增加,海河淤积更加严重,津海关又布告各商船一律禁止来

---

①《海河整委会春汛放淤淹没农田,农民要求赔偿》,《大公报》1933年3月24日。

②《新引河亟待挖浚》,《大公报》1933年4月17日。

津。[①] 整理海河委员会于17日上午8点提闸放淤，因春汛放淤已经赔偿12万余元，所以此次放淤不超过春汛放淤范围。至19日永定河、大清河等河流水位增高，亦有决口处，整理海河委员会被迫将节制闸和船闸开启，使两河洪水进海河入海，又造成租界码头段河岸边滩增长，海河含沙量增至3%以上，遂于7月8日关闭节制闸，开启进水闸再行放淤，但遭到附近村民的极力反对，自行关闭进水闸损坏节制闸，经天津县政府和公安局参与才遣散村民，得以放淤。[②]

8月初，子牙河、北运河洪峰进入海河，使海河水位迅速上升，万国桥（今解放桥）以西是河堤最高河道最深处，其堤面仅高过水面不及1米。河水流速缓慢，泥沙沉积于河道，金钢桥至海关前段淤高2米，河滩宽一丈有余；海关至北塘淤高4.5英尺（约1.37米），河湾淤滩增宽至4米；北塘至塘沽淤高3英尺（约0.91米）。[③] 整理海河委员会不得以于2日再次提闸放淤，但收效甚微，有人便忧虑海河“淤高六七英尺，嗣后继续淤高。据内幕人语记者，此后设无特别机会，借挖浚之功，则十年之内无恢复通轮之希望，秋汛后若干段可以涸竭”[④]。伏汛过后，上游来水虽减少，海河航道日渐好转，但大沽口拦江沙却淤高8英尺（约2.4米），海河工程局派“快利”号和“新河”号挖泥船疏浚大沽沙坝航道。津海关通告各个商船，在每日上午6点至下午6点间，涨潮前3小时和潮满后1小时内，经引水员通过大沽沙坝，其他时间禁止通行。[⑤]（见表4-11、表4-12、图4-22）

---

①《永定河泥沙注入海河淤塞状态益甚》，《大公报》1933年6月16日。

②《伏汛放淤经过情形》，《大公报》1933年7月26日。

③《海河淤塞前途可虑》，《大公报》1933年8月4日。

④《关系华北繁荣之海河问题》，《大公报》1933年8月20日。

⑤《大沽口拦江沙积高8尺》，《大公报》1933年10月14日。

表4-11　1933年3月和8月海河河底深度比较

单位:米

地点	3月	8月	淤高
金钢桥下	1.83	0.30	1.52
东浮桥下至河湾	3.05	1.37	1.68
津海关至开滦矿务局前	2.62	0.79	1.83
陈塘庄前	2.68	0.55	2.13
东泥沽	3.84	2.32	1.52
葛沽至新城	3.51	1.98	1.53
塘沽上下最浅处	4.27	2.74	1.52

资料来源:《关系华北繁荣之海河问题》,《大公报》1933年8月20日,大沽高程。

表4-12　1931—1933年海河河底深度

单位:米

地点	1931年终	1932年终	1933年终
金钢桥下	0.91	1.83	2.74
大口	3.96	3.66	3.66
金汤桥下	2.13	3.05	3.05
马家口	5.18	5.79	5.18
万国桥下	3.05	4.57	4.88
津海关至开滦矿务局	1.22	2.62	3.20
英租界至特别一区	1.22	2.07	2.59
郑庄子至陈塘庄	1.22	2.68	3.66
潘庄	1.22	2.07	3.35
泥窝	2.13	2.83	3.96
泥沽至小蔡庄	2.13	2.90	3.66
葛沽至新城	3.05	3.51	4.11
邓善沽	2.13 ~ 4.88	2.44 ~ 5.49	3.51 ~ 5.79
河头至新河口	3.05	3.66	4.27
塘沽至东大沽	4.11	4.42	4.72

资料来源:《二十二年终海河总测量报告》,《大公报》1934年2月11日,大沽高程。

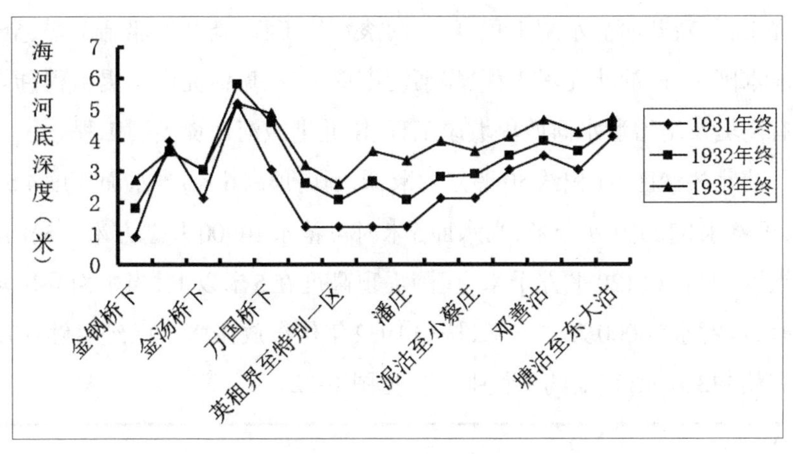

图4-21 1931—1933年海河河底深度变化

资料来源:海河工程局1931—1933年报告书。

海河放淤工程并没有解决海河淤积问题,而且整理海河委员会内部腐化及开销巨大,引起了社会上的质疑,遂被撤销。在撤销之前,整理海河委员会吸取1933年的放淤经验教训,制定了整理海河第二期治标计划。先是将现行放淤区域(南至南堤,北至武清县界,西至筐儿港减河,东至北宁铁路)分成两部分,中间建一道分水堤,新引河将永定河水引入分水堤以北,泥沙沉降后流入其南面至南堤之间。清水一小部分经泄水河入金钟河,其大部由北宁铁路25号桥经清水河至南仓入北运河复归海河,可以增加海河径流量。但是此计划遭到南仓村民的反对,放淤区内村民也因影响春耕和冬小麦的收成反对春汛放淤,故将第二期治标计划进行修正。

修正后的第二期治标计划,将现有放淤区南堤北移作为春汛放淤,面积约8万亩,利用塌河淀建新放淤区专做伏汛放淤,其范围北至南堤,南至新开河,西至泄水闸,东至北宁铁路。在新引河东端铁路界外筑南北引水闸各一座,永定河水引入淀北时将南闸关闭,引入塌河淀时北闸关闭,春汛放淤后的清水仍经金钟河入海,伏汛之清水则由宜兴埠入新开河复归海河。并在淀北以北筑北堤一道,以防汛水泛滥区外,于筐儿港减河西岸修涵洞一座,专为宣泄淀北雨水。共有11项工程计划:分水闸工程、分界堤工程、新开河泄水闸工程、新开河滚水坝工程、新开河船闸工程、金钟河泄水闸工程、淀北北堤工程、塌河淀南堤工程、塌河淀内围堤工程、拆除现有南堤及培增泄水河西堤坡岸工程、筐儿港减河西堤涵洞工程。

淀北放淤区，面积约50平方千米，周围堤顶高6米，当水面高度4.5米时，可蓄水8300万立方米，当水面5米时可蓄水10900万立方米。塌河淀放淤区，面积约120平方千米，周围堤顶高度在5米以上，当水面高度4.5米时，可蓄水24000万立方米，按照1932年伏汛放淤水量已经足够使用。共需款133万元，工期约8个月。[①]（见图4-22）

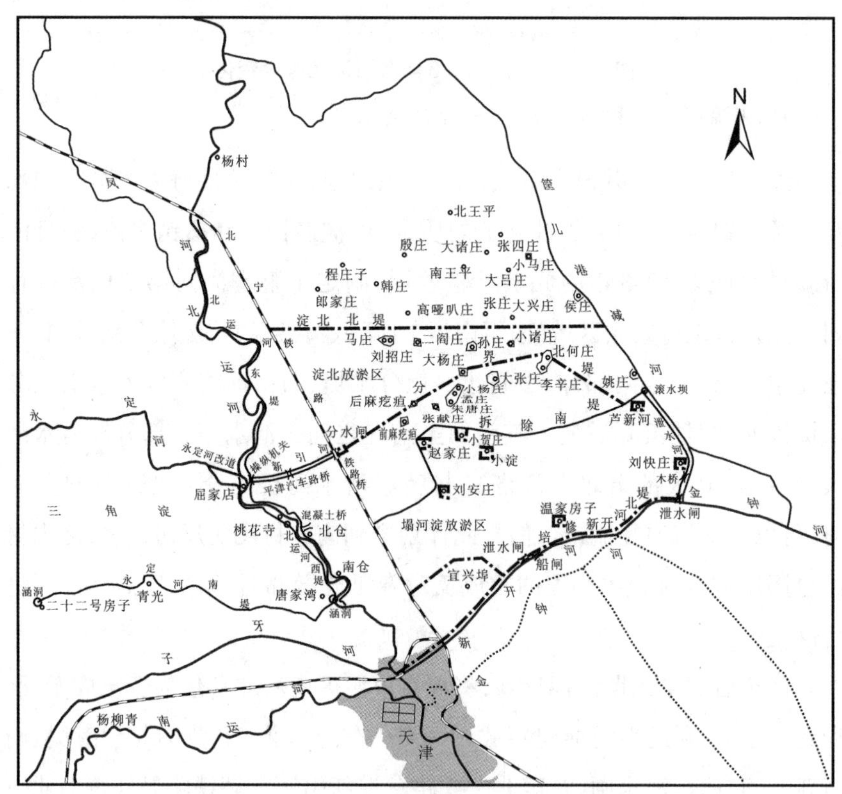

图4-22　海河放淤第二期工程计划示意图

资料来源：整理海河委员会工务处编印：《整理海河第二期治标工程计划书》附图，1933年。

① 整理海河委员会编印：《整理海河第二期治标工程计划书》，1933年，第2页。

(2)整理海河善后工程处主持工程建设与海河放淤经过

整理海河第二期治标工程计划由整理海河善后工程处接办,最初工作仅为继续办理原委员会未竣工程,如购置挖泥船疏浚新引河,培修新引河及放淤区各堤工程。但是1934年夏永定河在三角淀南堤22号房子附近决口,北运河西堤在屈家店节制闸下游决口,于是放淤工程失去效用。善后工程处加紧实施补救措施,制定了疏浚永定河三角淀中泓计划、塌河淀放淤区各项土工以及金钟河泄水闸工程,相继于1934年冬和1935年春季陆续竣工。此后不久善后工程处便被撤销,其放淤工程交由华北水利委员会接办。

海河放淤工程一直未妥善处理放淤区域村民土地问题,只是考虑到各村免受淹没建筑围堤,遂每次放淤都会淹没农田,造成村民损失巨大,村民便向整理海河委员会索要赔偿或破坏水利设施。委员会与村民交涉后达成了两项条款:其一,海河放淤每年两次,即"一水一麦",种麦时不放淤,放淤时不种麦;其二,按每亩0.75元租借村民田地。

1934年3月,整理海河善后工程处事先未通知,提闸春汛放淤,造成淀北28村损失数百万元。于是28村村民结队向天津县政府请愿。[①]善后工程处决定赔偿2万元,翌年起坚决实行"一水一麦"放淤规定,但村民不满赔偿数额,要求每亩2元,且对原村民代表何荫卿和调停人杨绍思等人不满,复集结向县府请愿。[②]至4月13日,仍未解决,村民又向南京行政院、内政部、北平政整会和河北省政府呼吁,要求处理放淤纠纷。[③]15日,又决定派代表向南京行政院和内政部请愿,何荫卿等人又返乡安抚村民。到29日春汛放淤已经完毕,放淤区内部分土地已经种植高粱,纠纷不了了之,但村民决定武力阻挠伏汛放淤。[④]5月,南京行政院令河北省

---

①《淀北农民昨又请愿》,《大公报》1934年4月5日。

②《淀北农民昨仍集县府》,《大公报》1934年4月8日。

③《淀北农民昨具呈中央请饬海河委员赔偿损失否则行使主权收回淤地》,《大公报》1934年4月14日。

④《春汛放淤已毕淀北纠纷不了自了》,《大公报》1934年4月29日。

和天津县妥善处理放淤问题。是月12日，县府进行调停，赔偿数额由租地费6万和补助金2万外再筹款酌情增加，翌年坚决实行“一水一麦”放淤方案，双方妥协，各代表表示同意。[①]又成立放淤委员会，由天津县县长陈中岳、工程处处长向迪琮以及淀北村民代表和调停人组成，办理放淤纠纷事宜，但村民考虑损失过大再次向省府请愿，要求赔偿费增至30万元，放淤纠纷又起。

6月伏汛将至，善后工程处准备在20日左右放淤，期待县府赶快解决纠纷，14日经村民代表和调停人斡旋双方妥协，按去年旧例给予租金10.5万元，[②]于6月底开始丈量土地发放租金，[③]放淤纠纷才告一段落。（见表4-13）

表4-13　整理海河善后工程处办理放淤工程一览表

单位：元

工程名称	工程地点	工期	承包公司	款项
金钟河泄水闸	欢坨村东	1934年10月24日—1935年1月25日	德盛成公司	127292.00
淀南各村围堤及涵洞	淀南各村	1934年11月1日—12月15日	同成、永立、庆成公司	104016.32
25号桥拦水堤	25号桥	1934年11月2日—12月29日	同成公司	5880.78
分界堤	25号A桥至赵家庄	1934年11月10日—12月31日	兴记公司	16000.00
拆除部分原分水堤	25号A桥至芦新河	1934年11月12日—12月4日	永泰公司	751.06
培修分界堤	进水闸至25号A桥	1934年3月25日—12月4日	永泰、永立、大兴公司	39870.65
筐儿港减河西堤加固	芦新河至小马庄	1934年6月4日—6月12日	大兴公司	2600.00

①《淀北放淤纠纷》，《大公报》1934年5月13日。

②《淀北放淤纠纷解决》，《大公报》1934年6月15日。

③《放淤纠纷尾声》，《大公报》1934年6月26日。

续表

工程名称	工程地点	工期	承包公司	款项
疏浚永定河中泓	葛渔城至双口	1934年11月15日—12月15日	鸿兴、华新、福源、德记、永立公司	161744.90
疏浚新引河筑埽工	进水闸至25号A桥	1934年5月30日—6月26日	永立、大兴公司	8751.07
疏浚新引河	进水闸至25号A桥	1935年1月18日—2月11日	永立公司	22125.09
引河裁弯取直	淀北	1934年5月30日—6月26日	永立公司	4059.62
淀南引水河	25号A桥至赵家庄南	1934年11月10日—12月31日	兴记公司	59163.14
共12项	—	—	—	552254.63

资料来源：华北水利委员会编印：《海河放淤工程总报告》，1937年。

3.华北水利委员会接办海河放淤工程

(1)接收过程

海河放淤工程先由整理海河委员会办理，后因放淤纠纷、款项难以筹集等因素，当局决定裁撤，其第二期海河治标工程由整理海河善后工程处继续办理。1934年夏季，永定河发洪，因三角淀中泓自1924年行水至是年已有10年，河底早已淤高，大部分洪水南流至三角淀南堤，在22号房子附近决堤泛滥流入大清河，一部分洪水又在屈家店决口，流入北运河，决口处都在放淤节制闸下游，致使花费500多万元的放淤工程失其效用，因此1934年伏汛放淤遂告停顿。

至于第二期海河治标工程，如塌河淀放淤各相关工程、疏浚新引河及改道工程、宜兴埠和其他村庄围堤工程、北宁铁路25号桥拦水堤、金钟河泄水闸等工程，大都在1935年1—2月间陆续竣工，而整理海河善后工程处即被裁撤，其疏浚三角淀中泓计划、22号房子和屈家店两决口堵筑工程、双口筑堤工程、葛渔城筑堤工程都已搁浅，当局令华北水利委员会于是年3月15日接收续办。[①] 此后虽主管部门一再变更,但海河放淤成为常态,一直持续到官厅水库竣工,于1955年停止放淤。

(2)办理放淤工程

委员会接办放淤工程后面临两个问题:一是如何使三角淀内永定河水流至屈家店上游入进水闸,一是如何开展是年伏汛放淤。对于恢复放淤工程设施效用,务必先使三角淀内洪水入屈家店进水闸。三角淀内原有三条主要行水河槽,即北泓、中泓与南泓,南泓早已断绝,而中泓行水已有10余年,河底淤高,疏浚费用非常巨大。经实地测量,北泓自调河头至史家庄约七八千米,早已淤平,但坡度有1/3000,史家庄以下上游河形约32千米,若开凿一适当河漕即可容纳永定河洪水。而且在北堤外是龙凤河下游,地势低洼,行北泓将来可以选择此地为第三放淤区。[②]

委员会认为整理海河委员会有两个失误的地方:其一,放淤地点的选择。淀北区域地势要高于塌河淀,因此洪水入进水闸时要提高水位才能导入淀北,成为三角淀决口的原因之一。其二,即放淤时间的选择。整理海河委员会没有征收农民土地,为了不影响农业生产,采取"一水一麦"的放淤和耕种方式,也就是伏汛放淤,水干涸后播种春麦,来年麦收后再行放淤。但是永定河每年有春汛、麦黄汛和秋汛三季,前两汛分别在3月和6月,此时小麦仍未成熟,种麦多在秋分,而伏汛结束常在寒露,故影响播种。为保证海河不致淤塞,整理海河委员会无法实施"一水一麦"的放淤方式,放淤纠纷也就无法解决。

委员会建议永定河春汛迟至4月底,放淤闭闸时间可以在清明(4月6日);麦黄汛一般在6月初,则开闸时间定在小暑(7月7、8日);秋汛撤防一般在秋分(9月23、24日),闭闸时间可定在处暑(8月23、24日)。[③]前后

① 华北水利委员会:《接收海河治标工程报告》,《华北水利月刊》1935年第8卷第3/4期。

② 徐世大:《海河放淤之根本问题》,《华北水利月刊》1935年第8卷第3/4期。

③ 华北水利委员会:《接收海河治标工程报告》,《华北水利月刊》1935年第8卷第3/4期。

共计有3个月放淤的时间，可以减轻海河淤塞之患，如果再选定第三放淤区则放淤成果会更佳。

当然最紧急之事是要将二十二号房子和屈家店决口堵筑，以及实施唐家湾涵洞工程、疏浚放淤区新引河、培修新引河两堤、培修分界堤等各项工程。[①]由同成公司承包，自1935年5月17日开工至28日全部竣工，工程费和其间防汛费用共计8033.56元。[②]仍决定临时疏浚中泓，由河北省建设厅办理，7月初旬竣工，时值伏汛开始放淤，至10月3日结束。嗣后还有新开河泄水闸工程、金钟河泄水渠工程于10月初开工，12月间相继完工。至于引清水回海河工程，耗费巨大而效力甚微，决定停办。1936年继续完善各项放淤工程，如继续疏浚三角淀中泓河漕、修筑中泓南堤、放淤区导水工程、修补各处涵洞等工程，才使得放淤顺利进行，同时又实施金门闸放淤工程。（见表4-14、图4-23）

表4-14　华北水利委员会办理各项放淤工程

工程名称	工程地点	工期	承包公司	款项（元）
新开河泄水闸	欢坨北	1935年10月17日—12月22日	耀记营造厂	107000.00
中泓南堤滚水坝	大刘家堡	1936年4月27日—6月20日	同成公司	89076.75
二十二号房子滚水坝涵洞	二十二号房子	1935年5月22日—7月2日	乾泰公司	73852.00
修理二十二号房子涵洞	二十二号房子	1936年6月1日—6月20日	本会	966.13
屈家店涵洞	屈家店	1935年5月17日—6月27日	永全公司	11349.00

① 华北水利委员会：《24年伏汛海河放淤工程计划书说明》，《华北水利月刊》1935年第8卷第5/6期。

② 华北水利委员会：《24年伏汛海河放淤工程施工报告》，《华北水利月刊》1935年第8卷第9/10期。

续表

工程名称	工程地点	工期	承包公司	款项(元)
修理屈家店涵洞	屈家店	1936年5月30日—6月30日	本会	1485.40
修理桃花寺涵洞	桃花寺	1936年6月4日—6月18日	本会	912.22
修理唐家湾涵洞	唐家湾	1935年6月6日—6月27日	振记工程处	1973.67
修理唐家湾涵洞	唐家湾	1936年6月3日—6月18日	本会	642.26
达子辛庄涵洞	达子辛庄	1936年6月20日—7月6日	本会	1168.94
修理达子辛庄涵洞	达子辛庄	1936年11月23日—12月7日	本会	189.65
三角淀南堤汛房	二十二号房子	1935年10月15日—11月12日	振记工程处	3551.30
中泓南堤汛房	大刘家堡	1936年8月2日—10月10日	胡德琨	3914.94
三角淀南堤培修	唐家湾至二十二号房子	1935年5月19日—6月29日	同义成公司	20531.17
培修分界堤	25号A桥至芦新河	1935年5月20日—6月20日	同义成公司	18094.54
修补分界堤	25号A桥至芦新河	1936年5月30日—6月25日	平成公司	4008.24
中泓南堤	桃园至屈家店	1936年4月28日—6月28日	同成/庆成公司	137408.46
中泓南堤木楗护岸	桃园至双口	1936年4月28日—6月28日	同成/庆成公司	30148.40
中泓北堤埽工	六道口至丁庄子	1936年6月26日—7月2日	傅宝元	2400.00
鱼坝口护村堤	鱼坝口	1936年6月18日—7月30日	河北省建设厅	15881.90

续表

工程名称	工程地点	工期	承包公司	款项(元)
金钟河临时泄水渠	欢坨东	1935年4月3日—5月5日	本会	3606.00
金钟河泄水渠	欢坨东	1935年10月11日—11月30日	鸿记公司	6679.92
培修新引河堤	进水闸至25号A桥	1935年5月16日—6月25日	育英公厂	2329.97
修新引河两堤埽工	进水闸至25号A桥	1936年5月30日—6月25日	平成公司	3880.11
淀北引水河	25号A桥至麻疙瘩村	1935年5月16日—6月25日	鸿兴公司	14649.68
挑挖淀北引水河	25号A桥至麻疙瘩村	1936年10月16日—12月15日	慎记公司	5796.97
疏浚中泓	于家堤至屈家店	1936年5月8日—6月28日	竣德土木/义兴	24479.69
中泓裁弯	汉沽港、鱼坝口、双口	1936年5月8日—6月25日	竣德土木/义兴	25734.41
卢沟桥导水	卢沟桥	1935年5月17日—5月28日	慎记公司	8033.56
放淤区导水	25号A桥附近	1935年5月16日—6月25日	鸿兴公司	6462.57
放淤区导水	25号A桥附近	1936年5月30日—6月28日	泉兴公司	8014.57
放淤区导水	25号A桥附近	1936年10月23日—11月28日	永立公司	3549.59
疏浚中泓	六道口至双口	1935年6月15日—7月7日	大林/永全/竣德土木公司	51572.00
总计	—	—	—	689344.01

资料来源:华北水利委员会编印:《海河放淤工程总报告》,1937年。

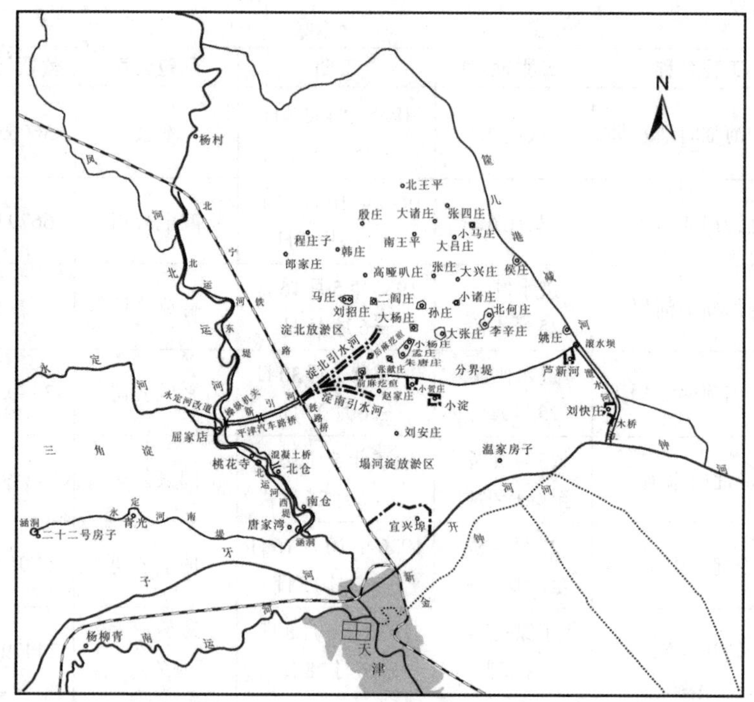

图4-23　华北水利委员会办理放淤工程示意图

资料来源:华北水利委员会编印:《海河放淤工程报告书》附图,1935年。

(三)海河放淤工程的效果

海河干流的泥沙主要来自永定河,当永定河汛期决口时,大量的泥沙会沉积在泛滥区域,下行至海河的泥沙也会减少。历史上永定河水灾非常频繁,文献记载清代北京地区发生了129次水灾,几乎平均每两年一次,其中有42次属于永定河水灾,18次为严重水灾。[①] 民国时期,永定河共泛滥成灾17次,平均两年左右发生一次。[②] 其中特大洪灾年份为1917年、1924年和1939年。

① 尹钧科、吴文涛:《历史上的永定河与北京》,北京:北京燕山出版社,2005年,第348页。

② 刘玉梅:《民国时期永定河的泛滥与治理》,《河北工程大学学报(社会科学版)》2010年第27卷第4期。

永定河决口后，洪水常常排入东、西淀等洼淀，加重了大清河系的洪水灾害，大量泥沙也会随之排入洼淀。如1924年洪水，按照永定河泄入大清河洪水量为5450万立方米，以平均含沙量8%计算，输沙量约为370万立方米，约占永定河输送至三角淀年均总沙量2700万立方米的14%。[①]

因此永定河决口后进入海河干流的泥沙也会大大减少。1924年7月海河水面含沙量为2.64千克/立方米，水灾发生后8月份水面含沙量减少为0.4千克/立方米，9月份则减少至0.26千克/立方米。其他两次大水灾时也发生了同样的现象，1917年7月海河水面含沙量为5.54千克/立方米，8月份减少为0.92千克/立方米，9月份减少至0.1千克/立方米；1939年7月海河水面含沙量为2.38千克/立方米，8月份减少为0.36千克/立方米，9月份减少至0.02千克/立方米。[②]这都与永定河下游堤坝决口有很大的关系。

从放淤工程的直接效果来看，以1932年伏汛首次放淤后地形变化为例，淤积自西至东减少，沿北宁铁路一带淤高了0.9米～1.2米，朱唐庄附

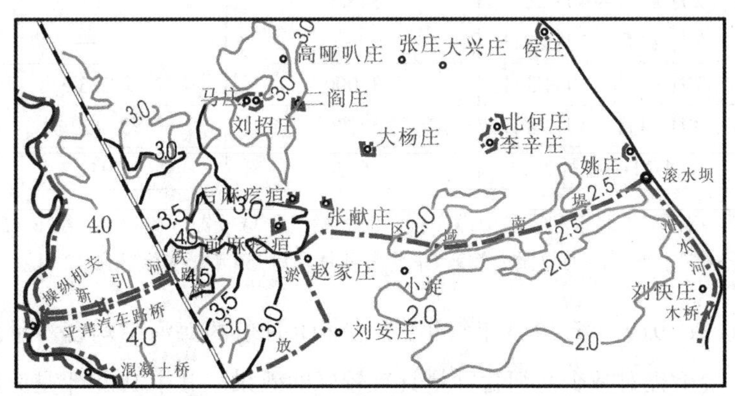

图4-24　1932年海河放淤前后地形变化图

资料来源：《整理海河治标工程进行报告书》附图，图中带数字黑色实线为放淤后地形等高线。

① 华北水利委员会编印：《永定河治本计划》第1卷，1933年，第139—140页。

② Hai-Ho Conservancy Commission. *Hai-Ho Conservancy Commission report for 1939*. 1940:41。卷宗号w1-1-117，天津市档案馆藏。

近淤高2.5厘米左右，朱唐庄以西则为清水，共沉积泥沙1330万立方米，是年伏汛过后海河增加深度1.5米～1.8米。（图4-24）

1932—1936年，永定河洪水向塌河淀地区放淤量为295354万立方米，泥沙沉积量达到4739.3万立方米。很大程度上抵消了永定河洪水对天津城市的威胁，同时也大大减少了永定河入海河的输沙量。（见表4-15）

表4-15　1932—1936年放淤情形

<table>
<tr><th>年份</th><th>放淤时间</th><th>放淤水量（万立方米）</th><th>沉积泥沙量（万立方米）</th></tr>
<tr><td rowspan="3">1932</td><td>7月1日—8月2日</td><td rowspan="3">54750</td><td rowspan="3">1330</td></tr>
<tr><td>9月10日—9月13日</td></tr>
<tr><td>9月15日—9月20日</td></tr>
<tr><td rowspan="4">1933</td><td>3月17日—4月11日</td><td>18000</td><td>110</td></tr>
<tr><td>6月17日—7月8日</td><td rowspan="3">86000</td><td rowspan="3">1850</td></tr>
<tr><td>7月12日—8月8日</td></tr>
<tr><td>9月25日</td></tr>
<tr><td>1934</td><td>2月25日—4月21日</td><td>34380</td><td>171</td></tr>
<tr><td rowspan="2">1935</td><td>2月27日—3月25日</td><td>—</td><td>—</td></tr>
<tr><td>7月15日—10月3日</td><td>33000</td><td>213.6</td></tr>
<tr><td rowspan="2">1936</td><td>3月19日—4月28日</td><td>22790</td><td>122</td></tr>
<tr><td>7月7日—9月24日</td><td>46434</td><td>942.7</td></tr>
</table>

资料来源：华北水利委员会编印：《海河放淤工程总报告》，1937年，第46—53页；高镜莹：《二十五年海河放淤成效》，《华北水利月刊》1936年第9卷第11/12期。

选取1919年至1943年每年3月份和8月份的海河平均含沙量做对比，放淤工程对减少海河含沙量具有较好的效果。其中1928年是海河淤塞程度最严重的年份，海河含沙量也最大，1929年和1930年为海河放淤前含沙量的平常年份。1932年8月份为7.67千克/立方米，9月份放淤后为1.03千克/立方米。[①] 1934年伏汛因永定河决口放淤停顿，海河8月份

①海河工程局编印：《海河工程局1928年报告书》，1929年，卷宗号w3-1-609，天津市档案馆藏。

平均含沙量复增为4.6千克/立方米。1935年华北水利委员会改造放淤工程之后,3月份和8月份海河平均含沙量趋于平稳。(见图4-25)

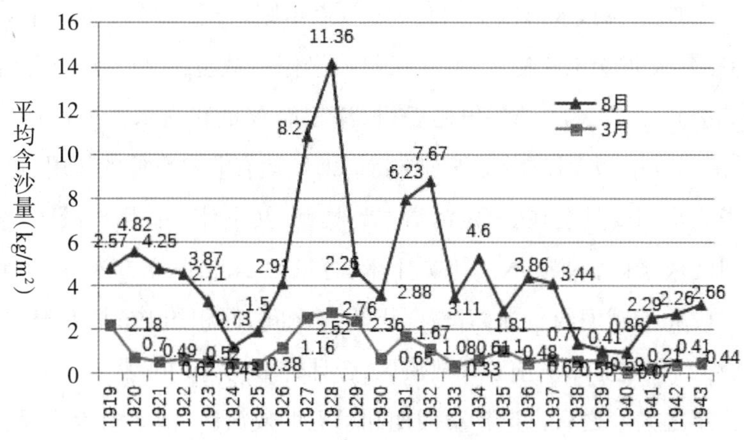

图4-25 1919—1943年每年3月和8月海河平均含沙量变化图①

海河自金汤桥至津港下游河段,为市内港码头分布区,因受到洪水的影响,1932年之前河道深度的变化比较剧烈。放淤工程开始后,这段河道深度变化渐趋平稳,1932—1936年,河道深度维持在4米左右,1937—1943年,河道深度维持在5米左右。(见图4-26)

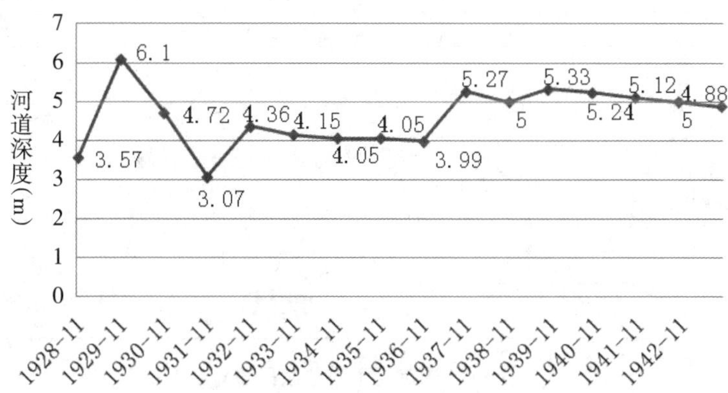

图4-26 1928—1943年每年11月海河金汤桥至津港下游河道深度变化图②

① 据海河工程局1928—1943年报告书所记录的海河含沙量数据整理。

② 据海河工程局1928—1943年报告书所记录的海河河道深度数据整理。

从进港轮船的吃水量也可以了解放淤工程的效果。1932年放淤之前河道深度变化比较剧烈，直接导致抵津船只数量和吃水深度的变化。1928年无吃水深度4米以上的轮船，1930年则增至528艘，1932年为18艘，1933年又增至139艘，1934年伏汛放淤停顿减至59艘。1935年经华北水利委员会改造放淤工程之后，抵津轮船数量和吃水深度都持续增长。[①]由此可见，海河放淤工程对维持海河航运有非常重要的作用。

华北水利委员会在《永定河治本计划》中又设计了备用放淤区：第二期塌河淀放淤区，约为96.38平方千米，容量为243.6兆立方米；筐儿港放淤区在筐儿港减河与青龙湾减河、七里海之间，面积约196平方千米，容量约为421兆立方米。前三期放淤区，合计容量约为1260兆立方米，可以维持百年之久。之后再选择第四期和第五期放淤区，即南山岭放淤区和新河放淤区，合计面积约400平方千米，容量约为560兆立方米。此外凤河下游洼地也可作为备选放淤区，面积约263平方千米，容量约为370兆立方米。[②]（见图4-27）

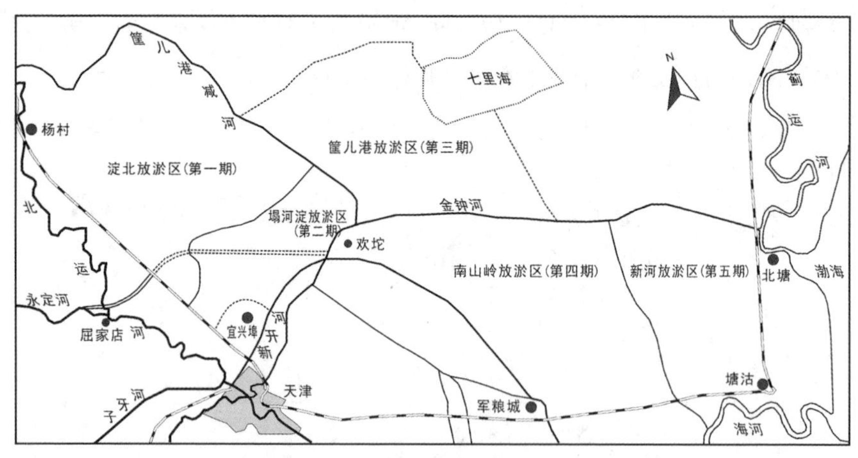

图4-27　永定河下游放淤区设计图

资料来源：《永定河治本计划》附图。

① 海河工程局编印：《海河工程局1940年报告书》，1941年，天津市图书馆藏。

② 华北水利委员会编印：《永定河治本计划》第2卷，1933年，第256—260页。

此外华北水利委员会考虑到改善中游两岸农田，又设计了20个两岸放淤区，北岸有鹅房、前辛庄、诸葛营、赵村、石垡、求贤村、押堤、贾家屯、王居、里埝、张庄、辛屯，南岸有长安城、东杨、官庄、河津、曹家务、贾家务、麻子庄、西镇放淤区。（见图4-28）

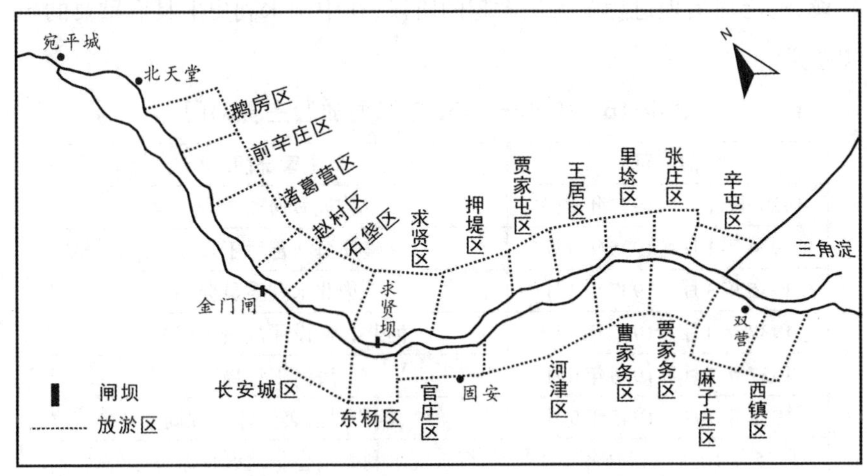

图4-28　永定河中游放淤区设计图

资料来源：《永定河治本计划》附图。

清代永定河下游全线筑堤，泥沙迅速在三角淀区域沉积，至民国时期泥沙急需再寻出路。放淤工程本是权宜之计，将永定河洪水引入塌河淀、淀北区域沉淀泥沙，当放淤区不能使用时，再寻找第三放淤区。但是在社会动荡、经费捉襟见肘的时期，解决洪水对天津的威胁，以及泥沙对海河航运困扰的问题，这项工程为首选的最有效措施。海河放淤工程陆陆续续经历了23年的时间，1955年官厅水库建成以后，永定河停止放淤，“放淤总量为9358万立方米，为1906年至1991年，共86年期间海河干流总疏浚量2600万立方米的3.6倍”[①]（见表4-16）。放淤工程在很大程度上减少了输入海河泥沙量，也改变了放淤区域的农田耕种方式。

① 张相峰、戴峙东：《对海河水系泥沙排放利用的认识》，《海河水利》1996年第6期。

放淤工程是介于中国传统水利与现代水利之间的发展阶段，在观念和技术上明显地呈现了转型特征。1949年之后，永定河上游开始建设大量不同等级的水库，如官厅水库、册田水库，等等，下游则开辟永定新河入海，从根本上解决了洪水和泥沙的问题。海河放淤工程是研究天津港口建设、永定河治理过程中无法逾越的阶段，在中国水利史上具有重要的历史意义。

表4-16　1929—1955年海河放淤主管部门

时　间	主管部门
1929年11月—1933年12月	整理海河委员会
1934年1月—1935年3月	整理海河善后工程处
1935年3月—1937年2月	华北水利委员会
1937年3月—1937年7月	河北省建设厅放淤工程处
1937年7月—1938年6月	海河工程局
1938年7月—1945年9月	伪建设总署天津工程局
1945年10月—1946年3月	行政院水利委员会华北区特派员办公处
1946年4月—1949年8月	海河工程局
1949年8月—1951年8月	华北水利工程局海河工程处
1951年9月—1952年7月	天津市人民政府代管海河工程处
1952年7月—1955年	天津区港务局

资料来源：《海河志》编纂委员会：《海河志·大事记》，北京：中国水利水电出版社，1995年，第64—96页。

五、海河流域的治理规划

华北水利委员会经过几年的地形测量和水文天气观测，发现海河流域处于季风气候区，雨量多集中在夏季，河流径流量在汛期与枯水期相差很大。发源于西山东麓的河流源短流急，而发源于西山西麓的河流源长且含沙量大，容易造成下游的淤积。因此委员会制定了三个治理方针：其一，上游地区减少地面和岸坡的冲刷，可以种植林木、改变土地利用方式，于山沟或支流处建拦沙坝，并导引浑水进行淤灌；其二，中游地区选择合适地段建造水库调节流量，并为灌溉、航运提供水源；其三，下游开辟渠道，联络航运，低洼地区可作为泄洪区。[①] 在三个治理方针的指导下，从整体海河流域出发，华北水利委员会相应编制了水利治理规划。

（一）《海河治本治标计划大纲》[②]

海河工程局自成立以来每年不停地治理海河航道，所谓的"三季挖泥一季撞凌"，但是解决淤塞问题效果不佳，挖泥船数月的清理成果，常常汛期一至昼夜间便功亏一篑，需再用数月的时间清理。大沽沙坝自然环境更为复杂，尝试建永久固定航槽的工程，因一次风暴而全毁，挖泥船只能维持现有航道通畅，洪水将上游泥沙冲刷至河口马上会淤高航道，洪水退后航道位置也随之发生改变。

海河畅通关乎华北商业的繁荣，华北水利委员会也开始筹划海河的治本和治标办法。委员会认为，海河工程局之所以不能有效地解决海河淤塞原因有三个方面：首先，其组织无所归属，治理不能上下游通盘考虑，治理河流应该自上游至下游统一治理，而海河工程局不受中国政府管辖，也无权涉足上游地区，只能经营海河一线；其次，工程设计不够科学，海河工程局开展的裁弯取直、永久固定航道的工程，都没有经过模型试验，其裁直后河槽的弯度、新航槽的走向以及导流堤的高度皆不能适应海河的自然特性，造成新河湾的淤积和永久航槽失败；最后，挖泥工作迟缓，现有挖泥船的平均年最大挖泥量约39万立方米，远远低于海河泥沙淤积量，因此每年花费巨款而效果甚微。

华北水利委员会根据观测数据和以往经验，于1931年制定了《海河治本治标计划大纲》，包括治本和治标两个层次。

1. 治本计划

海河之病在淤泥之猝然沉积，治本计划就是减少各河流的含沙量，汛期降低洪水的流速，枯水期增加海河流量，可从三个方面进行治理：

其一，减少含沙量。海河泥沙的上游来源中，永定河提供了4/7，因此

---

① 华北水利委员会：《十年来之华北水利建设》，《水利月刊》1936年第9卷第9/10期。

② 华北水利委员会编印：《海河治本治标计划大纲》，1931年，第7—15页。

着力治理永定河能够有效地减少海河含沙量。永定河上游为黄土区，且植被稀疏，极易被雨水冲刷，可以植树造林提高植被覆盖率，稳固黄土层。上游多暴雨致使永定河短时间内流速流量突增，可以在河道狭窄处建造低水坝，拦截洪水降低流速，水缓则沙沉。另外通过挑水坝等方式保护堤岸，防止河岸坍塌，可以减少河流的无常改道，再辅以沿岸挂淤方式自然增厚堤坝的厚度，据推算永定河两堤间可挂淤地约有13万余亩，按每次洪水可淤高5毫米计，则可减少淤沙约40万立方米。

放淤也是减少含沙量的有效办法，分为堤外放淤、洼地放淤和减河沿岸放淤三种方式。自卢沟桥至双营南北两堤各长90多千米，堤外可发展灌溉事业，以堤外2千米计算，可得到面积约390平方千米，每次放淤积水0.5米可不影响农作物生长。淤高2.5毫米，每年放淤1～3次，按平均一次淤高5毫米计算，可淤积190万立方米泥沙。洼地放淤，例如淀北和塌河淀放淤，等到这两处淤高后再向东推进，依次放淤。减河放淤即疏浚各大河的减河保持通畅，减少汛期上游洪水量。

其二，枯水期增加海河流量。海河最小流量纪录是1929年6月的70立方米/秒，而1月平均最小流量也仅有97立方米/秒，而此时含沙量也较高。如1928年为海河淤积最为严重年份之一，此年5月份平均流量为106立方米/秒，最小流量为92立方米/秒。如果在潮白河九松山和溪翁庄建造两个水库蓄水，在枯水期增加下游流量，可以增加河流冲刷力量。

其三，增加大沽口浅滩深度。大沽沙坝航道变化无常，每当上游丰水期则淤积，上游枯水期则冲刷。如1911年大沽浅滩深度最浅为0.2英尺（约0.06米），经海河工程局的历年挖泥工作，至1917年初增至8.1英尺～9.4英尺（约2.47米～2.87米），但大水之后则淤积至2.7英尺（约0.82米），海河工程局复努力疏浚，到1924年洪水又增至6英尺（约1.83米）。大沽沙坝冲淤变化很大，便有建永久固定航槽的工程，后被风暴摧毁。委员会认为，建造导水坝固定航槽是根本方法，只是要在模型试验的基础上，科学计算需要建导水坝的高度、材料以及航槽的宽度、弯曲度，等等，方能避免重蹈海河工程局的覆辙。

2.治标办法

委员会制定的治标办法是基于海河工程局现行的治理方法做进一步改进,有4种方案:其一,增加挖泥船的工作量;其二,改正河道弯度、宽度及加强护岸工作;其三,继续裁弯取直,将南开一段河道裁直后可缩短河道2海里(约3.7千米);其四,借清刷黄,即使淀北和塌河淀放淤泥沙沉积后清水复归海河。

华北水利委员会最后强调各项工程设计都需要经过水工试验详细的研究,才能取得较好的治理效果,否则会花费巨额财款,浪费巨大人力,而最后归于徒劳。

(二)独流入海减河计划

大清河为汇聚海河的五大河之一,其上游支流大多发源于太行山东麓,北自卢沟桥迤南,南至正定迤北诸河流,西北支流有琉璃河、挟活河、胡良河、北拒马河、马村河、南拒马河,入小清河,再汇大清河;西南支流有瀑河、漕河、府河、清水河、新唐河、老唐河、沙河、磁河,先入西淀,经赵王河至新镇入大清河。下游有西淀、东淀和文安洼自然蓄洪区,大清河抵独流镇附近入子牙河,直达海河。

大清河汛期时源短流急,下游泄洪不畅,还经常受到永定河的决口冲刷,因此西淀、东淀和文安洼常常泛滥成灾,以1924年大水为例,受淹面积达到5160平方千米。救济办法只有上游蓄洪,下游畅流,华北水利委员会认为上游没有适合之处建水库蓄洪,只能畅通下游入海通道。

顺直水利委员会制定《顺直河道治本计划》时,考虑到另辟永定河入海河道,曾筹划两条线路,北线自三角淀凿一河道过北运河,趋金钟河于北塘口入海;南线于三角淀西南筑一新沙涨地,自独流镇附近的第六埠处开一引河,过南运河,经行海河以南,别途入海。华北水利委员会则考虑到新辟沙涨地弊端太多不宜采用,但在第六埠开减河排泄大清河、子牙河、南运河洪水可以采用。

独流减河按照1924年洪水河水流量、水位标准设计其最大泄洪量为

1400立方米/秒，自第六埠建新式水闸后开渠，在独流镇与良王庄之间穿南运河后直趋东南，于小站南穿过马厂减河入渤海。并在减河与马厂减河相交处设置虹吸管道，使马厂减河穿过新渠，从而不影响小站稻田的灌溉。河道自上游至下游倾斜度设计为1/20000，河床两岸坡度为1/2，横截面最大流量为1400米/秒，最大水深为5.8米。

附属工程有南运河改道工程，拟将南运河由独流改道，至十一埠入西河，长约2千米，再由西河当城至上辛口开渠，复归南运河，长约3千米。西淀操纵机关工程，西淀之水经赵北口入赵王河，汛期时有赵王河倒流现象，因此在赵北口将桥拆除改建新式水闸调节水量。修理堤防，为保护文安洼、南运河与子牙河之间的隙地不受淹没，将大清河、西淀一带千里堤、南运河改道后堤坝，一律培高加厚。另辟牤牛河新道，自霸州南维民房起向东南另辟水道，至小马各庄入中亭河，而旧道堤坝一律清除，使霸州以西洪水迅速东下。独流减河计划预计4年完成，共需花费1549万元。

独流减河虽是大清河与子牙河的减河，但建成后不仅对西淀、东淀和文安洼等地区的防汛起到积极作用，而且也能够减少西河入海河的水量，对减轻海河负担以及大沽沙淤积有一定的作用。[①]

(三)《永定河治本计划》

《永定河治本计划》的主要目的有两个：一是防汛，避免周期性的决堤泛滥，减轻两岸居民、田地之苦；一是减少输入海河的泥沙含量，以繁荣津市商务。海河与永定河的治理是最急要务，因此华北水利委员会成立之初便开始讨论这两条河流的治本治标方案，并开展永定河北诸河上游的测量工作，为根治永定河及其他河流水患提供依据。[②]

各位水利专家纷纷发表见解。如李仪祉的《永定河改道之商榷》[③]一

① 华北水利委员会：《独流入海工程计划书》，《华北水利月刊》1930年第3卷第2期。

②《华北水利委员会第一次委员会会议纪要》，《华北水利月刊》1928年第1卷第1期。

③ 李仪祉：《永定河改道之商榷》，《华北水利月刊》1928年第1卷第1期。

文称救济海河,可一面责令海河工程局着力疏浚,一面进行治本大计;而永定河下游另辟通海路线,可利用顺直水利委员会所提南线,但要改道起点(固安)和入海位置详加研究。朱延平也论述了永定河治沙的根本方法,不外乎上游广造森林,在山地间筑梯湖蓄水,还有放淤之策;[①]而永定河下游另辟河槽则坚持北线方案。[②]还有人认为海河淤积其中原因之一就是海河沿岸居民开渠灌溉,致使流量减少无法冲刷泥沙,杨家场至葛沽一段为主要屯种区,开渠也最多,淤积也最严重,因此要统一规划灌溉,南北挖渠建闸,以及挖泥船清淤,可以解决海河淤塞问题。[③]

无论是怎样的治理意见,都需要有翔实的数据支持,因此华北水利委员会成立后即制定《调查永定河上游规范之大纲》[④],选派测量队实地测量,于1928年11月7日出发至1929年2月3日回津,历时3个月,行程600余千米,对永定河上游的地质、地形、支流、灌溉、雨量、河流径流量和含沙量、沙源等进行了详细调查,还对拟规划建水库地点开展了勘查工作,为制定治本计划奠定了坚实的基础。[⑤]《永定河治本计划》于1930年完成。

解决决堤泛滥有3种方法,即降低洪峰、分泄洪水、增加河道泄洪量;而防止海河淤塞,则非将与永定河隔绝不可。[⑥]依此治本计划大纲为:

1.拦洪工程

建官厅水库、太子墓水库。原拟在石匣里、官厅,以及官厅至三家店建造7个水库,后经实地测量改为在官厅和太子墓各建一水库。在官厅村南建一道混凝土重力式或拱形拦水坝,高27米,长111米,坝顶可以过水,溢道长90米。坝下设涵洞3座,上圆下方,底宽各6米,高各4.5米,设

---

① 朱延平:《华北水利初步设施蠡测谈论》,《华北水利月刊》1928年第1卷第1期。

② 朱延平:《对于永定河改道之我见》,《华北水利月刊》1928年第1卷第2期。

③ 张爽轩:《疏浚海河意见书》,《华北水利月刊》1928年第1卷第2期。

④ 须恺:《调查永定河上游规范之大纲》,《华北水利月刊》1928年第1卷第1期。

⑤ 华北水利委员会技术处:《永定河上游调查报告》,《华北水利月刊》1929年第2卷第3期。

⑥ 华北水利委员会编印:《永定河治本计划》,1933年,第10页。

有闸门。水库容量自坝顶高度计,约为3300万立方米,遇到大洪水时,当坝顶积水深3米时,其容量可至4600万立方米,以1924年洪水洪峰流量为准,可将5700立方米/秒,减至1200立方米/秒,将最高洪峰8000立方米/秒,减至2320立方米/秒,整项工程预计用款244万余元。

太子墓水库,选址在今北京市门头沟区太子墓村附近,建一道混凝土重力式滚坝,坝高48米,长189米,溢道长150米,并于坝底设置涵洞,按1924年洪水标准,连同官厅水库可将卢沟桥处洪水4900立方米/秒减至2040立方米/秒,最高洪水流量9800立方米/秒减至3700立方米/秒左右,共需款项443万余元。

2.减洪工程

改建卢沟桥操纵机关、修理金门闸。主要是改建卢沟桥原有减水坝为节制闸,设14孔,各宽8.2米,闸顶高度为大沽高程62.6米,闸身高3.6米,最高泄洪量为1500立方米/秒,共需费用50万元。

3.整理河道工程

整理堤防、约束河身。凡堤坝低矮、单薄处都要培厚增高,河湾处建挑水坝,并开挖引河导水于中泓,水流湍急处筑护岸设施防止坍塌,再将三角淀内河道固定,设涵洞以宣泄和放淤,需费用320万元。此外河道宽窄不一,宽泛处需要约束河身,设截留坝等设施,束水中流,约需要380万元。

4.整理尾闾工程

疏浚永定河口以下北运河,疏浚金钟河,培修堤岸。永定河尾闾,已由整理海河委员会和整理海河善后工程处办理淀北和塌河淀放淤,大部分清水复归海河,可以在筐儿港、南山岭和新河等区域推进。先要疏浚北运河、金钟河,以及培堤工程,需用费222万元。

5.拦沙工程

建洋河及其支流拦沙坝,建桑干河及其支流拦沙坝。在永定河上游洋河、东洋河、南洋河等支流的河道狭窄坡势陡峻处,分别建造3米~15米高的木石材料的拦沙坝,以增高水位,减小坡度,降低流速,减少冲刷至下游的泥沙量，约需用109万元。

6.放淤工程

北岸放淤，南岸放淤，建龙凤河节制闸，并疏浚永定河口以上的北运河。北岸自立垡至小京垡，约65千米，平均宽2900米，面积约189平方千米，分为12区；南岸自金门闸至双营迤下，长约55千米，平均宽3200米，面积约为178平方千米，分为8区。南岸各区依永定河南堤，三面筑矮堤，设引水闸、导水渠，由分水口导入放淤区，当积水深度为1米时，开泄水闸，北岸清水导入龙凤河入北运河，南岸清水导入大清河。两岸放淤既减少下行泥沙量，又可改良两岸土质。此项工程约需224万元。（见图4-29）

《永定河治本计划》并未提出修建通海减河，与顺直水利委员会和海河工程局的治理方案不同，华北水利委员会重在上游建造水库和拦沙坝进行拦沙蓄洪，中游下游放淤，既可解决永定河之弊病，又可改善农田，"若沙泥不淤积于河槽，而输出于下游，则海岸线扩展必速，而下游之受病更深，非改道之原意矣"[①]。

《永定河治本计划》各项工程预计共需花费2000余万元，其受益当也不小。若治本工程实施完成后，减少大清河流域、三角淀内水灾每年损失，以及节省永定河堵塞决口费用共计200多万元。放淤后永定河堤内、两岸外、龙凤河流域洼地可得到近93万亩土地，按每亩可值5元~10元计得利有800多万元，再加上下游沙涨地淤出地亩则获利更多。其间接利益是可以减少海河的含沙量，可使航运恢复至1925—1926年的状态，维持天津商埠的繁荣。为不浪费钱财，各项工程都应先经过水工试验后再精确设计，是科学治理水利的办法。[②]

（四）整理箭杆河和蓟运河计划

顺直水利委员会在苏庄建操纵机关后，挽归北运河水量为600立方米/秒，但是汛期时大部分洪水仍顺箭杆河下泄，导致宝坻县洼地受淹。

---

① 华北水利委员会编印：《永定河治本计划》第2卷，1933年，第271页。

② 华北水利委员会编印：《永定河治本计划》第2卷，1933年，第298—304页。

嗣后又制定了治理蓟运河计划，大致为在牛牧屯处建新式水闸，以泄积水，箭杆河改道工程及蓟运河裁弯取直工程。此外河北省政务视察员刘节之也撰写了《宝坻治河计划书》，后经王如恪实地考察，其主要内容为自香河县韦各庄东南箭杆河大堤起，就近凿通丘家桥箭杆河故道，再由宝坻西南窝头河杨家桥以西南岸开挖河道，东南行入七里海，经罾口河入蓟运河；展宽箭杆河上游堤坝；分泃河入鲍丘水，改鲍丘水为引河路线，消减蓟运河上游洪水量。李子芳撰写《宝坻县水利设计》，主张改消极防汛为主动办理水利，开常年引河，使水经年通畅以资灌溉；凿临时放水渠，汛期时引鲍丘水、青龙湾河等洪水以淤灌土地。总体来说，诸家方案皆在关注下游，未了解潮白河与蓟运河上游实际情况。[①]

汛期潮白河来水大，而箭杆河容量小，下游地势又平坦低洼，疏通展宽尾闾河道不切实际，因此在上游拦洪蓄水为最佳方案。其一，在潮白河上游九松山和溪翁庄附近分别建水库拦蓄潮河和白河洪水。其二，两水库所蓄之水，在旱季可以提供下游航运、灌溉以及发电之用。其三，整理水库至苏庄的潮白河河道，导洪水至苏庄，分由箭杆河和潮白新河下泄。其四，在箭杆河下游林亭口南建造第二蓄水湖，停蓄多余洪水。其五，恢复鲍丘水故道，导鲍丘水洪水入箭杆河。其六，导泃河入蓟运河，使过量洪水蓄停于青甸洼。其七，在蓟运河东、还乡河以西洼地建造第一蓄水湖，分泄蓟运河多余洪水。其八，蓟运河下游裁弯取直，通畅入海。其九，导还乡河入蓟运河，分泄洪水于第一蓄水湖。其十，改造七里海为第三蓄水湖，导青龙湾河洪水入第三湖，经金钟河入海。其十一，水库和蓄水湖之水可灌溉农田。其十二，洼地和农田皆应开凿排水渠道。[②]

华北水利委员会所制定的整理箭杆河和蓟运河计划，基于箭杆河和蓟运河上游、中游和下游系统地考虑治理方案，上游主要建造水库拦蓄洪

---

① 徐世大：《整理箭杆河蓟运河计划书（续）》，《华北水利月刊》1932年第5卷第11/12期。

② 徐世大：《整理箭杆河蓟运河计划书（续）》，《华北水利月刊》1933年第6卷第5/6期。

水，中游和下游主要利用洼地改建人工蓄水湖泊，畅通入海河槽，同时开展农田灌溉建设，变水患为水利。

（五）子牙河泄洪水道计划

子牙河主要支流为滏阳河和滹沱河，滹沱河也是一条含沙量较大的河流，二者在献县合流，以下至海河称子牙河，最大流量仅为400立方米/秒，汛期时子牙河无法容纳上游洪水，致使饶阳、深县、衡水和武强等地区泛滥成灾，面积达600多平方千米。1924年大水时，地面积水达七八米之深，总量约为9600万立方米，数月无法排泄，秋季绝收，春麦又无法下种。顺直水利委员会曾制定计划，在滹沱河上游南庄附近建造水库，但此地需迁移20个村庄，再加上购地、赔偿费有2000余万元，下游则开挖减河导水入捷地减河入海。然而未经试验考察，尤其滹沱河汛期含沙量大，对水库淤积程度未确定。

华北水利委员会经初步考察，针对下游畅流之道提出两条线路：一是自献县合流处另辟减河，东至南运河捷地减河，并展宽捷地减河，导水入海；一是疏浚献县以下子牙河至独流镇，入独流减河，并展宽独流减河。两项路线相比较，第一条线路最适宜。

以1923年洪水流量为标准，减河设计泄洪量为400立方米/秒，捷地减河加宽至750立方米/秒。减河具体位置自滹沱河与滏阳河汇合处起，向东经献县北，郭庄、淮镇、高川、山呼庄以南，穿南运河，入捷地减河，再将捷地减河裁弯疏浚，顺畅入海，共长155千米。附属工程为在减河起点和捷地建新式水闸调节水量，在减河入南运之北另辟航道，并建造船闸以便南运河通航。此外对减河、捷地减河及其与南运河连接处的堤坝须培厚增高。①

减河工程共需费用约1066万元，工程竣工后至少可免除每年水灾损失78多万元，献县、饶阳、深县、衡水、武强以及捷地减河两岸皆可消除水

---

① 华北水利委员会编：《子牙河泄洪水道工程计划书》，《华北水利月刊》1930年第3卷第9期。

患威胁。

（六）其他水利规划

上述5项规划是对海河水系主要河流的综合治理规划，上游下游统筹考虑，治标与治本相结合，对于海河水系的防汛起到指引作用，也对解决海河淤塞问题产生了积极的影响。除了这些规划外，华北水利委员会还制定了《河北省治河计划书》《疏浚卫河计划书》《浚疏松花江之意见书》《河南黄河水利初步计划书》《平津通航计划书》《津石运河计划》《永定河试办放淤工程计划》《疏浚永定河三角淀北泓计划》《疏浚永定河三角淀中泓计划》等。

为实施《永定河治本计划》，华北水利委员会进一步详细地设计了其附属工程，如《金钟河新开河间洼地排水及灌溉计划》《龙凤减河节制闸工程计划》《改正永定河中游增固工程计划》《洋河淤灌工程初步计划》《永定河治本工程太子墓水库初步计划》《金门闸南岸放淤工程计划》《官厅水库工程计划》，以及发展农田水利计划，如《永定河下游灌溉工程》《灵寿县灌溉计划》《崔兴沽灌溉试验场二十五年作业计划》等。

华北水利委员会还曾参与北方大港的设计和勘测工作。1937年七七事变后，迁往大后方，曾在广西、福建、四川等地参与水利规划和建设，如制定《整理柳江工程》《整理都江工程》《广西农田水利之勘测及设计》，等等。[①]

六、海河治理工程环境效益

近代，海河工程局、顺直水利委员会、华北水利委员会和整理海河委员会等水利机构，将治理范围从海河干流、天津周边水系，扩展到整个海河流域，从维持海河航道，到防洪抗旱、农田灌溉和港口建设等。笔者选取海河河道冲淤变化与海河河口航道变化，分析人为活动影响下的环境变化。

---

① 华北水利委员会编印：《华北水利委员会抗战期“中”工作报告》，1941年，第1—18页。

(一)海河河道冲淤变化

1.海河深度与含沙量、流量和潮差对比分析

水文观测数据以大沽高程为基准,选取海河金汤桥至租界码头段、河口段和大沽沙坝航道进行对比分析,其中航道深度数据1928—1938年为每年11月记录,1939—1943年为每年10月记录,10月和11月海河流量、含沙量和潮差强度变化不大,可计为一个时间段。这三段河道相对变化较大,可以看出海河冲淤变化的趋势。(见表4-17)

流量数据为原德国租界码头中间第13号测点,在落潮前2小时观测,每月记载最大流量、最小流量和平均流量,取1928—1943年同期年均流量数据。天津市内河道潮差强度数据,1902—1918年在理船厅测站观测,1919年下移至2.9千米处的海河工程局材料厂观测,涨潮时后者比前者低0.07米,落潮时后者比前者低0.12米。

河口处潮差自1904年开始记录,测站为北炮台。潮差指的是潮汐涨落过程中,海面的高(低)潮位与相继的低(高)潮位之差。自低潮位至其后相继的高潮位之差称涨潮潮差,自高潮位至其后相继的低潮位之差称落潮潮差。潮差的大小受到地形的影响,同一地点,因日、月、地相互位置不断改变,潮差也逐日变化,在一定期间内潮差的均值称为相应期间内的平均潮差。[①]

表4-17 1928—1943年海河航道深度变化

单位:米

时间	金汤桥至租界码头	大沽至深穴	大沽沙坝航道
1928年11月	3.57	8.41	5.46
1929年11月	6.10	6.25	5.18
1930年11月	4.72	5.88	5.18
1931年11月	3.07	6.11	4.72

① 河海大学《水利大辞典》编辑修订委员会编:《水利大辞典》,上海:上海辞书出版社,2015年,第394页。

续表

时间	金汤桥至租界码头	大沽至深穴	大沽沙坝航道
1932年11月	4.36	6.04	4.79
1933年11月	4.15	5.82	4.97
1934年11月	4.05	7.10	4.72
1935年11月	4.05	6.00	4.72
1936年11月	3.99	6.07	5.12
1937年11月	5.27	6.61	4.02
1938年11月	5.00	6.89	4.72
1939年10月	5.33	8.23	3.87
1940年10月	5.24	6.34	5.09
1941年10月	5.12	6.37	6.28
1942年10月	5.00	6.00	6.25
1943年10月	4.88	5.73	6.10

资料来源:海河工程局1928—1943年报告书。

在海河工程局治理海河之前,海河含沙量较大,1897年达到(1892—1943年)年均最高值4.53千克/立方米。1900年闭塞海河支渠后,海河流量增加。海河裁弯取直工程完成后,河道流程缩短,加大水面坡降,河道的冲刷增强。河水含沙量的变化渐趋平稳。但是永定河洪水输沙量极大,1928年汛期时,海河河道内泥沙量达到1377万立方米,海河自金汤桥至南开段河道普遍淤高0.6米~1.8米不等。① 其中永定河的输沙量贡献最大。1928年,海河的年均含沙量上升到2.64千克/立方米。因此,海河放淤工程最大的作用就是减少永定河的洪水输沙量,减少对海河干流的影响。

渤海湾的潮汐属于不规则半日潮,海河河口区,随着河流流速减缓,潮水作用大于河水作用,河口区的年均潮差变化不大。但是天津市内海

① 海河工程局编印:《海河工程局1928年报告书》,1929年,卷宗号w3-1-609,天津市档案馆藏。

河河段，因人为活动的加强，河道裁弯取直，部分河段宽度增加，再加上挖泥船三季清淤，因此，潮汐的强度也会受到影响。（见表4-18）

表4-18 1892—1943年海河年均含沙量、年均潮差和年均流量

年份	年均含沙量（千克/立方米）	市内年均潮差（米）	河口年均潮差（米）	特一区码头年均流量（立方米/秒）
1892	1.63	—	—	—
1893	2.41	—	—	—
1894	2.83	—	—	—
1895	3.28	—	—	—
1896	3.59	—	—	—
1897	4.53	—	—	—
1898	2.44	—	—	—
1899	1.06	—	—	—
1900	0.26	—	—	—
1901	0.50	—	—	—
1902	0.83	0.24	—	—
1903	0.85	0.41	—	—
1904	0.75	0.41	1.90	—
1905	0.87	0.61	2.12	—
1906	0.73	0.66	2.20	—
1907	0.60	0.61	2.14	—
1908	1.22	0.54	2.17	—
1909	0.69	0.72	2.11	—
1910	1.33	0.88	1.98	—
1911	2.02	0.66	2.06	—
1912	1.20	0.59	2.01	—
1913	0.91	0.77	1.93	—
1914	0.75	0.83	1.95	—
1915	2.12	1.12	1.97	—
1916	1.66	1.37	2.06	—
1917	0.93	0.70	1.97	—
1918	0.92	1.07	2.10	—

续表

年份	年均含沙量（千克/立方米）	市内年均潮差（米）	河口年均潮差（米）	特一区码头年均流量（立方米/秒）
1919	0.97	1.44	2.10	—
1920	0.68	1.73	2.19	—
1921	0.53	1.76	2.24	—
1922	0.63	1.57	2.19	—
1923	0.55	1.75	2.24	—
1924	0.53	1.29	2.24	—
1925	0.46	1.38	2.23	—
1926	0.54	1.82	2.22	—
1927	1.32	1.80	2.23	—
1928	2.64	1.33	2.17	179.30
1929	0.91	1.04	2.19	348.30
1930	0.47	1.43	2.09	232.70
1931	1.60	1.33	2.12	179.30
1932	1.86	1.12	2.12	232.90
1933	1.41	1.02	2.12	277.50
1934	1.34	1.02	2.11	247.36
1935	0.45	1.14	2.13	195.27
1936	0.88	1.27	2.08	165.40
1937	1.28	1.12	2.17	283.00
1938	0.45	1.08	2.14	338.33
1939	0.38	1.12	2.03	387.75
1940	0.12	1.71	2.14	300.75
1941	0.44	1.99	2.15	242.75
1942	0.47	1.94	2.14	244.00
1943	0.58	1.98	2.09	231.36

资料来源：海河工程局1928—1943年报告书。

1928—1932年，金汤桥至租界码头段河道的冲淤变化较大，其中1928年和1931年分别为淤积峰值，而1929年和1932年分别为冲刷峰值。1932年海河放淤工程实施后，又使海河河道深度增加，至1936年基本保持在4米左右的深度，1937年之后河道深度基本保持在5米左右。

河口段和大沽沙坝航道呈现此冲彼淤的变化，当河口段冲刷时大沽沙坝航道淤积，反之，河口段淤积则大沽沙坝航道处于冲刷状态，而大沽沙坝航道基本处于淤积状态。1928—1936年金汤桥至租界码头段与河口段也具有此冲彼淤的特点，但1937年之后则冲淤状态变化趋于一致。1928—1932年金汤桥至租界码头段河道流量与含沙量走势一致，说明在放淤工程之前永定河汛期流量增大将大量泥沙冲积到海河，1932年放淤工程之后，上游来沙减少，河道深度变化不大，也说明了放淤工程的防洪防沙作用；大沽沙坝航道深度与流量走势相反，上游流量增大时处于淤积状态，上游流量减少时处于冲刷状态。上游和大沽沙坝航道基本上表现出上冲下淤、上淤下冲的趋势。(图4-29)

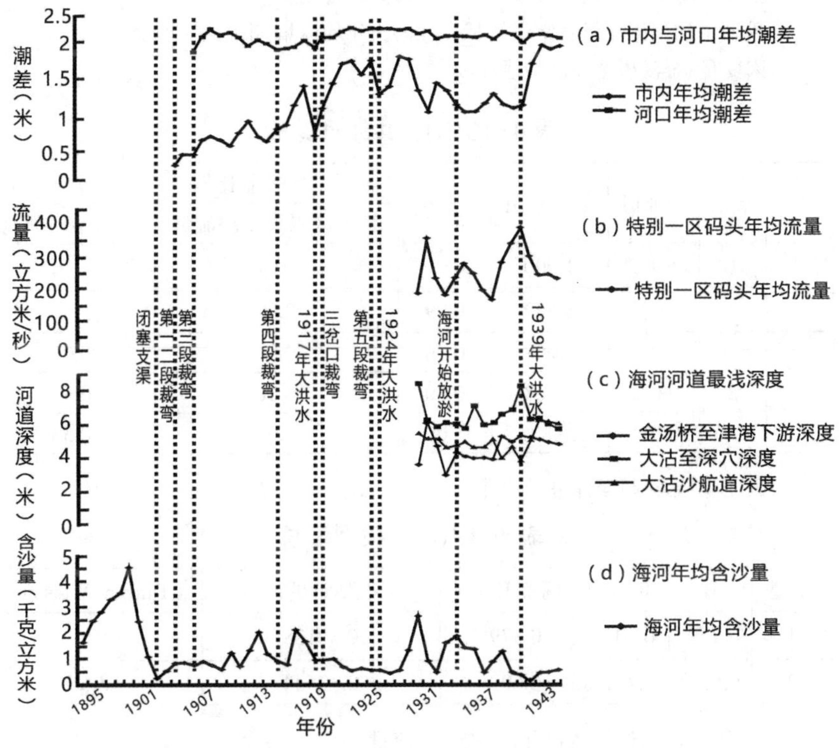

图4-29 河道深度与年均含沙量、流量和潮差强度

资料来源：海河工程局1923—1943年报告书。

2. 上游河道深度与流量、含沙量、潮差相关性分析

河道深度变化与流量、含沙量和潮差有一定的相关性，选取1928—1943年连续16年的年均流量、年均含沙量、市内年均潮差和金汤桥至津港下游最浅深度数据，利用SPSS18.0数据处理平台进行多元线性回归分析。（见表4-19）

表4-19(a) 已排除的变量

模型		Beta In	t	Sig.	偏相关	共线性统计量		
						容差	VIF	最小容差
1	年均含沙量	-0.322[a]	-1.905	0.079	-0.467	0.827	1.210	0.827
	市内年均潮差	0.371[a]	2.539	0.025	0.576	0.945	1.058	0.945
2	年均含沙量	-0.149[b]	-0.786	0.447	-0.221	0.578	1.732	0.578

a. 模型中的预测变量：(常量)，特一区码头年均流量。

b. 模型中的预测变量：(常量)，特一区码头年均流量，市内年均潮差。

c. 因变量：金汤桥至津港最浅深度。

表4-19(b) 共线性诊断

模型	维数	特征值	条件索引	方差比例		
				（常量）	特一区码头年均流量	市内年均潮差
1	1	1.972	1.000	0.01	0.01	
	2	0.028	8.352	0.99	0.99	
2	1	2.913	1.000	0.00	0.01	0.01
	2	0.072	6.368	0.00	0.36	0.41
	3	0.015	13.823	1.00	0.64	0.58

a. 因变量：金汤桥至津港最浅深度。

表4-19(c) 模型汇总

模型	R	R方	调整R方	标准估计的误差	Durbin-Watson
1	0.779[a]	0.607	0.579	0.50138	
2	0.859[b]	0.737	0.697	0.42544	1.966

a. 预测变量：(常量)，特一区码头年均流量。

b. 预测变量：(常量)，特一区码头年均流量，市内年均潮差。

c. 因变量：金汤桥至津港最浅深度。

表4-19(d) 方差分析

模型		平方和	df	均方	F	Sig.
1	回归	5.439	1	5.439	21.635	0.000a
	残差	3.519	14	0.251		
	总计	8.958	15			
2	回归	6.605	2	3.303	18.246	0.000b
	残差	2.353	13	0.181		
	总计	8.958	15			

a. 预测变量:(常量),特一区码头年均流量。

b. 预测变量:(常量),特一区码头年均流量,市内年均潮差。

c. 因变量:金汤桥至津港最浅深度。

表4-19(e) 系数

模型		非标准化系数		标准系数	t	Sig.	相关性			共线性统计量	
		B	标准误差	试用版			零阶	偏	部分	容差	VIF
1	(常量)	2.219	0.531		4.179	0.001					
	特一区码头年均流量	0.009	0.002	0.779	4.651	0.000	0.779	0.779	0.779	1.000	1.000
2	(常量)	0.857	0.701		1.223	0.243					
	特一区码头年均流量	0.010	0.002	0.866	5.924	0.000	0.779	0.854	0.842	0.945	1.058
	市内年均潮差	0.809	0.319	0.371	2.539	0.025	0.168	0.576	0.361	0.945	1.058

a. 因变量: 金汤桥至津港最浅深度。

通过逐步法发现年均含沙量与其他变量存在共线关系,将其排除,金汤桥至津港最浅深度为因变量,年均流量、市内年均潮差为自变量。R2=0.737,DW=1.966>1.54通过检验,t=2.539>2.160通过检验,F=18.246>2.515通过检验,容许度Tol=0.945可以接受,建立二元线性回归模型:

$$y = 0.857 + 0.10x_1 + 0.809x_2$$

其中，y 表示金汤桥至津港最浅深度，x_1 表示特一区码头年均流量，x_2 表示市内年均潮差。

通过回归结果可知，天津市港区河段（金汤桥至津港）的河道深度与年均流量和年均潮差有相关性，与年均含沙量没有相关性。

总之，1928—1943年间，河口段和大沽沙坝航道基本是此冲彼淤相对变化，即河口段冲刷时大沽沙坝航道淤积，河口段淤积时则大沽沙坝航道处于冲刷状态。1928—1936年金汤桥至租界码头段和河口段也具有此冲彼淤的特点，但1937年之后则冲淤状态变化趋于一致，主要原因在于1936年后海河放淤工程发挥了作用，拦截了永定河大量的洪水泥沙。大沽沙坝基本处于淤积状态，大沽沙坝航道有逐渐向南摆动的趋势，如1939年大洪水过后，原来航道淤满，水流向南冲刷出一新航道，经日常挖泥，维护深度在6米～7米。

（二）大沽沙坝演变分析

海河河口宽300米，水深6米，流速减缓，潮汐往来，泥沙遂沉积于河口外一带，形成大沽沙坝（也称拦门沙）。大沽沙坝东端距河口11.5千米，其西端以外即深海，俗称“盖外”。由于水流和潮汐作用，在大沽沙上有一天然航道，长约4000多米，宽约46米，水深约3米，航道两侧水深仅仅0.6米～0.9米。轮船须循大沽沙坝航道才能进入海河抵津，然而这一航道变化靡常，时而淤积，时而改道，治理大沽沙坝航道成为海河工程局主要工程之一。

因潮汐与水流作用，大沽沙坝航道并不是一条顺直航路，自河口至盖外呈“S”形状。河口因潮汐冲荡成喇叭形，海风吹动海水，河水入海流速降低，形成河口浅滩，且风向与水流方向不同造成弯曲的河口段。河口段分弯曲前段和弯曲后段，弯曲前段自北炮台起，方向南东30°，长1.7千米，水深5米；弯曲后段方向北折为57°，长1.4千米，水深6米。此段落潮冲刷力量增大，与海河水流形成合力，冲刷浅滩。但渤海涨潮方向为北西，落潮方向为南东，强潮落潮平均方向为南东67°、流速1.2米/秒。落潮方向与河水流向不一致，且河水力量强于落潮力量，航道呈南刷北淤现象。河口段向东是深渊段，宽约500米，长6.6千米，分内外深渊。内深渊段河流力量甚强，长4.1千米；外深渊段方向东南64°，长2.5千米，落潮水流力量渐渐增强。再东为大沽沙段，也是最难治理的一段，海河水流力量消失，泥沙沉积于此段，汛期时甚至将深槽淤平，而后再借清水冲刷成新深槽。新航槽便向南移动，根据海河工程局观测，1937—1947年，大沽沙坝航道南移8次，计205.74米。[①]（见图4-30、图4-31、图4-32、图4-33）

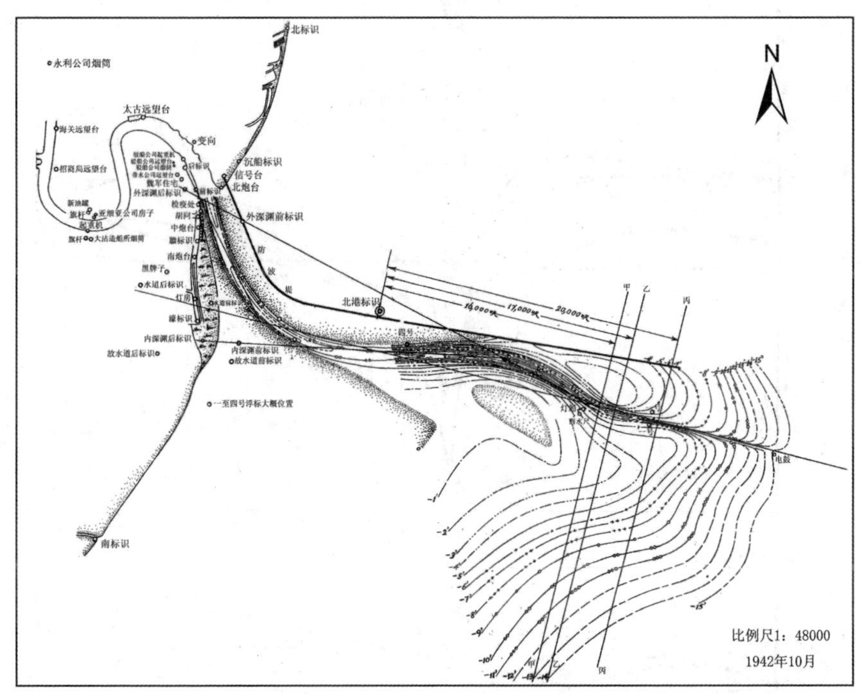

图4-30　1942年10月大沽沙坝情形图

资料来源：海河工程局编印：《海河工程局1942年报告书》附图，1943年。

① 周星笳主编：《天津航道局史》，北京：人民交通出版社，2000年，第54页。

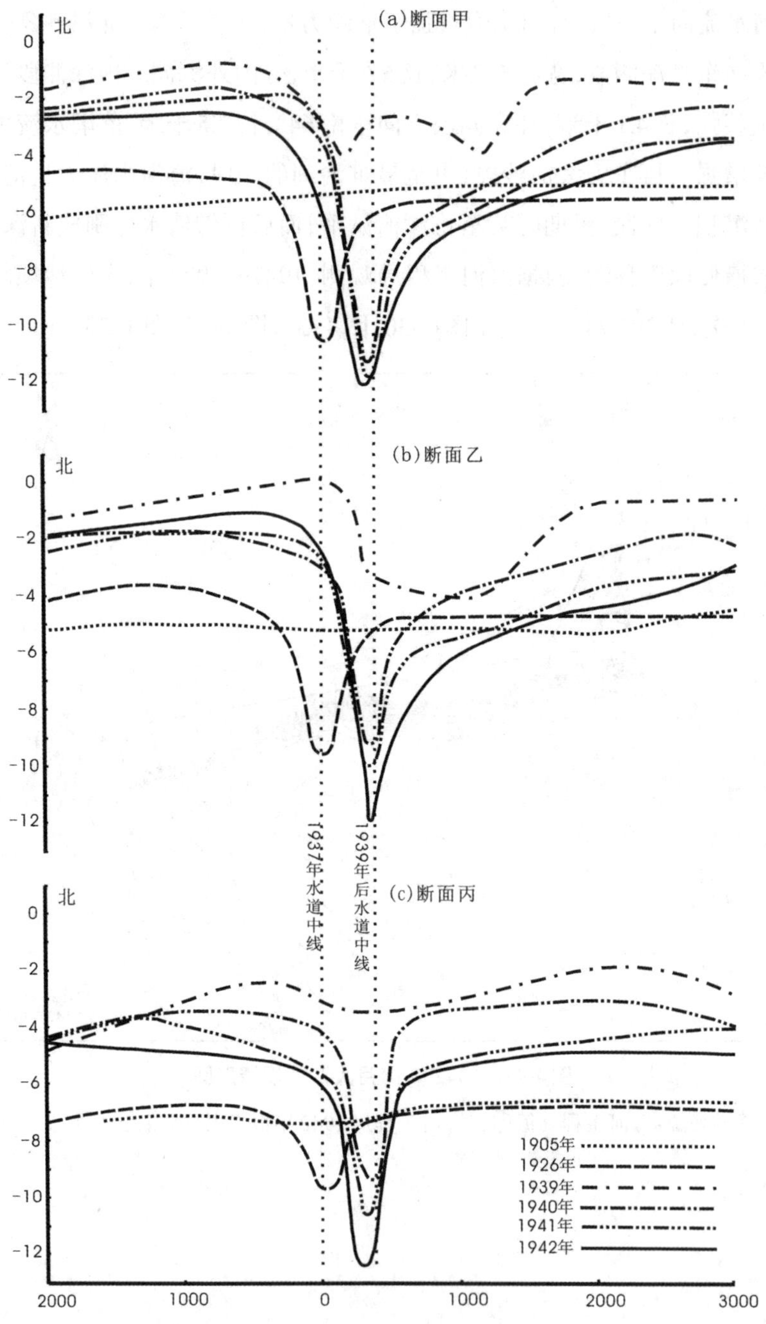

图4-31　大沽沙坝航道甲、乙、丙横断面图

资料来源：海河工程局编印：《海河工程局1942年报告书》附图，1943年。

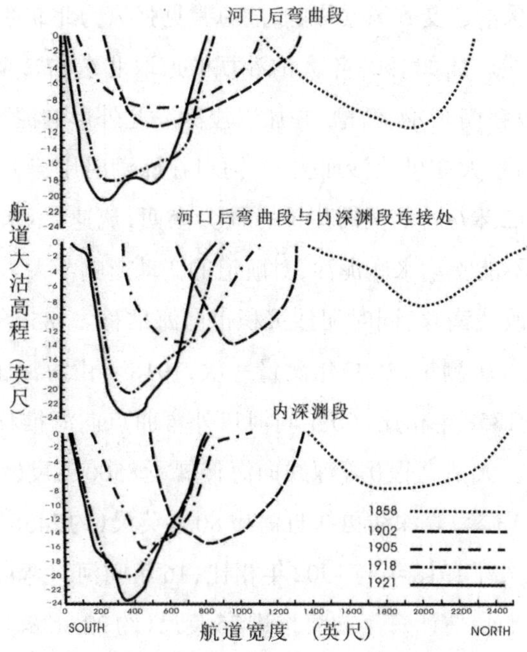

图4-32 1858—1921年河口至深渊段航道变迁

资料来源:历年海河工程局报告。

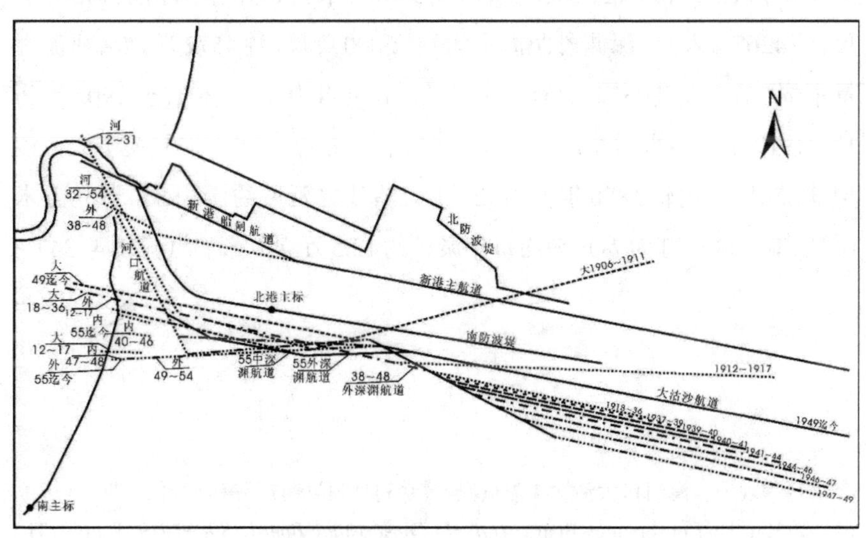

图4-33 1906—1949年大沽沙坝航道变迁示意图

资料来源:历年海河工程局报告。

大沽沙坝深槽还受到风暴影响，渤海常见强风为北北西方向，每遇风暴深槽必改新线。比如1903年大沽沙坝航道取北东67°，至1911年航道淤浅而放弃，改在南东84°新槽，并加以浚深。此外影响泥沙淤积的还有岸流，若岸流力量大亦可挟沙而去，海河口在涨潮时岸流方向为北西，流速0.5米/秒～0.2米/秒，落潮时岸流方向为南西，流速0.6米/秒～0.15米/秒。岸流力量不能吹动水底泥沙，对航道的变动影响不大。[①]

大沽航道改线南移，同时泥沙沉积也向海推移。1858年法国海军对大沽沙坝进行首次测量，1902年测量一次，1918年由海河工程局测量一次。1918年与1858年相比，60年间河口外弯曲点向海推移了3500英尺（约1066.8米）。大沽高程0等深线向海伸展了8500英尺（约2590.8米），而7英尺（约2.13米）等深线更接近海岸8000英尺（约2438.4米），等深线之间的坡度很大。1918年与1902年相比，16年间河口弯曲段凹进1000英尺（约304.8米），估计每年向海推进75英尺（约22.86米）。0等深线向外延展了13000英尺（约3962.4米），7英尺（约2.13米）等深线向海延伸7000英尺（约2133.6米）。1858年7英尺等深线内外相距20000英尺（约6096米），1902年相距31000英尺（约9448.8米），1918年则相距14000英尺（约4267.2米）。深渊段距海岸大约15000英尺（约4572米）处，河流力量最弱，航道受潮汐影响有一个夹角，1858年接近于30°，至1902年为17°，1917年大洪水后角度仅为8°。[②]徐世大根据海河工程局关于大沽沙坝冲淤记录，比较1858年值，1922年大沽沙之延展约淤积860万立方米（仅以南北两浮灯为界），平均每年淤积约13.5万立方米。[③]（见图4-34）

① 薛观瀛：《海河口大沽沙疏浚概况》，《水利月刊》1947年第15卷第1期。

② Hai-Ho Conservancy Board. *Hai-Ho Conservancy Board 1898-1919*. Tianjin: The Tientsin Press, 1919: 117-118.

③ 华北水利委员会编印：《永定河治本计划》，1933年，第143页。

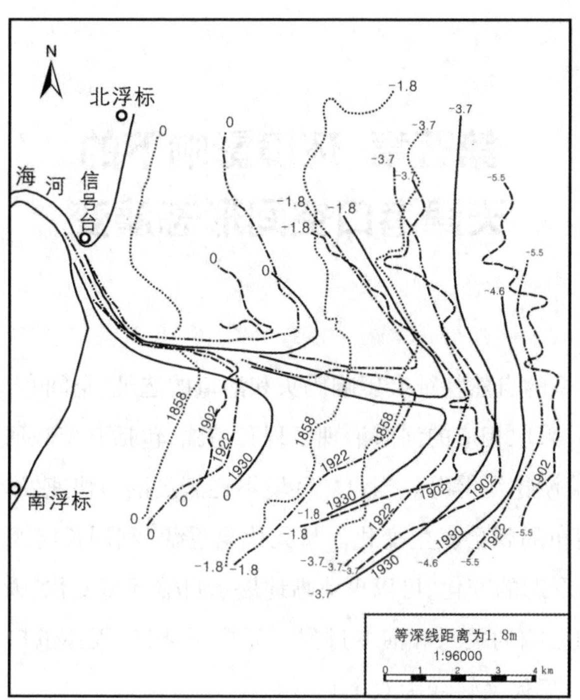

图4-34 1858—1930年大沽沙坝淤积示意图

资料来源:《永定河治本计划》附图。

第五章 环境影响下的天津港口空间形态演变

海河水系的自然特征会影响码头和港口的选址、空间布局，为了维持航运的顺畅，采取相应的河道治理工程和措施，包括开挖减河、培修堤防、建造闸坝、清淤挖泥等等。当自然环境不能满足港口快速发展时，港口和码头的空间布局就会发生变化。从元代至近代，利用长时间尺度分析天津港口空间形态的变化，可以更清晰地展示自然环境变化、人为活动与港口建设互相影响的关系和演变过程。元代至清代，天津港口从双中心演变为单中心，近代又转变为双中心形态。

一、元、明、清天津港口双中心到单中心的演变

（一）元代运河治理与天津双中心港的形成

1.元代以前漕运河道的形成与天津港口的出现

海河水系的形成、北方民族的交流，以及古代北京政治地位的上升，成为天津港口出现、发展的基础。自东汉末年，曹操开凿平虏渠、泉州渠和新河，沟通了滹沱河、泒水、潞河、鲍丘水、沟河和濡水，使独自入海的河流彼此沟通。隋代，朝廷构建了以洛阳为中心的运河网络，其中包括流进天津地区的永济渠。大业四年（608），隋炀帝北征高丽，为转输粮糈“诏发河北诸郡男女百余万开永济渠，引沁水，南达于河，北通涿郡”[①]。具体线路：引沁水至今淇县境内，循曹操所开凿的白沟故道达于临清（今河北临

① （唐）魏征等：《隋书》卷3《炀帝纪上》，北京：中华书局，1973年，第70页。

西县)，向东利用黄河故道经德州向北至东光进入清河，行至青县以北独流镇，利用平虏渠故道，北通涿郡。[①] 永济渠的开凿沟通了海河南北两系，水系结构基本定型。

唐代，海河水系有“三会海口”的记载。杜佑《通典》记载，渔阳郡“东至北平郡三百里，南至三会海口一百八十里”。唐代渔阳郡治所在渔阳，即今蓟州区，由蓟州区往南180里就是海河水系三大河流汇聚之地。三大河流就是当时的潞水、滹沱水和漳水。汇合处迤东70里入海口，就是今军粮城所在地。[②]

军粮城是唐代转输江南海运粮米至范阳、蓟州的海港。唐初，幽州地区经常受到靺鞨、奚、契丹等北方民族的侵扰，于是置范阳节度使驻守，“临制奚、契丹，统经略、威武、清夷、静塞、恒阳、北平、高阳、唐兴、横海等九军”，“理幽州，管兵九万一千四百人，马六千五百匹，衣赐八十万匹段，军粮五十万石”[③]。其兵力布局，经略军3万人在幽州城内，威武军1万人在檀州城内，清夷军1万人在妫州城内，静塞军1.6万人在蓟州城内，恒阳军3500人在恒州城东，北平军6000人在定州城西，高阳军6000人在易州城内，唐兴军6000人在莫州城内，横海军6000人在沧州城内。大量的军需给养多仰给于江南，最初，粮糈的运输仍循永济渠而行，但桑干河下游改道频繁、淤积严重，不利航运，因此人们自然就选择了海运。

《旧唐书》记载，开元十四年(726)“沧州大风，海运船没者十一二，失平卢军粮五千余石，舟人皆死”[④]。平卢即平卢节度使，治所在营州，统领1.75万人，马5500匹。下辖平卢军驻守营州、卢龙军驻守平州，还有榆关

---

① 永济渠“北通涿郡”的具体路线存在争议，笔者认为其自独流口折向西北，循永定河故道一派，经信安、永清、安次抵达涿郡。

② 学术界常谓漂榆邑为海河河口最早聚落，但常征考证漂榆邑实为河北省黄骅县乾符村，今从之。参见常征：《漂榆并非天津古邑落》，载刘志强、张利民主编：《天津史研究论文选辑》，天津：天津古籍出版社，2009年，第438—440页。

③ (后晋)刘昫等：《旧唐书》卷38《地理志一》，北京：中华书局，1975年，第1387页。

④ (后晋)刘昫等：《旧唐书》卷37《五行志》，北京：中华书局，1975年，第1358页。

守捉和安东都护府。把守着辽东进入华北的口径，镇抚室韦、靺鞨。由此可知，平卢节度使的军粮经海路运输，而范阳节度使的军需也大有可能由海运供给。《新唐书》记载，开元二十七年(739)“幽州节度使增领河北海运使”，至天宝元年(742)，“更幽州节度使为范阳节度使”。[①]河北海运事务归范阳节度使兼理。

姜师度也曾重开曹操所开泉州渠故道以运军需，“神龙三年(707)，沧州刺史姜师度于蓟州之北，涨水为沟，以备奚、契丹之寇。又约旧渠，傍海穿漕，号为平虏渠，以避海难运粮”[②]，“始厮沟于蓟门，以限奚、契丹，循魏武帝故迹，并海凿平虏渠，以通饷路，罢海运，省功多”[③]。渠道应从军粮城西向北，经武清县东，宝坻县西南，至香河县东入鲍丘水。姜师度开凿的平虏渠一是为了避开风险不测的海运，一是利用雍奴薮以避开桑干河对潞河下游严重的淤积，而且取得了很好的效果。

北宋、辽对峙时期，以今天的拒马河、白沟河、大清河、海河一线为界线，统称界河，并于界河南岸广置砦铺。同时自保定至海口，沟通河渠与洼淀，构建了一条塘泺防线，“自边吴淀至泥姑海口，绵亘七州、军，屈曲九百里，深不可以舟行，浅不可以徒涉，虽有劲兵，不能度也”[④]。海河的航运和港口的发展必然受到影响。宋真宗咸平五年(1002)三月，“西京左藏库使舒知白，请于泥姑海口、章口复置海作务造舟，令民入海捕鱼，因侦平州机事。异日王师征讨，亦可由此进兵，以分敌势。先是，置船务，以近海之民与辽人往还，辽人尝泛舟直入千乘县，亦疑有乡导之者，故废务。至是，令转运使条上利害。既而以为非便，罢之”[⑤]。因此，港口的建设受到了阻碍。

北宋庆历八年(1048)，黄河在商胡埽改道，经御河至天津与界河合流入海，直至金章宗明昌五年(1194)河决阳武，合泗入淮，致使海河河口向

---

① (宋)欧阳修等:《新唐书》卷66《方镇表三》,北京:中华书局,1975年,第1836页。

② (后晋)刘煦等:《旧唐书》卷49《食货志下》,北京:中华书局,1975年,第2113页。

③ (宋)欧阳修等:《新唐书》卷100《姜师度传》,北京:中华书局,1975年,第3946页。

④ (元)脱脱等:《宋史》卷95《河渠志五》,北京:中华书局,1977年,第2359页。

⑤ (元)脱脱等:《宋史》卷95《河渠志五》,北京:中华书局,1977年,第2365页。

渤海推移到今塘沽地区。当时浑浊的海口被称为“浊流口”“泥姑海口”，如《太平寰宇记》“乾宁军下”条：“御河在城南一十步，每日潮水两至。其河从沧州南界流入本军界，东北一百九十里入潮河，合流向东七十里于浊流口入海。水西通淤口、雄、霸等州水。”[①]说明宋代界河为半日潮河流，且潮水能够进入距海口130千米的乾宁军（今河北青县）城下。海口的东移造成了海河长度的增加，而且黄河松散的沉积物成为以后海河蜿蜒曲流的物质基础，潮汐的强度也会受到影响。从浊流海口循界河，西可至淤口（即信安军）、雄州和霸州，这条水路直到金代后期仍十分重要，“镇安〔信安县，元光元年（1222）升镇安府〕距迎乐堌海口（泥姑海口）二百余里，实辽东往来之冲。高阳公甫有海船在镇安西北，可募人直抵辽东，以通中外之意”[②]。

辽朝与北宋对峙，将距离界河最近的燕京上升至五京之一的陪都地位，驻守了大批军队。为解决燕京地区的军饷，从东京辽阳府和西京大同府转运粮米。其中辽东的粮米由海运至燕京，而海运的路线也不经界河口北上，通常是经蓟运河口，再经大龙湾河、小龙湾河，西北行至张家湾，循萧太后河至燕京。[③]

金朝统治着秦岭、淮河以北广阔的领土。海陵王又于天德五年（1153）迁都燕京，定为中都，成为一国首都。因此朝廷特别重视转运供应中都的物资，漕运系统得到较大的发展。最初漕运线路由御河北上至信安附近，再循永济河（卢沟河一派）西北可至中都。《太平寰宇记》“破虏军”记：永济河“自霸州永清县来，经军界下入淀泊，连海水”[④]。由于卢沟河水性无常，每到汛期会改道、淤积严重，不适合漕运，金章宗更改了运河线

① （宋）乐史等：《太平寰宇记》卷68《河北道·乾宁军》，北京：中华书局，2007年，第1380页。

② （元）脱脱等：《金史》卷118《移剌众家奴传》，北京：中华书局，1975年，第2576页。

③ 尹钧科：《北京古代交通》，北京：北京出版社，2000年，第89页。

④ （宋）乐史等：《太平寰宇记》卷68《河北道·破虏军》，北京：中华书局，2007年，第1381页。

路，此后基本稳定在今南运河、北运河一线，不再由信安附近折西北循卢沟河一派，而信安的漕运地位也随之下降。泰和五年（1205），“上至霸州，以故漕河浅涩，敕尚书省发山东、河北、河东、中都、北京军夫六千，改凿之”；六年（1206），令沿河各县官带“管勾漕河事”，以“俾催检纲运，营护堤岸”，而带“管勾漕河事”的县有三十四个：黎阳、卫、苏门、获嘉、新乡、汲、安阳、汤阴、内黄、大名、元城、馆陶、夏津、武城、历亭、临清、吴桥、将陵、东光、南皮、清池、靖海、兴济、会川，为御河一线；交河、乐寿、武强，在滹沱河一线；临漳、成安、滏阳，为漳河一线；潞、武清、香河、漷阴，为潞河（北运河）一线。[①]

《金史》记录了海河南系漕运状况，“金都于燕，东去潞水五十里，故为闸以节高良河、白莲潭诸水，以通山东、河北之粟”，又在滨河重要城市设置仓廒，“凡诸路濒河之城，则置仓以贮傍郡之税，若恩州之临清、历亭，景州之将陵、东光，清州之兴济、会川，献州及深州之武强，是六州诸县皆置仓之地也”，具体水路“其通漕之水，旧黄河行滑州、大名、恩州、景州、沧州、会川之境，漳水东北为御河，则通苏门、获嘉、新乡、卫州、濬州、黎阳、卫县、彰德、磁州、洺州之馈，衡水则经深州会于滹沱，以来献州、清州之饷，皆合于信安海壖，溯流而至通州，由通州入闸，十余日而后至于京师”。[②]主要利用黄河故道、御河、漳河、滹沱河等河流将河南、山东的粮米运至“信安海壖”，漕船不再经信安入永济河，于此集结之后折东循潞河北上通州，经闸河运至中都。

金代在“信安海壖”处，除了信安码头区外，还设有靖海县、柳口镇、直沽寨兼管漕运。靖海县，明昌四年（1193），以清州窝子口置。[③]柳口镇即今杨柳青，直沽寨在天津三岔河口地区，“完颜佐，本姓梁氏，初为武清县巡检。完颜咬住，本姓李氏，为柳口镇巡检。久之，以佐为都统，咬住副

---

① (元)脱脱等:《金史》卷27《河渠志》，北京：中华书局，1975年，第684页。

② (元)脱脱等:《金史》卷27《河渠志》，北京：中华书局，1975年，第682页。

③ (元)脱脱等:《金史》卷25《地理志中》，北京：中华书局，1975年，第601页。

之，成直沽寨”[①]。

金章宗改凿运河以前，漕运经御河抵信安，再东北行卢沟河。因卢沟河下游春冬季节水量很少，夏秋季节洪水迅猛，时常冲决改道，且淤积严重，漕船不宜航行，所以信安成为重要的转运码头。靖海县主要职责是“俾催检纲运，营护堤岸”，而柳口镇、直沽寨主要负责镇守和护卫工作。虽然在改行潞河之后，漕船仍在信安附近集结，但随着永济河与信安附近的淀泊渐渐淤废而衰落，元代以后河西务和三岔口则逐渐兴起。

2. 元代运河的治理与河西务的兴起

元太祖十年（1215），蒙古军攻克金中都，洗劫中都帑藏，金室宫阙亦遭兵燹。元世祖至元元年（1264），定开平为上都，“以阙庭所在，加号上都”，同时“诏改燕京为中都，其大兴府仍旧”。[②]燕京路遂改为中都路。建大都城，“至元四年（1267），城於中都路之东北为大都城”[③]。八年（1271）改国号为“元”，九年（1272），改中都路曰大都。大都城日益繁荣，聚集了大量的人口，中统五年（1264）4万户，14万口；至元八年（1271），11.95万户，42万口；至元十八年（1281），21.95万户，88万口；泰定四年（1327），21.2万户，95.2万口；至正九年（1349），20.85万户，83.4万口。[④]大量的人口聚集大都城中，粮食供应成为首要问题。元时大都的粮食主要仰仗江南，“元都于燕，去江南极远，而百司庶府之番，卫士编民之众，无不仰给江南”[⑤]。

元代由三条路线运输江南漕粮，“初，江淮岁漕米百万石于京师，海运十万石，胶、莱六十万石，而济之所运三十万石”[⑥]，分别是海运、胶莱运河

---

① （元）脱脱等:《金史》卷103《完颜佐传》，北京:中华书局，1975年，第2273页。

② （明）宋濂等:《元史》卷5《世祖纪二》，北京:中华书局，1976年，第99页。

③ （元）孛兰肹等撰，赵万里校辑:《元一统志》卷1《大都路》，北京:中华书局，1966年，第2页。

④ 韩光辉:《北京历史人口地理》，北京:北京大学出版社，1996年，第83—84页。

⑤ （明）宋濂等:《元史》卷93《食货志一》，北京:中华书局，1976年，第2364页。

⑥ （明）宋濂等:《元史》卷13《世祖纪十》，北京:中华书局，1976年，第273页。

和济州河。最初,江南漕粮经长江入淮河,再由黄河逆水至中滦旱站,陆运至淇门,入御河,以达于京师,既转运浩繁,又损失众多。至元二十年(1283),开凿济州泗河,即济州河,自淮至新开河,由大清河至利津,入黄河进海,因海口积沙壅堵,又开挖会通河,再开凿坝河、通惠河以接御河(又名卫河,即日后的南运河)。这样江南粮米由漕船经济州河、会通河、御河,再入通惠河,可直达大都城内积水潭。

北运河元代称潞河,河水自北而南至三岔口汇御河东入海,漕船逆水而上。潞河春冬少水干涸,夏秋洪水迅猛,堤坝很容易被冲溃,而且永定河一派又注入潞河,加重了其本身的泥沙淤积。元代朝廷必须每年花费大量的人力财力修护航道,才能维持漕运正常的运行。

(1)潞河的治理。连接通惠河与御河的潞河是较难治理的河段之一,“通州运粮河全仰白、榆、浑三河之水,合流名曰潞河,舟楫之行有年矣”。其中三段河道用力最多:

其一,李二寺至通州30余里河段,河道浅涩,经常因缺少水源而不能行船。至元三十年(1293)九月,漕司进言:“今春夏天旱,有止深二尺处,粮船不通,改用小料船搬载,淹延岁月,致亏粮数。”为解决水源问题,先是拟定于白河东岸吴家庄前,斜开小河二里许,引榆河水至深沟坝下,以通漕舟。但是经实地考察发现,因开凿通惠河已经尽收榆河上游地区的泉水,致榆河水量微小,“榆河上源筑闭,其水尽趋通惠河,止有白佛、灵沟、一子母三小河水入榆河,泉脉微,不能胜舟”。改为在吴家庄龙王庙前闭白河,再于西南开小渠,自坝河上湾引水入榆河。[①]

第二段是杨村至河西务,有35处河堤“随修随圮”,则都水监认为“盖用力不固,徒烦工役”的原因。其实因浑河一派于此段潞河相汇,而这35处河堤皆由苇草修筑,每年春汛、秋汛浑河洪峰一至,必将冲毁堤岸。每年都要使用大量人力、物力修筑堤坝,如大德二年(1298)筑堤“用苇一万九千一百四十束,军夫二千六百四十九名,度三十日毕”,“自寺洵口北至

① (明)宋濂等:《元史》卷64《河渠志一》,北京:中华书局,1976年,第1597页。

蔡村、清口、孙家务、辛庄、河西务堤，就用元料苇草，修补卑薄，创筑月堤，颇有成功”。[①]

可知当时堤坝系统比较完善，除主堤外又创设月堤，但也只是收一时功效，不能解决根本问题。如延祐六年(1319)十月，省臣进言：“漕运粮储及南来诸物商贾舟楫，皆由直沽达通惠河，今岸崩泥浅，不早疏浚，有碍舟行，必致物价翔涌。都水监职专水利，宜分官一员，以时巡视，遇有颓圮浅涩，随宜修筑，如工力不敷，有司差夫助役，怠事者究治。”[②] 又泰定四年(1327)八月二日，“河溢，坏营北门堤约五十步，漂旧桩木百余，崩圮犹未已”[③]。中书省批准修理堤岸，并向东岸展阔新河口，发动军士3000人、木匠10人等，计59937工。

此外这段河道曲流蜿蜒，且凹岸侵蚀和凸岸淤积速度快，于是管理者采取了裁弯取直工程。泰定三年(1326)三月，都水监言：“河西务菜市湾水势冲啮，与仓相近，将来为患，宜于刘二总管营相对河东岸，截河筑堤，改水道与旧河合，可杜后患。”于四年(1327)三月十八日开工，枢府派5000军士，大都路募夫5000人，每人每天支糙米5升、中统钞1两。由工部委官和前卫董指挥共同监工，六月十一日竣工。但仅仅两年之后，河道又过于弯曲，天历二年(1329)三月，漕司进言：“元开刘二总管营相对河，比旧河运粮迂远，乞委官相视，复开旧河便。”于四月九日开工修浚旧河道，派7000军士。由兵部员外郎邓衡、都水监丞阿里、漕使太不花等监工，因入冬天寒作罢。第二年，又在附近募民夫3000人，每人每天支糙粳米3升、中统钞1两。[④]

第三段就是三岔河口。每年汛期浑河、滹沱河及漳河挟带的大量泥沙淤积在浑河尾部以及潞河下游河段，当河水进入三岔口河道，水流速度减缓，且一日两潮的海河受潮汐顶托，大量的泥沙沉积于此，妨碍漕船的

---

①（明）宋濂等：《元史》卷64《河渠志一》，北京：中华书局，1976年，第1597页。

②（明）宋濂等：《元史》卷64《河渠志一》，北京：中华书局，1976年，第1598页。

③（明）宋濂等：《元史》卷64《河渠志一》，北京：中华书局，1976年，第1599页。

④（明）宋濂等：《元史》卷64《河渠志一》，北京：中华书局，1976年，第1599页。

通行。同时三岔河口又是元代海运船只转卸河漕船只处，因此朝廷对三岔河口的疏浚也十分重视。

元英宗至治元年(1321)正月，漕司奏："夏运海粮一百八十九万余石，转漕往返，全藉河道通便，今小直沽汊河口潮汐往来，淤泥壅积七十余处，漕运不能通行，宜移文都水监疏涤。"这次疏浚工程，各机构还有一番相互推诿，工部议"时农作方兴，兼民多艰食，若不差军助役，民力有所不逮"，而枢密院说"军人不敷"。中书省最后决定"若差民丁，方今东作之时，恐妨岁事。其令大都募民夫三千，日给佣钞一两、糙粳米一升，委正官提调，验日支给，令都水监暨漕司官同督其事"。[①] 工程才于四月十一日开始，至五月十日竣工。

由于潞河的自然特点，河西务以上至通州经常水浅难以载舟，漕船无法上行，河西务则成为漕船的停靠处，元朝也不遗余力地建设河西务码头。

(2)河西务港的兴起。古代河港除了有供应停船的码头、管理机构外，还应有储存货物的功能，运河岸边的粮仓集聚区便是古代河港的重要标志。元朝设置了3个大型存储粮米的仓库区，分别在大都城、河西务和通州。大都城置22仓，河西务置14仓，通州置13仓。由下表可知，河西务粮仓存储容量共2262500石，与通州仓容量相类，也就是说每年漕运三四百万石粮米，最多有一半要在此存放后转运至通州或大都，河西务港口的功能不可小觑。[②](见表5-1)

① (明)宋濂等:《元史》卷64《河渠志一》，北京:中华书局，1976年，第1598页。

② 两书记载有出入，大都城仓中，《大元仓库记》未记惟亿仓、积贮仓、相因仓、顺济仓；河西务仓中，《元史》记为丰储仓，《大元仓库记》记为丰备仓；通州仓中，《元史》记为广丰仓、有年仓、及衍仓、富储仓，《大元仓库记》记为庆丰仓、南狄仓、德仁府仓、林舍仓。

表5-1　元代大都、河西务和通州粮仓情况

仓址	仓名	建置时间	间数	容量(万石)
大都	万斯北仓	中统二年(1261)	73	18.25
	万斯南仓	至元二十四年(1287)	83	20.75
	千斯仓	中统二年(1261)	82	20.5
	永平仓	至元十六年(1279)	80	20
	永济仓	至元四年(1267)	73	20.75
	惟亿仓	皇庆元年(1312)		
	既盈仓	皇庆元年(1312)	82	20.5
	大有仓	皇庆元年(1312)	80	20
	屡丰仓	皇庆元年(1312)	80	20
	积贮仓	皇庆元年(1312)		
	丰穰仓	皇庆元年(1312)	60	15
	广济仓	皇庆元年(1312)	60	15
	广衍仓	至元二十九年(1292)	65	16.25
	大积仓	至元二十八年(1291)	58	14.5
	既积仓	至元二十六年(1289)	58	14.5
	盈衍仓	至元二十六年(1289)	56	14
	相因仓	中统二年(1261)		
	顺济仓	至元十九年(1282)		
	通济仓	中统二年(1261)	17	4.25
	广贮仓	至元四年(1267)	10	2.5
	丰润仓	至元十六年(1279)	10	2.5
	丰实仓	至元四年(1267)	20	5
河西务	永备南仓		80	20
	永备北仓		80	20
	广盈南仓		17	17.5
	广盈北仓		17	17.5
	充溢仓		70	17.5
	崇墉仓		70	17.5
	大盈仓		80	20

续表

仓址	仓名	建置时间	间数	容量(万石)
	大京仓		60	16.25
	大稔仓		70	17.5
	足用仓		50	12.5
	丰储仓		50	12.5
	丰积仓		50	12.5
	恒足仓		50	12.5
	既备仓		50	12.5
通州	广储仓		80	20
	盈止仓		80	20
	及秭仓		70	17.5
	乃积仓		70	17.25
	乐岁仓		70	17.5
	广丰仓		70	17.5
	延丰仓		60	15
	有年仓			
	富有仓		100	25
	足食仓		70	17.5
	富衍仓		60	15
	及衍仓			
	富储仓			

资料来源:《元史》卷85《百官志一》;《大元仓库记》,民国雪堂丛刻本。史书未记河西务仓、通州仓设置时间,应早于至元二十四年(1287)都漕运司的设立。

元代选择河西务为大型仓储区,应该是潞河水性所致。前文已述,潞河下游由于与浑河一派合流,有三段最难治理的河道,一是李二寺至通州30余里河段,二是杨村至河西务段,三是三岔河口。河西务正处于大都与三岔河口中间的位置,且此处河道相对稳定,御河漕船与海运转驳船,经三岔河口、杨村,可至河西务卸船暂存粮米,等到李二寺以上河段水盛时再循通惠河转运至通州和大都城，河道浅涩时就车载陆运。河西务的漕运势必骤然繁重。元朝采取以下措施应对：

首先，提升河西务的建制级别，至元十三年（1276）八月，升漷阴县为漷州，迁治于河西务，下辖武清、香河二县。直到至正元年（1341）四月，罢漷州河西务。[①]州治级别存在了65年的时间。

其次，至元二十四年（1287），在河西务设置都漕运使司，管理御河上下，自济州、东阿直到直沽、河西务、李二寺、通州等处水陆趱运，接运海道粮斛，以及各仓收支事宜。同时别设提举司管理河西务至大都陆运车站，可由陆路转运漕粮。

至于粮米的装卸交割还有一套严谨的制度。使司站车到各个码头仓库搬运漕粮，"先将半印勘合支簿开发都漕运使司收管，然后押印勘合关文开列所运粮数，分付押运官赍擎，前去都漕运使司投下，比对原发半印号簿相同，都漕运使司亦同勘合"[②]，再到仓库支拨交装。押运官需细心收管，凭借京畿都漕运使司照会到各仓搬运漕粮，押运官用心看防车户搬运，若有短少，随即追赔，并取押运官招伏治罪。每十日一次，各司具实交装，并到仓收讫数目，申部呈省。各仓收支、挑倒粮斛关防等事，都由使司依户部照例管理，并"令各仓每月一次结转赤历呈押，毋致作弊违错"[③]。河西务不仅濒临运河，元代还设有车站转运漕粮，水陆相接十分繁忙。元人诵诗《河西务》[④]赞叹其繁忙的景象和在漕运中重要的地位："驿路通畿甸，廒仓俯漕河。骑瞻西日去，帆听北风过。燕蓟舟车会，江淮贡赋多。近闻愁米价，素食定如何。"

3.元代漕粮海运与海港的选址

虽然京杭大运河开通对漕运江南米粮起到了巨大的作用，但是运河各段的水性不一、地势高低不同，北方水源少不能载舟，主要依靠堰坝水

---

①（明）宋濂等：《元史》卷40《顺帝纪三》，北京：中华书局，1976年，第861页。

②（元）赵世延：《大元海运记》卷上，民国雪堂丛刻本。

③（元）赵世延：《大元海运记》卷上，民国雪堂丛刻本。

④（元）傅若金撰：《傅与砺诗集》卷4《河西务》，民国嘉业堂丛书本。

闸节制水流，次第行船，转输劳苦甚繁，“劳费不赀，卒无成效”。于是元朝政府尝试开拓海运漕粮。海运分为春夏两次，每年输入大都多至300万余石，“民无挽输之劳，国有储蓄之富，岂非一代之良法欤”。[①]

至元十九年(1282)，伯颜以海运图籍成功之事请于朝廷，遂命上海总管罗璧、朱清、张瑄等，造平底海船60艘，运粮4.6万余石，从海道至京师。由于风信失时，第二年才到达直沽。至元二十年(1283)，置海道运粮万户府，秩为正三品，掌管每年海道运粮供给大都。朱清、张瑄、殷明略等人开辟了三条航线，沿海岸线北上到深海航线，从平江路刘家港放洋，北上入界河口，到直沽交卸。

海运漕船经海河口上溯，原定要在杨村码头或河西务交卸粮米，但是潞河航道不能满足海船行驶的条件，因此就在三岔河口的直沽交卸。如至元二十年(1283)三月，初次试验行驶时，经由登州放莱州洋方到直沽，因内河浅涩就于直沽交卸。至元二十一年(1284)，“禁治运粮船只总押送官到河西务等处下卸粮斛毕，往往赴都求仕”[②]，说明当河道条件好时，海船也能行驶到河西务，然而自此以后就稳定在直沽交卸，直沽成为海运的终点，河西务不具备通海河港的功能。

明代天津整饬副使胡文璧在《求志旧书》中写道：“元统四海，东南贡赋集刘家港，由海道上直沽达燕都，舟车攸会，聚落始繁，有宫观、有接运厅、有临清万户府，皆在大直沽，去今城东十里许，废寺中有至元间碑，柳贯、贡师道、危素所撰，颇载其概。沿直沽而北为丁字沽，取水形象丁字也。又北为仓上，为南仓、为北仓，元朝储积之地，时移物换，旧名仍存。”[③]可知元代将接运厅、临清万户府设于大直沽，在今北仓附近设仓廒。“接运厅，在大直沽，去城东南十里许，元建，每岁春夏，漕运官运粮达直沽交受

① (明)陈全之:《蓬窗日录》卷3《海运论》，上海：上海书店出版社，2009年，第154页。

② (元)赵世延:《大元海运记》卷上，民国雪堂丛刻本。

③ (清)薛柱斗、(清)高必大纂修:《天津卫志》卷4《艺文志下·求志旧书》，康熙十七年(1678)补刻本。

时，遣官二人按临监护，此为驻节之所”，“临清万户府，在大直沽，元运粮万户官廨也，后至元间，接运厅毁于火，接运官尝借居于此”。[①]

直沽也称小直沽、三岔河口，金代置直沽寨，元代置海津镇，明代卫城所在。大直沽即今海河东岸大直沽，距三岔口十余里。[②]至大二年(1309)，摘汉军5000，给田10万顷，于直沽，沿海口屯粮。延祐三年(1316)，改直沽为海津镇，命副都指挥使伯颜镇遏直沽。至正九年(1349)立镇抚司于海津镇。[③]三岔口建制升为镇，驻军保护海运安全。《元史》记“直沽广通仓，秩正七品”[④]。至元二十五年(1288)四月，增立直沽海运米仓，这些仓廒应在今北仓附近，专储存海运漕粮。明永乐年间，陈瑄所建百万仓，以储海运，应以元代仓廒为基础。

通海河港的码头区应在三岔河口至大直沽之间，以东西两座天妃宫为标志，每次船队进港或启航时，官员都要进庙祈求天妃保护。元初在大直沽设立天妃宫，泰定年间遭火灾，泰定三年(1326)，建天妃宫于海津镇。至正年间都漕万户府又重修大直沽天妃宫。[⑤]于是海津镇天妃宫称西庙，大直沽天妃宫称东庙，两座庙之间的海河为码头区。

同时在海河河口设置航标、灯火引导海船进入海河。每年春夏两次运粮，万里海程杳无边际，皆以成山为标志，至成山后转至沙门岛、莱州等海域，再到直沽海口。若无卓望则不能进入界河，此处多有沙涌淤泥损坏船只。于是延祐四年(1317)令江浙行省计料成造幡杆、绳索、布幡、灯笼、蜡烛，趁春运时期，发给海道万户府顺带至直沽交付。设立标望于海门龙

① 高凌雯纂：《天津县新志》卷25《旧迹》，民国二十年(1931)天津金钺(浚宣)刻本。

② 关于直沽、小直沽、大直沽的考证，参见《天津聚落之起源》，载侯仁之：《我从燕京大学来》，北京：生活·读书·新知三联书店，2009年，第73—101页。

③ 高凌雯纂：《天津县新志》卷25《旧迹》，民国二十年(1931)天津金钺(浚宣)刻本。

④ (明)宋濂等：《元史》卷85《百官志一》，北京：中华书局，1976年，第2133页。

⑤ (清)薛柱斗、(清)高必大纂修：《天津卫志》卷4《艺文志中·河东大直沽天妃宫旧碑》，康熙十七年(1678)补刻本。

山庙前，高高筑起土堆，用石块周砌，每年四月十五日开始竖起，白天悬挂布幡，夜晚悬点火灯，运粮海船得以瞻望。责成寺庙僧人看管，春夏两季运粮船到齐后，方可收起幡杆灯火，第二年到海运时再竖立起来。①

海运到达直沽，朝廷要选派官员携带装卸粮米的工具，迎接船队履行交割手续，并派军队保护。至元三十一年(1294)，参政谙都剌奏："海运朱张船只自江南到时，乞依去岁例，调军一千迎接镇遏。"帝从之。大德二年(1298)，札付户部都省准"拟于现在夹布袋内通起二十万条，就便行移合属，早为依数运赴直沽，令都漕运收贮，伺候海运到来交割顺带前去"。②

与运河浅涩难行相比，海运要相对便利快捷，致使终元海运不废。《元史·食货志》、《大元海运记》记载至元二十年(1283)到天历元年(1328)的海运米粮数共86839148石，全由直沽港口转卸，可知有元一代直沽海港的繁忙程度。元人张翥描写了当年海港的情景："晓日三叉口，连樯集万艘。普天均雨露，大海静波涛。入庙灵风肃，焚香瑞气高。使臣三奠毕，喜气满官袍。"③

4.元代天津双中心港口的形成

元代运河漕运与海运路线的交点是直沽，但直沽只是转运码头，主要提供海船的停泊。运河主港区在河西务，河西务不仅有停靠码头，还有大型的仓储区和陆路交通直通大都。河西务还是管理漕运较高级别的行政治所。

三岔口至大直沽河段是海运码头区，位于三岔口的海津镇是守护军队驻地，而大直沽是海运接运厅、临清万户府治所。海河河口区只设引导航行的航标，躲避水下沙坝，没有设置码头区。海运漕粮除一部分储存在河西务仓外，其余部分储存在今北仓、南仓附近的海运米仓。由

---

① (元)赵世延:《大元海运记》卷下《记标指浅》，民国雪堂丛刻本。

② (元)赵世延:《大元海运记》卷上，民国雪堂丛刻本。

③ (清)吴廷华修:《天津县志》卷22《艺文志·代祀天妃庙次直沽作》，乾隆四年(1739)序后刻本。

于海船和河船的结构不同以及河道特点，形成了主副双港的空间布局。（见图5-1）

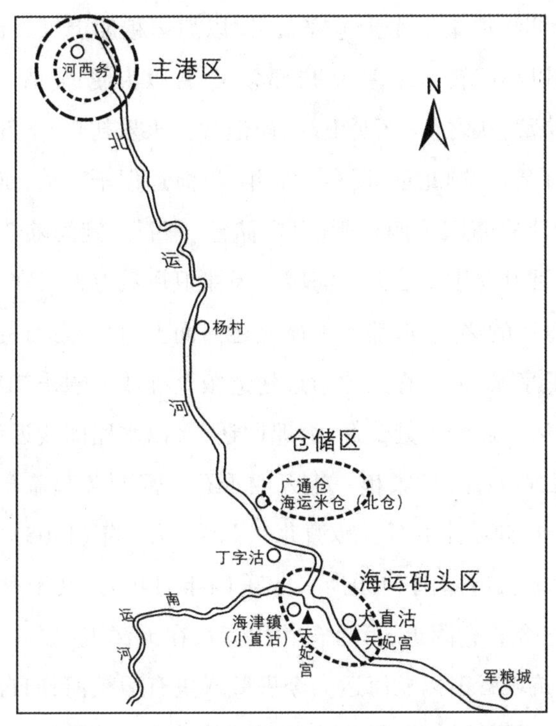

图5-1　元代天津双中心港的空间布局示意图

资料来源：《元史》卷64《河渠志一》；《中国文物地图集·天津分册》等。

（二）明代运河治理与天津双中心港的嬗变

1.明代漕运与天津河港的完善

明初以南京为国都，接近江南经济中心，四方贡赋由长江运至京师，道近而易。成祖迁都之后，道路辽远，漕运东南米粮物资，水陆兼挽，仍元人之旧，并参用海运。重新开挖会通河后，海运和陆运并罢。南极江口，北尽大通桥，经浙漕、江漕、湖漕、河漕、闸漕、卫漕、白漕、大通漕，运道3000余里。京师而东有蓟州，西北有昌平，皆尝有河通，转漕饷军。这是明代漕运大致情况。

（1）海运与港口的建设。明代初期，元代所开凿的运河已经不能通航，朝廷复用海运方法为北京和辽东地区的驻军提供军饷。永乐二年（1404），成祖设天津卫，并“以直沽海运商舶往来之冲，宜设军卫，且海口田土膏腴，命调缘海诸卫军士屯守”，又“以海运粮船上抵直沽，欲于直沽置仓储粮，别以小船转运北京，命户部会议，皆以为便，复请于天津等卫多置露囤以广储蓄，从之”。[①]《明史》同样记载：“永乐初年，平江伯陈瑄督海运粮四十九万余石，饷北京、辽东。二年，以海运但抵直沽，别用小船转运至京，命于天津置露囤千四百所，以广储蓄。四年，定海陆兼运。瑄每岁运粮百万，建百万仓于直沽尹儿湾城。天津卫籍兵万人戍守。”[②]

直沽是海运的终点，海船不能循北运河而上，百余万石的粮食不能及时由驳船运抵京城，需要在天津附近建造粮仓存放。永乐二年（1404），令“用三板划船运至通州等处交卸，海船回还，又以水路阁浅迟误，令于小直沽起盖芦囤二百八座，约收粮一十万四千石。河西务起盖仓囤一百六十间，约收粮一十四万五千石。转漕北京”。永乐三年（1405），又令总督储粮官在天津城北，造露囤1400所。永乐四年（1406），又于尹儿湾建百万仓。尹儿湾在今北仓附近，百万仓“尹儿湾，在天津卫城东。永乐初建百万仓于此，因筑城置卫以贮海运。今去城八里有运粮河，旧自海口达尹儿湾之运路也”。[③]天津城北、尹儿湾和河西务成为仓储区。

永乐十三年（1415）五月，因会通河通航，罢海运，只留下遮洋总，运输辽东、蓟州粮饷。自此之后，有不少有识之士力荐恢复海运，如成化年间的丘濬、隆庆年间的梁梦龙，隆庆六年（1572），王宗沐管理漕运，请行海运，载12万石自淮入海，经海河抵达天津。但万历以后，因倭寇侵扰遂罢海运。直到明末崇祯十二年（1639），沈廷扬复行海运，由淮安出海，旬日而至天津，然而随明末战乱而罢。

---

①《明太宗实录》卷36“永乐二年十一月己未、辛酉”。台北：台湾“中研院”历史语言研究所，1962年，第628页。

②（清）张廷玉等：《明史》卷86《河渠四·海运》，北京：中华书局，1974年，第2114页。

③（清）顾祖禹等：《读史方舆纪要》卷13《静海县·尹儿湾》，北京：中华书局，2005年，第566页。

蓟辽的粮饷一部分由登、莱二州海运，一部分由天津截留后转运。一般每年运抵蓟州粮30万石，海船350只，旗军6300人，出海河口北上至北塘口，循蓟运河北上蓟州，越大海70余里，常常因风涛险恶滞留旬月，当顺风开船时至途中又遇风变，人船粮米多被沉溺。天顺二年（1458），直隶大河卫百户闵恭请求开凿直沽河，“新开沽河，北望蓟州，正与水套沽河相对，止有四十余里。河径水深，堪行舟楫。但其间十里之地阻隔，若挑通之，由此攒运，则海涛之患可免。虽劳人力于一时，实千百年之计也。事下工部，请移文镇守蓟州总兵、巡按直隶御史勘其利否。至是都督佥事宗胜、监察御史李敏皆报恭言善，其河应挑阔五丈，深一丈五尺。于附近天津、永平、蓟州、宝坻等卫府州县发一万人夫，委官督领，俟明年春和农暇之日兴工。然各处军民艰辛者多，宜一月人与行粮三斗，仍官给器具，庶无劳损而工易成。从之。”[①]这条河道即从塘沽的新河口起，到北塘与蓟运河相通，[②]沟通了海河与蓟运河，但因潮汐激荡很容易造成淤积，所以明朝规定每过三年疏浚一次。成化二年（1466），工部奏“直沽迤东海口新开沽河道，例应三年一浚，宜遣官并行巡抚都御史李田等，如例起军夫六千，给以口粮并工疏浚。从之”[③]。

天津至辽东的航路，因辽东大饥而开通。嘉靖三十八年（1559），巡抚辽东都御史侯汝谅上天津，入辽海路，“自海口发舟至右屯河通堡，不及二百里可达辽阳，中间若曹泊店、月沱、桑沱、姜女坟、桃花岛咸可湾泊，各相去不过四五十里，可免风波、盗贼之虞。请动支该镇赈济银五千两，造船二百艘，约每舟可容粟一百五十石，委官督发，至天津通河等处招商贩运，仍令彼此觉察，不许夹带私货。下户部议复：据勘天津海道路近而事便，当如拟行第造船止须一百艘，令与彼中岛船相兼载运。”[④]

---

①《明英宗实录》卷298“天顺二年十二月己巳”，第6335页。

② 李华彬主编：《天津港史（古、近代部分）》，北京：人民交通出版社，1986年，第41页。

③《明宪宗实录》卷287“成化二十三年二月庚辰”，第4849页。

④《明世宗实录》卷479“嘉靖三十八年十二月乙丑”，第8013—8014页。

而天津至永平府海运路线，并没有这样幸运，永平府地区的卫所军饷运输十分不便。嘉靖四十五年(1566)，顺天巡抚耿隋朝查勘海道，“滦河自永平西门外，经流一百五十四里，至纪各庄入海。自纪各庄至天津卫四百二十六里，悉并岸行舟，中间开洋一百二十里，沿途有建河、粮河、小沽、大沽河，中流遇贼可以避引。宜于纪各庄建修仓廒，自天津漕粟于此卸囤，转载小舟由滦河达之永平永丰仓，力半功倍，可为佐辅永利”[①]。部议后，皇帝准其议，但“以御史刘翾疏沮而罢”[②]。至隆庆二年(1568)，顺天巡抚刘应节再请开天津至永平海运，又被拒绝。[③]

永乐十三年(1415)以后，漕粮海运虽结束，但留遮洋总时有航行山东半岛至蓟辽。天津仍然保留着通海河港功能，将运河截留的漕粮，经海河出海或直沽河，转运至蓟州、辽东。基本保持着350只海船、6300运军和每年30万石的运输能力。

此外明初的远洋航行也有船只自天津出海，宝船口为其停泊码头，“宝船口，在城东南，去城五里。明初命官往货西域，湾泊巨舟于此。明季曾捞铁锚一口，甚大。今无存”[④]。宝船口在距天津城5里的海河岸边，为构成天津海港的码头之一。

(2)运河的通航与港口建设。永乐四年(1406)，平江伯陈瑄管理转运米粮，定海路兼运，即一由海运，一则经淮河入黄河，至阳武，再陆运170里至卫辉，进入卫河。永乐九年(1411)二月，济宁同知潘叔正进言，疏通元朝所开挖的会通河。令尚书宋礼、侍郎金纯、都督周长督管。永乐十三年(1415)，陈瑄治理江淮运河，开凿清江浦，至此南北运河全线贯通，遂罢除海运。永乐十九年(1421)，成祖正式迁都北京，漕运成为国家命脉。

---

①《明世宗实录》卷560“嘉靖四十五年七月庚戌”，第8993页。

②(清)张廷玉等:《明史》卷86《河渠四·海运》，北京:中华书局，1974年，第2115页。

③《明穆宗实录》卷16“隆庆二年正月壬戌”，第432—433页。

④(清)薛柱斗、(清)高必大纂修:《天津卫志》卷1《古迹》，康熙十七年(1678)补刻本。

因北运河浅涩或冲决，数百万石漕粮不能及时运抵京、通二仓。时值漕粮改为“兑运”之法，且蓟辽军饷也需要自天津转运，天津卫城北部的南运河至三岔口，就成为漕船停泊码头，漕船将粮米卸下暂存天津仓廒，再雇驳船循北运河转运漕粮至京、通二仓。原有仓廒已经不能满足需要，亟须扩建，因此在天津建造三卫仓至关重要，遂成为运河沿线五大水次仓之一（其他四仓为德州常盈仓二仓，广积、临清、常盈仓三仓，徐州永福、广运二仓，淮安常盈仓），《天津县志》引《天津卫志》：“永乐十三年（1415），罢海运，从里河运粮，令天津卫官建造仓廒贮粮，宣德间，增置三仓，俱在天津道衙门西，命户部主事一员监督，每年收山东、河南收兑漕粮六万石。天津卫大运仓，六廒，计三十间，官厅三间，门楼一座。天津左卫大盈仓，九廒，计四十五间，官厅三间，土地祠一所，门楼一座。天津右卫广备仓，七廒，计三十五间，官厅三间，关帝庙一所，门楼一座。”[①]另外原来尹儿湾百万仓和河西务仓仍在使用。每年漕粮转运，暂堆积运河两岸，情形非常壮观。天启年间刑科给事中霍维华进言：“漕粮剥收之太迟，臣过天津一带，见夹岸聚米如山，盖水浅舟胶，不得不需运于剥船，剥船不至不能不堆积于陆困。”[②]

白粮是供应皇城及在京官员的俸禄。白粮旧例于丁字沽停泊，再雇驳船转运至通州石坝暂存，等到其他漕粮交卸完毕后，再行交纳。丁字沽因此成为专供白粮漕船停靠的码头及白粮的暂存区。但是雇用驳船费用高，仓房又有火灾之患，在万历时期移至河西务停泊，“起剥赁积之需，居房火烛之患，不可胜言。宜令原船直抵河西务住泊，照漕粮事例，请官船起剥，载入议单，永为定规。上从之。仍令有指称抑勒等弊，指实参奏。”[③] 丁字沽和河西务先后成为白粮停泊转运的专用码头。

河西务，自元代以来就是漕运要途，“今为商民攒聚，舟航辐辏之地，

---

①（清）吴廷华修：《天津县志》卷7《城池公署志》，乾隆四年（1739）序后刻本。

②《明熹宗实录》卷57“天启五年三月庚戌”，第2597—2598页。

③《明神宗实录》卷119“万历九年十二月乙巳”，第2228页。

设户部分司驻焉。隆庆六年(1572)筑城环之,可以守御。有河西驿,并置巡司于此"[①]。正统十一年(1446),户部还将原设于漷县的钞关移治河西务,成为明代运河漕运上七大钞关之一,掌收船钞、商税等。[②]

除了码头与仓库外,沿运河还设置挽舟牵路,宽约4丈。正统八年(1443),漕司清理了天津城外沿河民房,"天津卫城外濒河挽舟路,为居民所侵,舟行弗便,或以为言。事下工部复实,请令所司勒居者反所侵距河四丈许,方许作屋。从之"[③]。这条牵路沿北运河河岸从天津直到通州。正统六年(1441),曾清理了河西务至张家湾沿河民房,"徙张家湾至河西务沿河民舍三百十三家,以碍运船牵路故也"[④]。

2.运河河道的治理

明代京师给养全仰于东南,罢除海运后,惟用运河漕运,因此运河航道通畅至关重要,朝廷以保漕济运为大政方针。除了通惠河、会通河以及利用黄河下游航运的河漕为关键治理河段外,天津码头附近的河道,即北运河和南运河也是开挖减河,屡次疏浚,以保障漕运的顺畅通行。明清时期南北运河疏浚次数存在很大差异,文献记载"共有25次,其中北运河疏浚16次,占总数的64%;南运河疏浚1次,占4%;南北运河同时疏浚8次,占总数的32%"[⑤]。这当然不能反映实际情况,但可以窥见北运河的淤塞情况要比南运河严重。

北运河自杨村以北至通州段最难治理,"势若建瓴,底多淤沙。夏秋水涨苦潦,冬春水微苦涩。冲溃徙改颇与黄河同"[⑥]。北运河上游地

---

① (清)顾祖禹等:《读史方舆纪要》卷11《武清县·河西务》,北京:中华书局,2005年,第460—461页。

②《大明会典》卷35《课程四·钞关》,明万历十五年(1587)内府刊本。

③《明英宗实录》卷103"正统八年四月丙午",第2088—2089页。

④《明英宗实录》卷79"正统六年五月乙丑",第1579页。

⑤ 李俊丽:《天津漕运研究(1368—1840)》,南开大学博士学位论文,2009年,第63页。

⑥ (清)张廷玉等:《明史》卷86《河渠四·运河下》,北京:中华书局,1974年,第2109页。

区是边墙防御地带，每年进行烧荒，防止北方游牧民族南侵时以草木为掩护或作为马匹草料，在一定程度上加速了水土流失。另外明朝为向驻扎密云地区的军队输送粮饷，开密云河道，嘉靖年间又有“遏潮壮白”工程，使潮河与白河合流处上移。永乐以后北运河堤坝的修护常态化，“通州抵直沽河岸，有冲决者，随时修筑以为常”，起到了“筑堤束水”的功效。每至汛期，湍急的水流很容易将大量泥沙冲到下游河道，又因下游河流相汇，下泄不畅和潮汐的顶托，泥沙便沉积于下游河道，造成善决善徙的情形。

“通州至直沽河道纡曲，尤多滩浅，舟行阻滞”[①]，在武清与通州间的耎儿渡，是最为要害处，自永乐至成化初年，决口8次，辄发民夫筑堤塞堵。正统元年（1436），决口最为严重，英宗令太监沐敬、安远侯柳溥、尚书李友直整理规划，派5万军兵、征1万民夫堵塞决口。又命武进伯朱冕、尚书吴中，征5万民夫，在距河西务20里处开凿新河道，英宗赐名通济河。新河道缓解了北运河淤积情况，此后虽决口4次，一直没有出现大的问题。

明朝对北运河重在清淤，每至汛期，水底皆沙，运行艰难，“殊无策治之，惟用兜杓数千具治河，官夫遇浅即浚。此外运舟各携四五具，二三百舟即可得千余具，合力以浚，顷刻而通，盘剥大省矣”[②]。万历三十一年（1603），工部挑浚通州至天津的全线河道，挑深四尺五寸，挑出河底泥沙筑堤于两岸。[③] 并“每于浅处设铺舍，置夫甲，专管挑浚。舟过则招呼，使避浅而行。自此而南，运河浅铺以次而设”[④]。

浅铺是在永乐十三年（1415），陈瑄考虑到漕河处处有淤浅而设置的。其时自通州南抵仪真，每5里设一浅铺，计有568座，以后又有所增加。“浅

①《明宣宗实录》卷88“宣德七年三月癸亥”，第2026页。

②（清）王履泰：《畿辅安澜志·白河》卷4《修治》，清光绪年间刻本。

③（清）张廷玉等：《明史》卷86《河渠四·运河下》，北京：中华书局，1974年，第2110页。

④（明）申时行重修：《大明会典》卷196《河渠一·白河》，明万历十五年（1587）内府刊本。

铺的职责是导舟避浅，当泥沙淤积过高时，要进行挑浚。”[1] 北运河自河西务至通州段河道水浅最难行船，万历九年(1581)，将这段河道分为四节，令附近州县官员督办挑河事宜：“河西务至舒难浅，委武清县管河主簿；谢家浅至李家浅，委香河县丞；白阜圈浅至马房浅，委漷县典史；王家浅至石、土坝，委通州同知。各领浅夫一百五十名，兼用军民，浅夫照地，严督挑浚，遇船阻浅，并力挽拽送，过信地周而复始。”[2] 同样，河西务以南及南运河根据河道的淤塞情况，设置了不同数目的浅铺。《明会典》详细记录了天津地区置浅铺情况：

> 武清县浅铺十一，小甲十一名，夫一百一十名。看守奭儿渡口等堤五处，总甲一名，小甲五名，夫五十名。修堤老人一名，总甲一名，小甲九名，夫九十二名。
>
> 武清卫浅铺四，小甲四名，夫四十名。修堤总甲一名，小甲一名，夫九十九名。
>
> 天津卫浅铺十二(旧十一)，小甲十二名，夫一百八名，今存二十四名，军夫六十名。修堤小甲五名，夫四十五名。
>
> 天津左卫浅铺二十四，小甲二十四名，夫二百十六名，今存四十八名，军夫一百八十名。修堤小甲五名，夫四十五名。
>
> 天津右卫浅铺十，小甲十名，夫九十名，今存二十名，军夫五十名。修堤小甲五名，夫四十五名。
>
> 静海县浅铺九，老人九名，夫九十名，修堤夫六百名。[3]

每年漕粮起运时，运河两岸有大批的浅铺夫与修堤夫监护整修航道

---

① 蔡泰彬：《明代漕河之整治与管理》，台北：台湾商务印书馆，1992年，第384—385页。

② (明)王在晋：《通漕类编》，载四库全书存目丛书编纂委员会编：《四库全书存目丛书》，济南：齐鲁书社，1996年，第367页。

③《大明会典》卷198《河渠三·夫役》。

堤坝，保障漕运的通畅。“惟自直沽至通州事多废坠，请令张家湾收砖主事，督同所在军卫有司，委官提调各浅夫老，以时采取捲草，每春初粮运之时，遇有水浅漫流，如去筑置坝堰，逼水归洪，庶粮运无滞留之患。”[①]

卫河即南运河，其河流浊势盛，运道得之，始无浅涩虞。然而“自德州而下，渐与海近。河狭地卑，易于冲决。每决辄发丁夫修治”。永乐时期宋礼修治卫河，“卫辉至直沽，河岸多低薄，若不究源析流，但务堤筑，恐复溃决，劳费益甚”[②]。其后除筑堤外，自德州至青县开凿了四女寺减河、哨马营减河、捷地减河和兴济减河。嘉靖十三年（1534），世宗又令在恩县、东光、沧州、兴济四处，各建置减水闸一座，以泄洪水。[③]并年年疏浚保持畅通。

明代河西务以北至通州段的北运河河道，淤塞最为严重，行船艰难，河西务自然成为漕船停靠码头。但是北运河整体淤塞现象日益加重，且杨村、蔡村和蒙村附近的河道，汛期时又很容易决堤，致使河西务的作用大大减小，而更多的漕船不再入北运河，在三岔口卸船，靠驳船北运漕粮，因此三岔口的地位渐渐上升，致使天津港口的布局发生变化。

3. 明代天津双中心港口的嬗变

天津先因海运而兴。永乐二年（1404），设天津卫，“筑城置戍。三年（1405），调天津卫及天津左卫治焉。四年（1406），复调天津右卫驻焉。初设备兵使者于此，其后辽左多事，增置重臣，屯列将领，为京师东南之巨镇”[④]。永乐四年（1406），成祖定漕粮海陆兼运。十三年（1415），罢海运，专恃里河运漕。

因北运河时常浅涩难行，所以海船与漕船就在三岔口处停泊，再雇用

---

①《明宪宗实录》卷46“成化三年九月癸酉”。

②（清）张廷玉等：《明史》卷87《河渠五·卫河》，北京：中华书局，1974年，第2128页。

③《大明会典》卷196《河渠一·卫河》。

④（清）顾祖禹等：《读史方舆纪要》卷13《天津卫》，北京：中华书局，2005年，第568页。

驳船转运京、通二仓。又因天津通海，可以截留漕粮向蓟辽输送军饷，于是天津成为北方最大的转运港口。天津城北南运河段至三岔口是漕船停靠码头和仓储区，同时又是军队驻扎据点，拥有三卫共16800人戍守，具有明显的军事特性。

河西务是漕粮的中转站，拥有至京、通二仓的陆路和水路双重交通运输系统。同时明朝在此设置了户部分司、工部分司、管河主簿，[①]又将漷县钞关和白粮专用驻泊码头移治于此，隆庆四年（1570），又筑城"周二里许，门四，外环以池"[②]，体现其漕运突出的管理地位。《长安客话》中记载："河西务，漕渠之咽喉也，江南漕艘毕从此入。春夏之交病涸，夏秋之交病溢。滨河建有龙祠，以时祭祷。两涯旅店丛集，居积百货，为京东第一镇。户部分司于此榷税。"[③]其他附属码头和仓储区有丁字沽、杨村、杨柳青、尹儿湾等地。

明朝天津港口仍呈现双港布局，河西务港区更倾向于作为管理中心，而三岔口码头和天津卫城则是大型转运码头、大型仓储区和军事戍守区。这一时期是由元代向清代单中心港口过渡的阶段。天津城具有特殊区位，随着明朝渐置户部分司、督饷部院、巡抚都察院、屯田府院、部院巡盐等管理机构，天津城的地位渐渐上升，为清朝天津港成为单中心港口奠定了基础。（见图5-2）

（三）清代运河治理与天津单中心港的形成

1.运河漕运与天津转运港口的形成

清朝定都于北京，官兵军役咸仰给东南数百万石之漕粮。顺治二年（1645），便有人提出恢复南粮北运。顺治三年（1646），征调南粮160

---

①（明）沈应文修，（明）张元芳纂：《顺天府志》卷2《营建志·公署》，万历年间刻本。

②（清）穆彰阿、（清）潘锡恩等纂修：《大清一统志》卷9《顺天府四·关隘》，《四部丛刊续编》景旧抄本。

③（明）蒋一葵：《长安客话》卷6《畿辅杂记·河西务》，北京：北京古籍出版社，1982年，第134页。

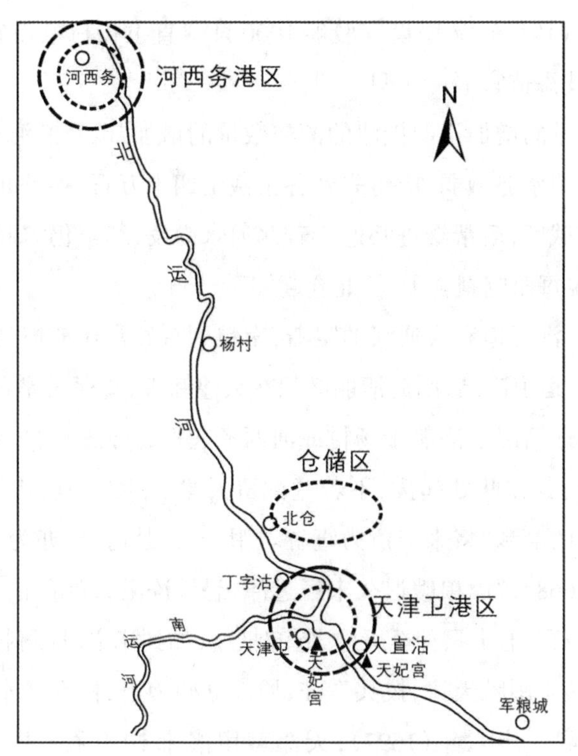

图5-2　明代天津地区港口空间布局示意图

资料来源:《明史》卷86《河渠四》;《中国文物地图集·天津分册》等。

万石起运北京。至乾隆年间漕粮渐渐恢复至400万石数额。由于北运河时常浅涩,南船到达天津后急需驳船转运至京通仓廒,“顺治初年,定漕船至天津起驳,分运至通,设红驳船六百只”。之后漕粮到津一般雇用民船驳运,为节省驳船费用和时间,康熙年间开始打造官用驳船。康熙五十年(1711),上谕“向来南粮入北河后,俱系官为雇船驳运,今将驳船另行备造,则南粮一抵北河即可随到随驳,不独便于转运,而民船得免官封,商引无虞壅滞,即旗丁等即有官船驳运,较用封雇民船更可节省浮费”。又议准“官备驳船一千二百只,交附近沿河之天津、静海、青县、沧州、南皮、交河、东光、吴桥、通州、武清、香河、文安、大城、任丘、雄县、新安、霸州、安州等十八县……四月以后不得揽载远行,听天津道行文调赴水次应用”。两年之后又增加300只驳船,在杨村轮流备驳。至嘉庆十六年(1811),又增设官驳船1000只,“直隶杨村额设官驳一千五百只,著准其添造官驳一千只”。[1]

驳船数量的增加说明抵津的漕粮数量的增加,以及漕河运道的淤浅严重,“因北河水势微弱,应将先到各帮截留四十万石,存贮北仓,以免剥运。但前帮截留,后帮继进必速。若北河水尚发,续至仍需起剥,不如于先到各船,视每船应剥若干,于北仓起卸”。[2]

又因黄、淮运道和会通河的阻滞,南粮到京经常违期拖延,回空船又怕天气寒冷,运道冻结,因此漕船必须在天津卸粮,暂存天津仓廒,再转运至京通。一般情况下漕船于杨村或河西务起拨,“今思杨村、河西务一带距京较近,与其在此处起拨,不若竟截留天津,存贮北仓,更可省行途往返”,而截留的漕米“将来或留为直省之用,或运赴通仓,亦为便易”。[3]如康熙七年(1668),“因粮艘迟久未经过津,恐致冻阻,议将石、土两坝剥船及务关剥船六百七十只押至天津,起卸抵通,如到津之时即剥运亦不及抵通者,即将粮米囤贮天津,拨兵看守,原船立驱南下,候春融水泮,仍用剥起粮”。康熙三十六年(1697),天津截留漕米20万石;康熙六十一年(1722),截留13万石尾船稜米;雍正三年(1725),截留湖北、湖南米20万石,河南小米20万石;雍正九年(1731),将直隶截漕40万石收贮天津北仓;乾隆二十七年(1762),截留北仓漕粮30万石之后,再行截留20万石。[4]历年截留漕粮自十余万石至五六十万石不等,急需大型仓廒存放。康熙年间建公字廒6间,聚粟廒5间,裹糇廒5间,日字廒5间。雍正二年(1724),于今天津北仓地区建仓廒48座,共240间,每年截留漕粮,以备赈

---

①(清)沈家本等修:《重修天津府志》卷29《经政三·漕运》,光绪二十五年(1899)刻本。

②《清高宗实录》卷584“乾隆二十四年四月辛酉”,北京:中华书局,1986年,第478页。

③(清)福趾:《户部漕运全书》卷69《截拨事例》,清光绪年间刻本。

④(清)杨锡绂等纂:《漕运则例纂》卷18《截留恩旨》《截留事例》,清乾隆三十五年(1770)杨氏刻本。

济。北仓实际成为北方大型转运仓储区,每年上千只驳船来往于北仓与通仓之间转运。“北仓虽建天津,实关通省之积贮,其收放米石,经前总督李卫题定,照京通二仓例遵行。”[①]除此之外,清朝在府县建造了常平仓、义仓等,都有一定的储备能力,适应天津港口的运营。

由于海河水系在天津相汇的特点,天津也就成为清朝皇陵区漕粮的转运港。一般驳船在西沽起驳,再循白沟河运至易州。乾隆九年(1744),拨运易州漕粮,“原议于天津西沽起剥,运至白沟河交卸。嗣因雇剥费繁,叠次起卸不便。议自天津直抵雄县亚谷桥转运。上年漕臣顾琮以淀河每多淤滞,粮艘不能遄行往返,请于水小之年,仍令西沽剥运。今确勘各州县所属水程不甚相远,尚易挑挖。请于每年粮船将到之前,豫行探明淤浅之处,及时挑挖。倘船身过重,于水小之年,仍需足数起剥。应如所请,从之”[②]。去清东陵的运路是经海河入新河口,至宝坻县小河上溯,由白龙港、刘家庄等处到达蓟县之五里桥交卸。[③]

天津港口转运繁忙,尤其是江南船只到津卸粮回空,税收机关也随之移治天津。康熙年间将河西务钞关迁治天津城,天津钞关公署在城中户部街,而监放船只、日收钱粮,则在河北甘露寺之东偏设有官厅,管辖12个税口,即苑口、东安、三河、王摆、张湾、河西务、杨村、蒙蔡村、永清、独流、海下、杨家坨;稽查7口,即西沽、东沽、西马头、东马头、杨柳青、小直沽、三岔河。[④]天津城北门外的南运河岸就成为天津码头的核心区域。

(1)奉天海运。清代直隶地区水旱灾害频仍,尤其是天津、河间和保定等地区为了保护南、北运河,每年汛期洪水四溢,成为常年被水区域,农

---

①(清)朱奎扬、张志奇、吴廷华纂修:《天津县志》卷7《城池公署志》,乾隆四年(1739)刻本。

②《清高宗实录》卷215“乾隆九年四月乙亥”,第763页。

③郭蕴静等编:《天津古代城市发展史》,天津:天津古籍出版社,1989年,第240页。

④(清)吴廷华修:《天津县志》卷7《城池公署志》,乾隆四年(1739)刻本。

田歉收，北仓截留漕粮难以赈济。康熙年间，海上官纲户郑世泰请求贩运奉天粮米，“天津地薄人稠，虽丰收不敷民食，吁恳圣祖仁皇帝用海舟贩运奉天米谷，以济津民。蒙恩俞允，官给龙票，出入海中，照验放行”[①]。除了郑世泰外，贩运者不乏其人，如郑尔端、蒋应科、孟宗孔等，其为最著。同时当盛京地区粮食歉收后，也从天津将截留漕粮出海运至盛京，“命户部郎中陶岱将截留山东漕米二万石，从天津卫出海道，运至盛京三岔口。上谕之曰：‘此路易行，但不可欲速。船户习知水性风势，必须相风势而行，毋坚执己见。其一路水势地形，详悉识之，此路既开，日后倘有运米之事，全无劳苦矣’”[②]。再如兵部侍郎朱都纳、内阁学士嵩祝往盛京赈济回奏：“盛京地方比年失收，今岁虽有收，难支来岁……今自天津海口所运及锦州积贮之米，共十二万石有余。若将赈济，可支六七月。”[③]

海运奉天的海船循渤海海岸线南行，入海河口至天津三岔口码头，依然交卸存贮于北仓。“今岁天津等处地方米价腾贵，著行文奉天将军绰奇、府尹尹泰，照去岁之例，将伊等地方粮十万石由海运至天津新仓，交与该地方官收贮。再若有自海运粮之商人，不必禁止，听其运至天津贸易，不许他往。”[④]乾隆四年（1739），重申开禁奉天海运，谕“乾隆三年，直隶地方歉收，米价昂贵，朕降旨准商贾等将奉天米石由海洋贩运，畿辅米价得以渐减。今年四月间，以弛禁一年之期将满，而直隶尚在需米之际，天津等处价值未平，又降旨宽限一年，民颇称便。朕思奉天乃根本之地，积贮盖藏固属紧要。若彼地谷米有余，听商贾海运以接济京畿，亦裒多益寡之道，于民食甚有裨益。嗣后奉天海洋之米赴天津等处之商船，听其流通不必禁止。若遇奉天收成平常，米粮不足之年，该将

---

①（清）沈家本、（清）荣铨修，（清）徐宗亮、（清）蔡启盛纂：《重修天津府志》卷30《经政四·海运》，光绪二十五年（1899）刻本。

②《清圣祖实录》卷162“康熙三十三年三月丙午”，第775页。

③《清圣祖实录》卷167“康熙三十四年七月庚午”，第817页。

④《清世宗实录》卷34“雍正三年七月癸亥”。

军奏闻请旨，再申禁约”[①]。此年之后海运渐成常态，“从前不过十数艘，渐增至今已数百艘，不独运至津门，即河间、保定、正定，南至闸河，东至山东登莱等口，亦俱通贩矣”[②]。

(2)中外对海河航道开始关注。奉天海运关系京畿粮食安全，海河航道开始受到朝廷重视，康熙三十四年(1695)、三十七年(1698)，康熙帝两次巡视海河河口。三十四年(1695)，康熙帝命长子胤禔、皇三子胤祉随驾，至通州崔家楼登舟，经北运河、海河至大沽海口，“上阅视海口，命于其处立海神庙”[③]。三十七年(1698)，携胤禔、胤祉再次乘船，经北运河、海河至海口新建海神庙。[④]

乾隆五十八年(1793)，英国马戛尔尼使华，于六月十三日抵达庙岛，准备北上，由大沽口入海河停泊，先派测量船对大沽口外航道进行测量，探明距海口数十里之外尽是浅滩，大船船身过大，吃水三丈，难以进口。此外即是大洋，又无山岛可以停泊。如果长期等候，遇到风暴，可能发生海难。因此马戛尔尼准备由庙岛登陆，但随后仍行驶至大沽口外，长芦盐政徵瑞便“连日乘船探量水势，设法将大船二只、小船三只一并引至，近口有拦江沙一道，足以依靠，使风浪无虞，夷人得以放心，现于二十二日停泊定妥，贡使人等无不喜动于色”[⑤]。

乾隆时期，直隶总督方观承曾到大沽口实地勘察，较详细地记载了当时海口情形：

臣于六月十日至天津，带同道府等，由海河至大沽营，沿途丈探

---

①《清高宗实录》卷102“乾隆四年十月戊子”。

②(清)沈家本、(清)荣铨修，(清)徐宗亮、(清)蔡启盛纂：《重修天津府志》卷30《经政四·海运》，光绪二十五年(1899)刻本。

③《清圣祖实录》卷167“康熙三十四年五月戊寅”，第813页。

④《清圣祖实录》卷188“康熙三十七年五月戊寅”，第1001页。

⑤《朱批奏折》，“乾隆五十八年六月二十二日长芦盐政徵瑞为英咭唎国贡船仍来天津外洋现已办妥停泊奏折”，载中国第一历史档案馆编：《英使马戛尔尼访华档案史料汇编》，北京：国际文化出版公司，1996年，第343—344页。

水深二三丈至五六丈不等，海船直入，俱无淤浅，惟大沽至海口十里，水深一丈二三尺，海近而水转浅，海口正东，望无涯际，而其中另有港路，水深亦仅丈许，询问沿河沿海老民、渔户及熟谙之汛弁等，佥称海口之外有横沙一道，极为坚硬，东西约宽三十里，南北约长四五十里，谓之拦港沙，沙外大洋潮生，则骤高数丈，连为一片，潮落则沙上水余数尺。其中水港，自丈许渐浅至五六尺，洋船乘潮始能出入。至平时出口之水，虽有横沙拦港，然自津达海地势，向东愈下，赴壑之势原无止息。惟是当夏秋之交，横沙内外海水盈满，即不免于阻遏，届白露后十八日，乃复其常，故向有"白露前，海不收水"之说。考之津志载：大沽口两岸壁陡，一阈中横，土人谓之"海门"，卤潮抵海门止，若天设之，以限内外等语。是其生成形势，在昔已然。其海河潮汐，自大沽海口西抵天津之三岔口，计一百七十里；又自三岔河北溯七十里，抵运河之杨村驿，南溯四十里，抵津属之杨柳青；西溯六十里，抵大清河之瘸柳树。一日潮汐再至，自起至落，常历两时，兼以潮起必有东南风，随潮卷水，此南北运、大清、子牙等河夏秋水难畅注，时复倒漾之故也。①

此段文字十分准确地描述了大沽口外水深、拦门沙的形状、沙中深渊以及潮汐情况，并分析了南、北运河、大清河和子牙河等每至汛期，汇水难退是由于潮水顶托。这样准确的认识为奉天海运等沿海活动提供了引航作用，尤其为道光以后的南粮海运和近代航业奠定了基础。

2.运河的治理

清朝对运河的治理主要体现在三个方面：其一，对运河淤浅处挖浚；其二，重视堤坝的建设；其三，在运河险工段开挖减河。

朝廷拨专款雇佣民夫挑浚河道。康熙十六年(1677)，又"沿河按

① (清)董恂辑：《江北运程》卷3《国朝方观承复奏查明海口情形及南北运减河疏》，清同治年间刻本。

里，设兵看守，各给汛船，令其往来上下，溯流刷沙”[①]。雍正元年(1723)，令多派差人昼夜巡查，雇募附近长夫每日探量水势，多插柳标，随时刨挖。[②]雍正二年(1724)，在张家湾设通判，专管北运河疏浚事宜。乾隆十一年(1746)，于河北增设垡船60只、汉夫180名、浅夫300名，随时疏浚运河。[③]再如乾隆十五年(1750)，北运河疏浚，由划船改为刮板，设浅夫480人，如遇到紧急，可临时再雇夫协助。[④]但是河道随挑随淤，功效不大。

北运河自张家湾以下蜿蜒屈曲，冲决无常，汛期时更是处处险工。清朝在明朝坚固堤坝的基础之上，培固维修，分段管理。正堤以外，在险要堤段还设有草坝对堤埝予以保护，分别建于下坡店、张家庄、王家甫、火烧屯、观音堂、西杨村、马家庄、东杨村、三里浅、杨村、汗沟、赵家庄。(见表5-2)

表5-2 北运河堤工分段情况表

<table>
<tr><th>堤岸</th><th>堤工段</th><th>距 离</th><th colspan="2">主 管</th></tr>
<tr><td rowspan="7">西岸</td><td>通州北至张家湾</td><td>三十六里有奇</td><td>通州同知辖</td><td rowspan="4">河西务关同知</td></tr>
<tr><td>张家湾至长陵营</td><td>三十五里有奇</td><td>通州州判辖</td></tr>
<tr><td>长陵营至王家摆渡</td><td>二十七里有奇</td><td>旧属漷县，康熙三十四年(1695)添设州判一员分管</td></tr>
<tr><td>王家摆渡至河西务天齐庙</td><td>三十二里有奇</td><td>武清县主簿分管</td></tr>
<tr><td>天齐庙至王家甫</td><td>二十四里有奇</td><td>王家务把总分防</td><td rowspan="3">杨村通判</td></tr>
<tr><td>王家甫至杨村观音堂</td><td>二十四里</td><td>武清县北汛县丞分管</td></tr>
<tr><td>观音堂至桃花口</td><td>四十一里有奇</td><td>杨村南汛把总分防</td></tr>
</table>

① (清)福趾:《户部漕运全书》卷14《漕运河道·挑浚事例》，清光绪年间刻本。

② (清)杨锡绂等纂:《漕运则例纂》卷12《漕运河道·北河挑濬》，清乾隆三十五年(1770)杨氏刻本。

③《清朝通典》卷11《食货十一·漕运》，上海:上海商务印书馆，1935年，第2085页。

④ (清)福趾:《户部漕运全书》卷14《漕运河道·挑浚事例》，清光绪年间刻本。

续表

堤岸	堤工段	距离	主管	
西岸	桃花寺至丁字沽叠道	一千九百三十三丈	西沽巡检分管	
	西沽至玉皇阁炮台叠道	三百九十五丈		
	牛牧屯至吴家旧窑	四十四里有奇	香河县主簿分管	河西务关同知
	吴家旧窑至王甫村	二十九里有奇	武清县耎儿渡县丞分管	
东岸	王甫村至筐儿港	二十七里	三里浅把总分防	
	三里浅至包家营	一里七分	筐儿港千总分防	杨村通判
	包家营至汗沟	三十一里八分	汗沟千总分管	
	汗沟至堤头村	四十三里		

资料来源:《畿辅安澜志·白河》卷3《堤防》。

南运河沧州南北河段汛期最易冲决,“卫河发源河南之辉县,至山东临清州与汶河合流東下,河身陡峻,势如建瓴。德、棣、仓、景以下,春多浅阻,一遇伏秋暴涨,不免冲溃泛溢”[①]。故固堤实为要务,堤坝以千字文标识分段,由堰、月堤、缕堤、遥堤、闸、坝等组成的堤坝系统。

除了挖浚和筑堤,清朝治理运河的突出成绩是开挖减河。海河水系的北运河、南运河、永定河、大清河、子牙河等河流汇于天津,由海河一道入海,雨水集中在夏秋季节,各河流洪峰几乎同期抵达海河。又因海河是半日潮河流,潮水顶托,洪水长期不退。清朝治河者渐渐认识到,保护运河防止冲溃发生的最好办法就是宣泄南北运河,并分途入海,也称“釜底抽薪”之策。

北运河有筐儿港减河和王家务减河:

筐儿港减河:康熙三十八年(1699)北运河于筐儿港决口。三十九年

① (清)允祥:《敬陈水利疏》,载(清)吴邦庆辑:《畿辅河道水利丛书》,清道光四年(1824)益津吴氏刻本。

(1700)，康熙帝亲临视察，命牛钮在决口处建减水坝一座，宽20丈，并开挖引河，筑长堤，东南注入塌河淀，又经七里海、贾家沽汇入海河，使得杨村上下百余里河平堤固。雍正五年(1727)，河水冲决多处堤岸。六年(1728)，怡亲王允祥奏请增阔筐儿港旧坝至60丈，并展挖引河。七年(1729)，疏浚筐儿港减河下游贾家沽道。[①] 乾隆二十二年(1757)，于减河南岸建大张家庄涵洞。三十五年(1770)，于筐儿港修筑灰工，疏浚减河，培修堤坝。

王家务减河：康熙五十年(1711)，以河西务堤工险要，在河西务运河东岸开新河一道，"东岸大堤之汕刷以免，耎儿渡之冲险无虞矣"。雍正七年(1729)，允祥奏，因河西务一带距减水坝稍远，请于河西务上游青龙湾处建坝40丈，并开引河东南流入七里海，再东于北塘口入海，此即青龙湾减河。乾隆二年(1737)，因离河稍远，宣泄未畅，移建于王家务，遂为王家务引河。二十二年(1757)，在王家务减河堤建孙家庄涵洞。三十七年(1772)，将滚水坝落低。四十三年(1778)，以王家务至筐儿港60里河身弯曲，汛期不能宣泄，再于上游吴家窑添建草坝，中开引河斜接王家务引河。王家务减河大致形势于此固定，后朝只是挑挖筑堤而已。[②]

此外在天津城东北运河东岸还开有贾家口引河、陈家沟引河、南仓引河、霍家嘴引河等，皆导水入东北塌河淀。

南运河向来苦于浅滞，康熙四十七年(1708)，将全部漳河水于馆陶导入运河，"湍急浩瀚，每羡溢为灾"[③]。引漳入卫虽增加了南运河水量，同时也带来了频繁决口的灾患，随后便疏浚四女寺减河。雍正四年(1726)，疏浚明朝所开挖的捷地减河和兴济减河，并建石闸以资启闭。乾隆五年(1740)，在东光县开宣惠河泄洪。三十六年(1771)，又改兴济减河石闸为

---

①(清)王履泰纂修:《畿辅安澜志·白河》卷4《修治》，清光绪年间刻本。

②(清)董恂辑:《江北运程》卷3《顺天东路厅武清县至直隶天津府天津县境》，清同治年间刻本。

③《直隶河渠书·卫河》，载(清)吴邦庆辑:《畿辅河道水利丛书》，清道光四年(1824)益津吴氏刻本。

滚水坝。这几条减河到光绪年间大都淤塞不通，光绪七年(1881)，又开挖马厂减河，汇海河入海。

北运河的淤塞和堤坝冲决维护耗费巨大，奉天海运使海河河道重新通漕，三岔口又是转运粮米至清朝皇陵、辽东和山东的码头枢纽，促使天津城的漕运地位大大提升，而河西务的漕运作用逐渐衰落，最终让位于天津城，港口空间布局遂又发生变化。

3. 清代前期天津单中心港的形成

"津通舟楫之利，聚天下之粟，致天下之货，以利京师"[①]，充分表达了古代天津城市兴起的地理和社会经济原因。海河水系于三岔口合流，三岔口是天津城市的起点，成为华北、江南、辽东的转运港口，尤其漕运是古代天津发展的主要动力。

南北运河的淤浅，以及三岔口循海河可通辽东、山东，溯西河、蓟运河可至清皇陵，成为天津转运港发展的自然基础。除了在运河设置浅夫疏浚、修补堤坝、开挖引河外，每年设置2000余艘的驳船转运数百万石的漕粮。由于漕粮过多不及转运，清朝遂在北仓复建大型仓廒，成为天津港主要仓储区。

康熙时将巡按长芦盐课察院自河西务移治天津，将长芦盐运使自沧州移治天津，又将河西务钞关移治天津，北门外设官厅，方便南方漕船报关。北门外南运河岸就成为天津港码头核心区。乾隆二年(1737)，又设总督河道都察院，管理天津、河间二府十八县的河务和漕运。天津也成为港口的管理中心。而河西务裁撤户部分司，只设游击管河主簿和巡司，负责维护河道工作。[②]

清代天津城市性质也随之变化。顺治九年(1652)，天津三卫合一，称天津卫。雍正三年(1725)三月，天津卫改为州，隶属河间府；八月，改为直

---

① (清)李梅宾修，(清)吴廷华、(清)汪沆纂：《天津府志》卷35《艺文志·海门盐坨平浪元侯庙碑记》，乾隆四年(1739)序后刻本。

② (清)穆彰阿、(清)潘锡恩等纂修：《大清一统志》卷9《顺天府四·关隘》，《四部丛刊续编》景旧抄本。

隶州。雍正九年(1731),天津直隶州升为天津府。天津遂成为单中心港口和名副其实的港口城市。(见图5-3)

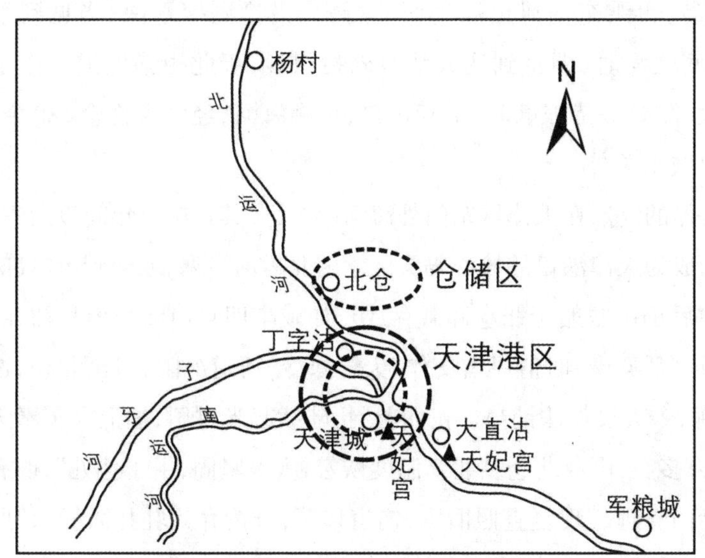

图5-3 清代天津港口空间布局示意图

资料来源:光绪《重修天津府志》卷29《经政》;《中国文物地图集·天津分册》等。

二、近代天津港口单中心向双中心的演变

(一)清代后期漕粮海运与码头空间转移

道光五年(1825),高家堰决口,河道阻滞,运河漕运难以维持,于是道光六年(1826)和二十八年(1848),两次采用海运漕粮办法,于上海设立海运总局,天津设置收兑局,调山东巡抚琦善、安徽巡抚陶澍为总办,理藩院尚书穆彰阿为驻津验米大臣。自咸丰二年(1852)后,海运漕粮成为供应京师的主要方式。天津不但并未随着运河漕运的结束而衰落,而且因海河河口,扮演着海运漕粮转运港口的重要角色。

由河运转到海运,航运环境的变化使漕船的种类也变为适宜海上航行的沙船、宁船、疍船、卫船等木帆船。尤其是沙船,是海运的主力,道光、咸丰年间,其数量在2000~3000只左右,船工水手达到10万余

众。[①]海船每年二三月乘东南季风自上海县吴淞口出航，入黄海循海岸线北上至山东日照，然后绕过山东半岛成山角至刘公岛、威海卫、芝罘岛、庙岛，再乘东南风由庙岛西北行，并沿途测探水深，当见到水为黄色，水底软泥时，即将到达大沽口外拦门沙，于此抛锚停泊。由于沙船体量大，需要等待涨潮时，乘潮进口，再溯海河，经纤夫挽牵180余里，抵达天津城东关外。[②]

海船的终点在天津城东门外海河码头，尤其自咸丰年间以后，东门外码头渐成为天津港口的核心码头区。因北运河淤塞，或遇到天冷冻阻，漕粮抵津后仍由驳船于北仓卸载存放。如咸丰四年(1854)十月初九，顺天府府尹谭廷襄奏，时值风雪交作，天气寒冷，河道冻阻，亲至北仓，选择空廒16座，令夫役如法铺垫。按船验封，陆续起米过斛，加上采买奉天粟米共2.9万多石，囤放北仓。“北仓制度恢宏，廒墙坚固，甲于他处”，旧有大使一员专门管理，“现复查照旧章，饬道移镇，分拨弁兵驻扎防护”，“所有原装各船不能归次，即饬停泊仓外河口，今原委押运之把总二员、外委四员，率同船户一百四十六名，于仓墙周围搭盖窝铺，分班轮守，并添拨该处团勇二十名，协同兵役昼夜梭巡，务期周密”[③]。

漕粮囤寄北仓，皆由驳船运至京师，北运河驳船仍十分忙碌。如道光六年(1826)，驳船的数目仍需保持在2000多只，“剥船一项，例有二千五百只，今细加查验，可用者有二千二百余只，其余一百余只，可修者赶紧修理，似应足用。惟今岁起运北仓截留之米，必须及早转剥”。但是时当四五月间，北运河正缺水之时，届时必须转运，恐怕2500只不能敷用，请求

① 台湾“中研院”近代史研究所：《海防档·购买船炮三》，台北：台湾艺文印书馆，1957年，第816页。

② (清)吴惠元总修：《续天津县志》卷6《海道》，同治九年(1870)刻本。

③《朱批奏折》“咸丰四年十月十六日顺天府尹谭廷襄为末二起漕米截卸北仓完竣事奏折”，载中国第一历史档案馆编：《咸丰朝海运漕粮史料(上)》，《历史档案》1998年第2期。

预先多为雇备。[①]沙船到港卸下漕粮后即可回还，2500只官驳船，遂派1000只到上园等候海运，1000只拨赴北仓转运滞漕，另以500只分赴杨村，为备驳盘坝南漕之用。这些船只仍不够用，可雇用民船，令其驳运抵达通州石坝后，听其自行揽载，不必再雇用，以示体恤。[②]

海河河口有拦江沙一道，有碍沙船进入海河，装满漕粮的海船必须在大沽沙坝以外停泊，等待潮汐到来，水位上涨后由水师营官兵引航船只带领过沙坝。"惟天津口外有拦江沙一道，水势甚浅，必候潮长七分，仍须东南风方能乘潮收口。"[③]或者由小船剥运一部分减少沙船吃水量，再进入海河河口。海船进入海河后，经纤夫牵拉，上溯至上园（天津城东门外迤南一带），河水湍急，河面狭窄，河道深浅不一，而且船体形制笨重，转动吃力。至码头停泊时，又要避让航道，因此几百只沙船依次前后排开非常壮观。[④]鉴于大沽口是各等船只的会合场所，故清廷在此设立外局，管理海运事宜。[⑤]

鸦片战争之后，列强航运势力渐渐参与海运漕粮，其轮船航运技术先进，不受季风的影响，而且有运价低廉的特点，十分优越于沙船航运。一般沙船最大载重量约为250吨，而列强轮船动辄载几千吨，中国沙船航业

①《朱批奏折》"道光六年正月初八日直隶总督那彦成为遵旨分饬司道等办理入津漕粮事奏折"，载中国第一历史档案馆编：《道光年间海运漕粮史料选辑（上）》，《历史档案》1995年第2期。

②《朱批奏折》"道光六年五月十五日直隶总督那彦成为报近日办理海运事片"，载中国第一历史档案馆编：《道光年间海运漕粮史料选辑（上）》，《历史档案》1995年第2期。

③《朱批奏折》"道光六年三月十七日直隶总督那彦成为报抵津进口沙船及兑剥抵通漕粮数片"，载中国第一历史档案馆编：《道光年间海运漕粮史料选辑（上）》，《历史档案》1995年第2期。

④《朱批奏折》"道光六年三月二十日钦差大臣穆彰阿等为办理转剥验收海运沙船米石事奏折"，载中国第一历史档案馆编：《道光年间海运漕粮史料选辑（上）》，《历史档案》1995年第2期。

⑤《朱批奏折》"光绪二年九月二十五日浙江巡抚杨昌浚奏浙江漕白粮米海运完竣折"，载中国第一历史档案馆编：《光绪元年的海运漕粮》，《历史档案》1983年第3期。

严重受挫。在此情形下，1872年李鸿章主持成立了轮船招商局，以官督商办的形式，开始使用轮船运输，直到1900年以后，全由轮船代替沙船运输漕粮。

清末铁路的建设，也为塘沽码头区的兴起奠定了基础。1876年，李鸿章指派唐廷枢到河北滦县开平镇西南9公里的唐山开采煤，之后成立开平矿务局，并于1881年自建了中国第一条铁路，即唐山到胥各庄之间9.7公里的运煤专线。1888年3月，将其延长至塘沽，8月28日延长至天津。1897年，修通到北京丰台，又展建到永定门外的马家堡，1901年，英军再延修到前门。以后这条铁路向东北展修，由北京经天津、山海关直达沈阳，定名为京奉铁路。铁路的修建为漕粮运输提供了便利条件。1901年经奏准"海运米石运抵塘沽，改由铁路火车径运京仓交兑"，且节省开销，"所有增给剥船户耗米价银及加给剥船户津帖银两等款停止开销"。[①] 铁路运输漕粮渐渐增多，对于促进中国近代铁路事业的发展，起到了积极的作用。[②]

（二）近代天津双中心港口的形成

1.天津双中心港口的空间布局

1860年第二次鸦片战争结束，清廷与英法两国签订了中英、中法《北京条约》，迫使天津成为约开商埠，"续增条约画押之日，大清大皇帝允以天津郡城海口作为通商之埠，凡有英民人等至此居住贸易均照经准各条所开各口章程比例，划一无别"，"从两国大臣画押盖印之日起，直隶省之天津府克日通商，与别口无异，再此续约均应自画押之日为始，立即施行，毋庸俟奉两国御笔批准，犹如各字样列载《天津和约》内，一律遵守如此"[③]。

---

①《军机处录副奏折》"光绪三十二年六月初二日署理两江总督、山东巡抚周馥等奏折"，中国第一历史档案馆藏。

② 倪玉平：《漕粮海运与清代运输业的变迁》，《江苏社会科学》2002年第1期。

③ 王铁崖编：《中外旧约章汇编》第1册，北京：生活·读书·新知三联书店，1957年，第145、148页。

天津的被迫开放，不仅仅开启了这个城市的近代化，而且影响了整个北方地区经济社会的近代化进程。天津以其西邻北京、东据海口、北通关外、南趋江南的独特区位优势，强烈吸引着各国的眼睛，成为中国近代城市转型的先驱之一。其中租界就是显著特征。1860—1861年，英、法、美分别在天津城南紫竹林一带划定租界。三国租界沿海河西岸而设，长3千米。英租界以今大沽北路为西界，彰德道为南界，营口道为北界，占地460亩。法租界在英租界北，以今大沽北路和锦州道为界，占地360亩。美租界在英租界南，以今大沽北路、开封道为界，占地140亩，至1896年后，划归英租界兼管。1895年，德国以"干涉还辽有功"为理由，与中国签订《天津租界合同》，划定德国租界，北邻美租界，东至海河，南至小刘庄，西至大沽路以东，占地1034亩。中日甲午战争之后，1898年日本与中国先后签订《天津日本租界条款》《天津日本租界续立条款》等条约，划定天津城南门以外为租界，东南接法租界，东北临海河，西南临墙子河，占地1667亩。1900年，八国联军侵华。次年，中国被迫与列强签订《辛丑条约》，俄国、意大利、奥匈和比利时相继在海河东岸圈地建立租界。俄租界自东站至大直沽，占地5971亩。意大利占领东站以北，奥匈占领狮子林周围地区，比利时占领大直沽以南海河沿岸1427亩土地。同时英法又强行扩展租界范围。至此，天津设有九国租界，占地20000余亩。1919年，中国政府收回德奥租界，分别改为特别一区、特别二区。1924年苏联归还俄租界，改称特别第三区。1931年收回比利时租界，改称特别第四区。1945年抗日战争胜利后，收回英、法、日租界。

租界濒临海河，以河岸码头为发展原点。最初英法美租界选择在紫竹林附近搭建码头，此处河阔水深，潮差能够达到8英尺（约2.4米）~11英尺（约3.3米），便于较大型的轮船停靠。英租界码头分为5处：第一码头长60英尺（约18米），第二码头长200英尺（约60米），第三码头长420英尺（约126米），第四码头长350英尺（约105米），第五码头长60英尺（约18米）。法租界码头一处，长90英尺（约27米），分别为英国怡和洋行、美最时洋行、德国亨宝洋行、日本大阪商船株式会社和邮船公司，以及轮船

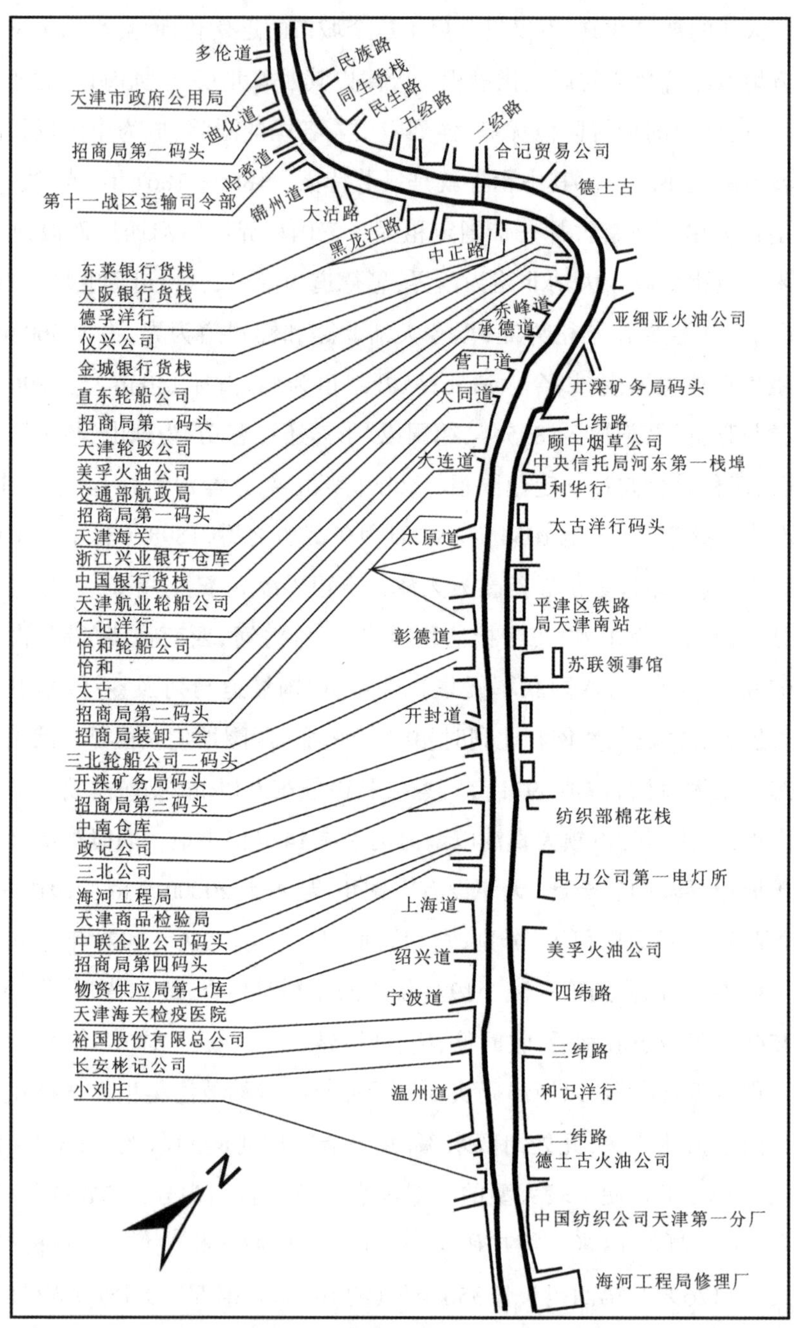

图5-4 1937年天津租界码头情形示意图

资料来源:《天津通志·港口志》,第187页。

招商局、开平矿务局所使用。[①]到1937年，租界一带共建有码头总长约9000多米，一部分为混凝土结构，一部分为木桩栈桥或石木混合结构。其中日租界码头长约1000米，水深3米~5米，主要由东亚海运、三井洋行、招商局等航运公司使用；法租界码头长约1500米，水深2米~6米，主要由东亚海运、直东、大阪、招商局、仪兴、天津轮驳等公司使用；英租界码头长约1200米，水深3米~5米，主要由天津航运业太古、怡和、三北、招商局、仁记等航运公司使用；特一区码头长约1300米，水深1米~5米，主要由政记、三北、中联、招商局、东亚海运等航运公司使用；特三区码头长约400米，水深0.5米~5米，主要由太古、美孚、和記、中信、开滦、大通、华北交通等公司使用。[②]（见图5-4）

此时期天津港口分为市内港和外港，市内港即租界码头区，外港即塘沽码头区，又演变成了双港空间布局。市内港共有系船桩38座，每座之旁可容船只计长200英尺（约60米）~325英尺（约98米），但只限吃水12英尺（约3.6米）~18英尺（约5.4米）者停泊，超过此吃水量的大型轮船需要停泊在大沽口外，待驳船转运。塘沽码头甚多，总长8000余英尺（2400余米），皆由各大公司自己经营。[③]（见图5-5、表5-3）

---

① [日]东亚同文会：《支那省别全志》卷18《直隶省》，日本：秀英舍印刷所，1920年，第53页。

② 天津市地方志编修委员会编著：《天津通志·港口志》，天津：天津社会科学院出版社，1999年，第187—188页。

③ 宋蕴璞辑：《天津志略》第11编《交通》，台北：成文出版社有限公司，1969年，第230页。

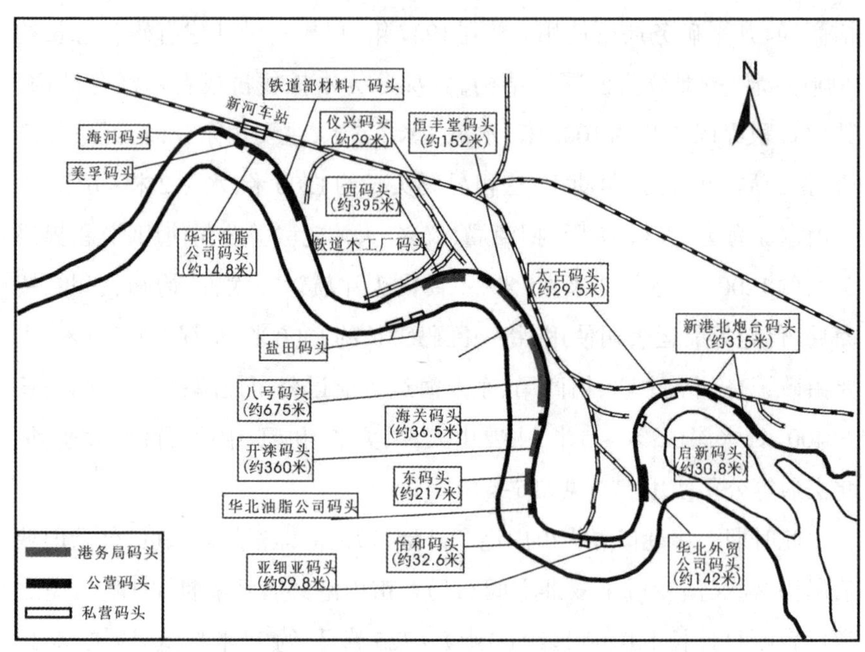

图5-5　1950年塘沽码头情形示意图

资料来源:《天津通志·港口志》,第189页。

表5-3　塘沽码头一览表(1935年)

名称	国籍	码头结构	附属设备	供泊靠轮船数
南开码头	中		堆存芦台盐	
新河码头	中	木制311英尺(约94米),幅宽25英尺(约7.5米)		2000吨级1艘
美孚码头	美	木制幅宽12英尺(约3.6米)	铁路支线	全长336英尺(约100.8米)
太古码头	英		铁浮筒6个、仓库、铁路支线	2000吨级3艘
启新码头	中	木造结构		2000吨级1艘
亚细亚石油码头	英		铁浮筒1个、铁路支线	2000吨级1艘
怡和洋行码头	英	木造码头	铁路支线	2000吨级2艘
招商局东码头	中		铁浮筒4个	2000吨级2艘

续表

名称	国籍	码头结构	附属设备	供泊靠轮船数
开滦码头	中	钢筋混凝土,长1000英尺(约300米)	铁路支线	2000吨级4艘
北宁铁路码头	中	木造1—8号码头	起重机1台	2000吨级3艘
邮局码头	日	木造350英尺(约105米)		2000吨级1艘
运输部码头	日	木造栈桥码头137英尺(约41.1米)		2000吨级1艘
久大码头	中	木造175英尺(约52.5米)		2000吨级1艘
仪兴码头	法	木造265英尺(约79.5米)		2000吨级1艘
东兴码头	德	木造		2000吨级2艘
招商局西码头	中	木造	铁路支线	2000吨级1艘
分遣队码头	日			2000吨级1艘
德大码头	德			2000吨级1艘
大沽造船所南岸码头	中	木造		2000吨级1艘
大沽铁工厂南岸码头	中	木造		
河码头	中			2000吨级2艘
华裕码头	中			2000吨级5艘

资料来源:[日]南满洲铁道株式会社天津事务所调查课:《北支那港湾事情》,天津:南满洲铁道株式会社天津事务所,1936年,第24—25页。

2. 市内港区的发展情况

20世纪30年代天津市内港主要码头区已经移至万国桥(今解放桥)以南至小刘庄的右岸,其中英法租界码头甚为繁荣。海河左岸的太古洋行河东栈、英国烟草公司和开滦东码头,因紧靠火车东站,便于货物与铁路运输相连接。

1936年出版的《天津游览志》对天津市内港情况做了细致的描写。日租界码头为混凝土修筑,因水浅故没有大型洋行或轮船公司使用,只有码头之名,而无码头之实。一直到日法租界交界处,才有三井洋行。

进入法租界万国桥地方,桥西边是中西货栈和大陆货栈,都是存货的露天堆栈。较大轮船进入这里需要开启万国桥,又因河身狭窄,转头不便,因此一般都是民船和地车转运货物。过万国桥之后,轮船公司和货物堆栈一家家挨门挨户,热闹非常,进出的船只不时下锚启碇,起卸货物的脚行小工忙成一团。自桥东中国北方航业公司第四仓库起,紧靠着的是国际运输公司仓库、金城银行货栈、直东公司及第二货栈、北方航业公司、大阪轮船公司、美孚洋行。再向南便是直东第三仓库、公兴货栈、近海邮船会社,直至津海关大楼。

往前行便进入英租界码头,沿岸的轮船公司和货栈里的存货更是密密麻麻地堆垒起来。进口货如麦粉、五金铁货、纸张等在码头上都用芦席严密地封盖着。津海关迤南计有浙江兴业银行、中国银行两货栈及怡和洋行栈房、招商局北栈,再向南怡和公司的栈房前修筑有天桥,可以从码头上直入栈房内部,有利于装卸货物。还有太古洋行栈房、集成公鲜货行、招商局南栈、普丰洋行东栈、大阪码头、大沽驳船公司、开滦矿务局西码头、日清码头。英法租界码头修得宏伟壮丽,而轮船公司更是星罗棋布,外轮驶入停泊者,日必数起。

再下行则是特别一区码头,日见落伍,与英法租界码头形成鲜明对比。河岸被雨水冲刷得坑洼不平,没有注灰式砖石建筑。这一带有政记码头、三北轮船公司、海河工程司、大连码头,其下为墙子河泄水闸,河面渐渐宽展,但是实际淤泥不堪。岸上原有可以下锚的铁柱,因久不使用,岸基又不稳,早已坍塌下来。更南行便到小刘庄裕元纱厂,河对岸便是特别第四区,有德士古火油公司新筑的煤油罐,罐前码头一直修到特别三区的和记洋行。这里有个海河栈,但冷清得有名无实。再北则是美孚洋行的煤油栈,街前混凝土码头颇为壮观,在码头两端装置有几架起重机。更北便是特别三区码头,壮丽程度可与英法租界码头相比,这条码头只修至海河公园,但不远便见到北方公司的砖石码头,再到仁记洋行东栈又是一片荒地。过了仁记往北,直到太古洋行河东栈,才有些热闹气象。太古河东栈与招商局南栈隔河对立,河东反忙碌于河西,实为招商局之差。从太古往北又是德士古油栈,依次过福中公司、大英烟公司、开滦东码头,这里货物起卸甚忙。河身东折,有卜内门、亚细亚油罐、井德矿务局,而至火车东站材料厂。经过万国桥,河边尘土飞扬、乌烟瘴气,意租界河沿荒凉,码头虽有更无用处,再上行至东浮桥,简直无码头可言。[①]

图5-6 天津法租界(左)和英租界(右)码头

资料来源:《北清大观》,1909年,第5、19页。

一方面是码头的繁忙,一方面则是进出口货物的大量增多,为存放和流转货物,货栈业便应运而生。天津港口的货物从粮食、干鲜果到棉花、皮毛,从纸张、猪鬃到五金各种杂货,种类十分繁多,不同种类的货物对货栈有不同的要求。货栈业在天津近代经济中占有重要的分量,它不同于普通的仓库,不仅仅保存货物,且还代客商买卖货品、抵押货品,以及经营信贷业务。因而货栈业对维持天津港的进出口业务及城市繁荣起到了巨大的作用。

货栈一般集中在河东及英法租界,经营不同货物的货栈也有不同的空间分布,如经营皮张、毛绒、猪鬃的货栈多集中在英法租界,棉花货栈主要在英法租界和河东特别二区、三区及意租界一带,粮食货栈以河东区域为中心,干果货栈则分布于特别二区、三区、意租界与河北大街一带。河东地区南临海河码头,北靠火车东站,水陆交通联接转运十分方便,特别

① 燕归来簃主人编:《天津游览志》,北平:中华印书局,1936年,第5—8页。

二区、特别三区、意租界便成为货栈业分布中心区域。[①] 此时期也出现了英法租界及河北一带的货栈渐次集中于河东的现象,其原因可能是海河的淤积,致使船只多在塘沽卸货再由铁路转运至天津。铁路的铺设延续了天津市内港的繁荣,塘沽码头的作用突显,港城分离成为必然趋势。

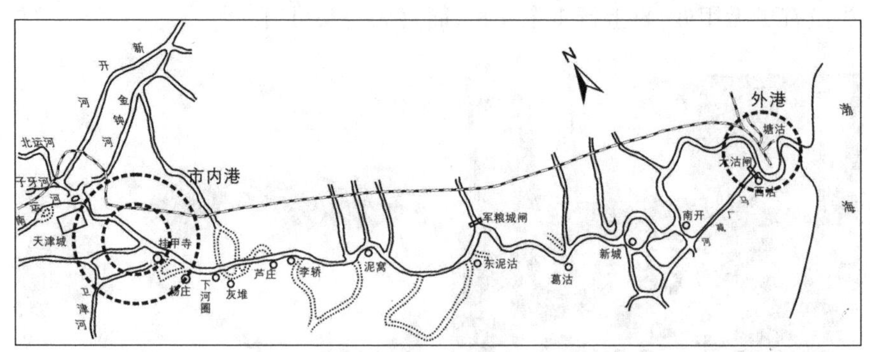

图5–7　近代天津双中心港口的空间布局示意图

资料来源:《天津海河全图》,1926年;《天津航道局史》。

三、近代塘沽新港的兴起与发展

自海河工程局成立之后,经过裁弯取直、挖泥浚淤、冬季破冰,即三季挖泥一季撞凌地不停工作,才维持了海河的航运。时人非常担忧天津港口的未来,“天津者,北方之巨埠也,海河者,天津之命脉也”,“海河淤塞则天津形成废港,华北因之凋零,海河通畅则天津繁荣,华北因之振兴”。[②]

嗣后,整理海河委员会、整理海河善后工程处以及华北水利委员会,相继办理海河放淤工程,海河淤积状况才有所好转。但放淤只是权宜之计,不少有识之士开始讨论天津港口的发展策略。永定河河务局局长孙庆泽提出另辟一条海河:自天津西大关西端郭家花园迤西,向南直达华商赛马场西南,而东南行经南开大学西南里许,趋东南穿过津浦铁路支线和卫津河,至大任庄北三里许,再经前、后三合庄、新河桥、韩家桥、咸水沽、

① 薛不器:《天津货栈业》,天津:新联合出版社,1941年,第7—8页。

② 《整理海河委员会存废问题》,《大公报》1933年10月4日。

赵家台,至葛沽、新城,于郝家沽旧兵营之间入海河,共长45千米,再经塘沽入海。[①]这项提议经研究后与实际不符而且费用巨大便作罢。

三季挖泥及海河放淤等工程没有根本改变海河淤塞,选择环境条件更好的地方开辟码头成为大势所趋,也就是北方大港和塘沽新港的规划建设。此外海河冬季封冻而致封港,每年只有9个月的通航时间,在破冰作业之前,天津港只能被迫临时选择不封冻的秦皇岛港来代替。

(一)近代天津海港选址的决策过程

1.秦皇岛的开埠与港口的发展

明清时期秦皇岛主要作为军事防御和渔港,因秦皇岛地处京津和东北的连接廊道,战略意义十分重大,第一次鸦片战争后,外国势力就开始涉足此地。1877年李鸿章委派唐廷枢为总办,于唐山开平镇成立开平矿务局,使用机器采煤,为天津机器局和轮船招商局提供燃料。为了方便运输,开平矿务局开闸胥各庄至芦台镇的运河,以及铺设矿区至胥各庄的唐胥铁路,水陆联运可直抵天津港,开平矿务局分别在天津市内港和塘沽设置了专门运煤码头。至1890年这条铁路延长到塘沽码头。由于海河河道的淤塞以及大沽拦门沙的存在,天津港无法满足开平煤矿日益增长的运输需求,唐山附近的秦皇岛港便成为首选。1893年,津唐和唐榆铁路全线通车,天津、唐山和秦皇岛的联系更加紧密,以后铁路延长至北京和沈阳,先后称京奉铁路、北宁铁路,秦皇岛的交通枢纽作用更加突出。

1898年清政府将秦皇岛自辟为通商口岸,并勘测修筑正式码头,1902年正式设关开埠,渐渐成为开平矿务局的运煤专业码头。秦皇岛开埠通商不仅促进了中外、华北与东北地区的商品流通,也开20世纪以后华北自开商埠之先河。[②]1900年以后开平矿务局被英国把持,开始经营

---

① 孙庆泽:《另辟新海河意见书》,《华北水利月刊》1932年第5卷第5/6期。

② 张利民:《华北城市经济近代化研究》,天津:天津社会科学院出版社,2004年,第49页。

秦皇岛码头，港池、航道、铁路专线、堆场、库房、通信导航、供水、供电等设施都有所完善。1914年，泊位可停靠7艘轮船，最大总吨位23000吨左右，最高达28000吨，至1918年码头泊位总长为629米，分大、小码头，犹如两只蟹螯，成为秦皇岛港独有的特点。[①]（见表5-4、图5-8）

表5-4 1914年秦皇岛港码头泊位宽度、水深和停靠吨位

泊位	宽度/英尺	水深（涨潮）/英尺	水深（落潮）/英尺	最小停泊吨数	最大停泊吨数
1	330	22	18	2000	2500
2	280	22	18	2000	2500
3	260	27	22	2000以下	2000
4	320	29	24	3000	3500
5	380	30	25	4000以下	4500
6	350	30	25	4000以下	4500
7	450	30	25	6000以上	8500
总计	2370	—	—	—	—

资料来源：[日]南满洲铁道株式会社庶务部调查课：《秦皇岛の港湾と诸关系》，载辽宁省档案馆编：《满铁调查报告》第3辑，桂林：广西师范大学出版社，2010年，第53—54页。

1912年，开平矿务公司与滦州煤矿公司合并为开滦矿务总局，随着港口吞吐能力日益提高，开始购买挖泥船疏浚港池和航道，到1922年时，泊位、航道及口门深度高潮水深增加到21英尺（约6.3米）~29.5英尺（约8.9米）之间，在渤海湾有这样水深条件的港口不多。冬季春季海水含盐度高，又受黄海暖流影响，一般12月下旬或1月上旬港口结薄冰风吹即散，无风时冰层稍厚，如1917年结冰比较严重，轮船进口比较困难，次年2月下旬温度上升即可融化，但一般年份可保持冬季不封港的状态。[②]

① 黄景海、奚学瑶主编：《秦皇岛港史（古、近代部分）》，北京：人民交通出版社，1985年，第198页。

② [日]南满洲铁道株式会社庶务部调查课：《秦皇岛の港湾と诸关系》，载辽宁省档案馆编：《满铁调查报告》第3辑，桂林：广西师范大学出版社，2010年，第43—45页。

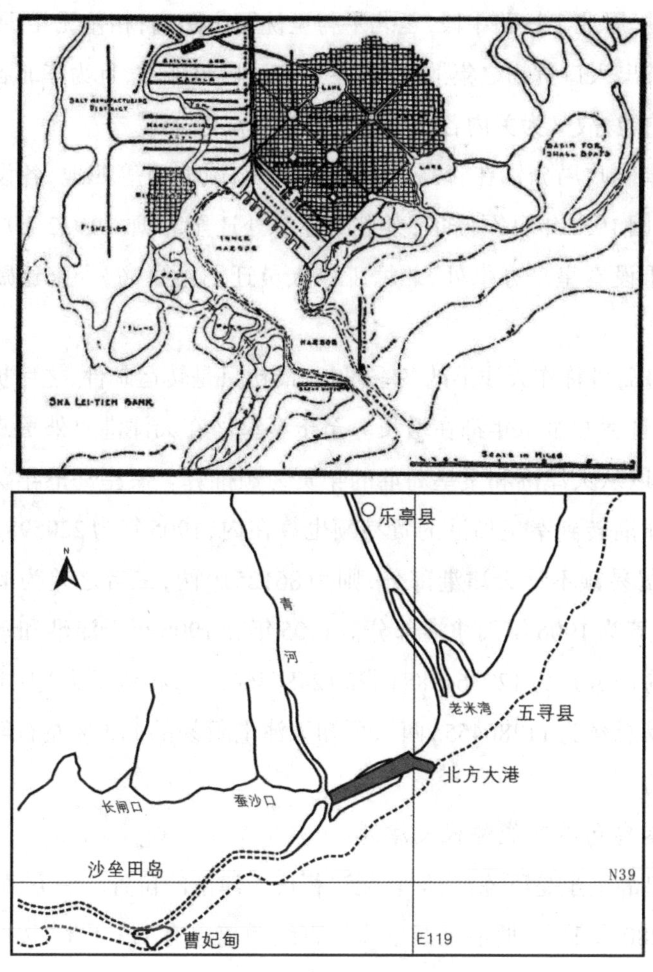

图5-8 北方大港设计方案

资料来源:《建国方略》,第14页。

2.天津港的冬季码头

天津港一般在12月至次年2月为封港期,封港期间航运货物要经秦皇岛港转运。"秦皇岛港在山海关之附近,为不冻港。故四季皆便碇泊,虽吃水17英尺之船舶亦得附着于其栈桥,在白河结冰期内,平日往来于天津之船舶皆改至秦皇岛。"① 其地理位置又有优势,"秦皇岛为渤海湾内不

① 孔廷璋编译:《中华地理全志》,上海:中华书局,1914年,第7—8页。

冻港之一,居北宁铁路中段,至北平与至沈阳之距离,相差无几,不但可为东北四省出入口货物之集散地,入冬令大沽口封冻时,且为华北各商船之唯一停泊地,故又为关内各地货物之集散地焉"[①]。

天津航政局分别在青岛、烟台、秦皇岛、威海卫等四地,各设有一个办事处,因1931年日军侵华,秦皇岛办事处迁至北塘。1932年局势稍有稳定便重设秦皇岛办事处,北塘工作人员迁回秦皇岛,令宋建勋担任该处主任。[②]

秦皇岛可称作天津港的冬季码头,最初只是转运邮件,之后扩展到一般货物,且吞吐量每年都在增长。至于秦皇岛在天津港对外贸易中所占分量,可以从天津港和秦皇岛港的年贸易额推算。秦皇岛港年贸易额一般将天津港转到秦皇岛港的贸易额也算在内,1905年为22059890两,而1906年贸易额不计天津港部分,则为8612519两,二者之差为13447371两,姑且算为1906年天津港部分。(1905年和1906年天津港和秦皇岛港间的贸易额分别为122364988两和124864662两,相差不大)天津港1906年的贸易总额为112864555两[③],可知天津港贸易的11.9%左右经秦皇岛港进行的。[④]

3.秦皇岛港不能替代天津港

秦皇岛港虽是不冻港,但它无法替代天津港的位置。一方面,天津距秦皇岛280多千米,塘沽至秦皇岛的直线距离也有211千米,按照距离衰减理论,二者的吸引力并不大,因此秦皇岛港不具备距离优势。

另一方面,天津港的腹地覆盖华北、西北及东北等地区,水陆交通发

---

①《秦皇岛势力半属外人》,《国闻周报》1931年第8卷第23期。

②《恢复秦皇岛办事处》,《大公报》1933年9月13日。

③ 吴弘明编译:《津海关贸易年报(1865—1946)》,天津:天津社会科学院出版社,2006年,第241—257页。姚洪卓主编:《近代天津对外贸易(1861—1948)》,天津:天津社会科学院出版社,1993年,第256页。

④ [日]日本中国驻屯军司令部编:《二十世纪初的天津概况》,侯振彤译,天津:天津市地方史志编修委员会总编辑室,1986年,第297页。

达。依海河扇形水系的特点，形成了以天津为中心的内河航运网络，北自北运河可达顺义县属牛栏山，又自蓟运河可达蓟县等地；南自子牙河经滏阳河可达磁县，又自南运河可达山东临清，绕转卫河至河南卫辉；西自大清河可达保定；东自海河可达大沽海口。有津保线（天津至保定）、津磁线（天津至磁县）、津沽线（天津至大沽）、津泊线（天津至泊头）等四条主干航线，共长1201里。[①] 铁路交通方面是京奉线、津浦线等铁路干线的交会点。秦皇岛港没有天津港的区位优势，而且期港池较小，吞吐能力有限，无法满足中外日益增长的进出口贸易。

1913年之后，海河工程局为解决冬季航行问题，开始购买破冰船，进行冬季破冰作业。除了1935—1936年冬季严重冰灾致使封港数月之外，其他年份基本保持了冬季不封港或封港时间很短。上海、香港、大连和神户等港埠已承认天津是不冻港，多派轮船航行此线。此赖逐日有破冰船一只在市内港作业，二只自大沽至万国桥作业，保持航道通畅。如1923年1月间进港轮船35艘，达36721吨，1924年1月间进口船只43艘，达47246吨。[②]天津港冬季通航，商船自可以随时进口，不必再到秦皇岛港转运。

4.孙中山提出北方大港计划

孙中山的《建国方略》是近代实现中华民族振兴的宏伟蓝图，通过心理建设、物质建设和社会建设达到强国、富国、裕民的目标。其中《实业计划》中提出了在中国海岸线上分别建造北方大港、东方大港和南方大港，并以三个大港为中心发展全国的铁路交通运输系统，体现了非常先进的区域规划思想。如在直隶湾筑北方大港，以北方大港为起点建铁路系统，迄中国西北极端；移民蒙古和新疆；开浚运河联络中国北部、中部及北方大港；开发山西煤铁矿源，设立钢铁厂。此为一体计划，彼此互相联系，举其一有利其余。“北方大港之筑，用为国际发展实业计划之策源地，中国与

① 林荣：《河北省地方水利建设》，《河北月刊》1936年第4卷第12期。

②《天津港将永不冰冻》，《申报》1924年2月24日。

世界交通运输之关键，亦系夫此。"①

渤海湾中有大沽、秦皇岛、葫芦岛港等港口，大沽口拦门沙淤积靡常，而秦皇岛和葫芦岛距离华北中心城市很远，发展潜力不大。因此，北方大港的选址在大沽口、秦皇岛两地中途，大清河、滦河两口之间，沿大沽口、秦皇岛间海岸岬角上，为渤海湾中最近深水点，东经118°51'，北纬39°11'，正处在亚洲大陆太平洋海岸线中央。②将大清河与滦河远引他处入海，成为深水不冻大港，以商港论，则远胜于秦皇岛、葫芦岛。铺设西部铁路可以将黄河流域、蒙古及西伯利亚地区联系起来，北方大港将成为上述地区最近海港，发展为北方最大商业中枢。

孙中山提出北方大港计划经过了实地勘测和科学研究，在具备优良自然条件处选址，成为渤海湾中诸港口发展的必然趋势。1989年京唐港在乐亭王滩开始建设，并于1992年开港，就处于北方大港的选址范围，另外正在建设中的曹妃甸港，是渤海湾中最近深水点。

海港的选址一般要符合4个条件，居水陆要冲、冬季不封冻、接近深海区域、港湾容量大。大沽海口只符合第一条，其余则无法满足。河口拦门沙冲淤靡常，河滩坡度平缓，且每年需破冰船才能维持冬季航行，较大吨位的轮船只能停泊在拦门沙以外，等候驳船，风浪大作时便无法停泊，这些已经成为天津港口发展的瓶颈，有人忧叹"故天津商业，颇难再望发展"③。海河工程局和顺直水利委员会每年都花费巨资治理海河淤积问题，但效果并不明显，1928年海河淤塞严重，于是1929年国民政府交通部令华北水利委员会在天津成立"北方大港备处"，初委任李仪祉、李书田为正、副主任，以及工程师须恺、水文气象工程师顾世楫、测绘工程师吴思远、调查工程师李蕴、秘书李吟秋、会计王韧、事务徐泽昆，不久李仪祉调往筹备导淮工程，由陈懋解担任，并开始进行地形、海水、气候等方面的勘

---

① 孙中山:《建国方略》，上海:商务印书馆，1930年，第10页。

② 李书田:《北方大港之现状》，《华北水利月刊》1929年第2卷第9期。

③ 张人杰:《北方大港序词》，《华北水利月刊》1929年第2卷第9期。

测，制定规划大纲和工程预算的工作。

大清河径流量少，为潮汐河道，河口外自东向西有一系列沙岛，如打网岗岛、月坨、石臼坨，三座沙岛将大清河口围成一河湾，其外称外海，内曰内海，落潮时三岛与陆地相连。因滦河远离入海，沙源减少，所以地形变化不大，当可浚深9.144米以上。再西则是蛤坨、疙瘩坨、鱼骨岗暗沙和曹妃甸岛。每年河口外结冰期约两个半月，冰层最厚数英寸，最薄为5.08厘米，经常被海潮涨裂。自打网岗向东，海水结冰距离海岸不超过50米～60米，厚约3英寸（约7.62厘米），若建一适当防波堤，冰层可由西北风吹出港外。再将大清河口改向西南远引，理由是破冰船经常工作，可保证北方大港不至封冻。[①]

根据大清河口的自然现状，华北水利委员会进行了初步的港口设计，在充分勘测之后分三期建设北方大港。第一期工作即建筑新港，如开凿运河、修筑铁路、挖泥填地、筑造码头和仓库、安置电机等设施。将打网岗后部和附近地区作为港池，挖深至大沽高程零下10米，并凿一通海航道。内部洼地取挖浚泥沙填垫至大沽高程海拔5米，面积约2平方千米。筑两道长1000米的泊船码头，码头至唐山铺设标准铁轨，约80千米，与北宁铁路相连接。再添设灯塔、栈房、起重机、电厂、自来水厂等地设施。第二期工程，将港埠扩大，设无线电台、扩容20万吨仓房、建筑外港防波堤、大型船坞和货栈场、造运煤运盐的专用码头等，并购买土地建设城区。第三期工程继续购买土地，扩建市区，增筑大型仓库、延长码头2000米，以及完成与华北、西北铁路网络等规划。[②]（见图5-8）

北方大港的建设耗资巨大，不仅要筑造港区，而且还要扩建城区、铺设北方铁路网。此时，海河放淤工程完成后对治理海河淤塞取得了一定的效果，再加上时局不稳，筹资艰难，日军入侵，建港计划遂成为泡影。

---

① 李书田：《北方大港之现状》，《华北水利月刊》1929年第2卷第9期。

② 李书田：《北方大港之初步计划》，《华北水利月刊》1929年第2卷第9期。

（二）塘沽新港的建设

1.筹建塘沽新港的争议

民国时期天津港口成为河海混合型港口，分内、外港，内港即租界码头区；外港有二，即大沽和塘沽，相距约6千米。塘沽东南约8海里是轮船投锚地，海河淤塞时吃水12英尺（约3.6米），轮船不能上驶，即在塘沽卸货，又铁路转运至天津。塘沽码头由各国公司自己经营，总长8000余英尺（2400余米），20个泊位，可以停靠1000吨～3000吨级船舶，该地颇见发达。有招商局津局西厂、日本陆军运输部出张所栈桥、法国仪兴公司干船坞、中国海军船坞，大沽有海军部造船所，并有英国大沽浮船会社经营大沽与天津之间的客运，[①] 塘沽已经具备了建设新港的基础。

1928年海河严重淤塞时，朱延平曾撰文提出两种解决方案——"移海就市法""移市就海法"。[②] 所谓"移海就市法"，即将海河河底浚深至低于高潮海平面二三十英尺（约八九米），能够容纳较大吨位轮船。再使海河支流永定河、大清河、北运河，另辟河道由北塘入海，南运河可由捷地减河或唐官屯减河入海，阻截上游来沙，各河口设复式闸门，调节水量。所谓"移市就海法"，即在大沽海口一带建设新港区，作为中外商业枢纽，原天津市区域则专门发展工业。商埠东移才是保持天津繁荣的长久之计和大势所趋，这样既去海河之累，又能解决租界之争，还统一了海河水系治理权。

日军占领华北后，急需一个良好的港口，掠夺华北丰富的资源和倾销产品。1937年夏季，洪水挟沙将大沽航道掩埋，日军加紧挖泥工作，除了"快利"号挖泥船外，日军从日本调来两艘大型斗式挖泥船，将航道浚深至5米（高潮时7.5米），但不久又行淤浅。"把大沽沙坝航道水深保持在5米（高潮时7.5米），是相当困难的，这是阻碍天津港现代化的致命因素。"[③]

---

① 宋蕴璞编纂：《天津志略》，台北：成文出版社有限公司影印本，1969年。

② 朱延平：《华北水利初步设施蠡测谈》，《华北水利月刊》1928年第1卷第1期。

③ ［日］中道峰夫、［日］比田正、［日］濑尾五一、杨运泽：《塘沽新港》，《港口工程》1990年第5期。

建筑新港的呼声遂起。在新港选址问题上日本内部曾有一番争论,南满铁路技术人员主张选在大清河口附近,也就是孙中山提出的北方大港选址,认为水文条件最为良好;而日本军部认为塘沽已经有一定的基础,交通便利,距离天津市较近,最终决定在塘沽建港。[①]

日本委派坂本博士进行建港设计。1939年,派遣高西敬义在北平设立"北支新港临时建设事务局",隶属兴中公司,进行筹备工作。1940年由北平移设塘沽,10月25日举行开工典礼。1941年事务局改称塘沽新港港湾局,隶属华北交通株式会社。[②]日本建港一直持续到1945年无条件投降,一部分码头等基础设施业已完竣,国民政府接收后也准备继续建设,时人也有不同的看法。如水利专家李书田认为,从海河自身和港口长远发展来看,应该建设水文条件更好的北方大港;塘沽新港航道需要浚深至低潮时13米,大沽海滩13米等深线在距海岸三四十千米以外,疏浚工程殊非易事。新港建成之后也不会和纽约港相媲美,最多只是二等商港。[③]

2.塘沽新港建设过程

(1)日军的规划建设。1939年5月,日军制定了《北支那新港计划案》,6月,在北平设立北支新港临时建设事务局,隶属兴中公司。日本内务省派以高西敬义为首的调查团开始勘测港址,初步设计货物吞吐量目标为2700万吨,工程投资规模为1.5亿日元。1940年10月开工,1941年10月,事务局改隶华北交通株式会社,并改名塘沽新港港湾局,1942年将总规划变更,吞吐量目标缩减为1070万吨,工程费为2.5亿日元。第一期工程计划:吞吐量目标750万吨(煤500万吨、盐100万吨、其他150万吨),

① 佚名:《塘沽新港》,南京:行政院新闻局印行,1947年,第3—4页。

② 李华彬主编:《天津港史(古、近代部分)》,北京:人民交通出版社,1986年,第225页。

③ 李书田:《天津通海河港与大沽新港》,《行政院水利委员会季刊》1946年第3卷第1期。

工程费9580万日元，工期为5年。[①]

新港选址在大沽口北侧，设置码头、仓库等基础设施，也可使轮船不经大沽拦门沙，过船闸进入海河，上溯至内港。首先设计防波堤，防止泥沙侵入新港池、西北风袭击停泊的船只，分为南北两道，总长19910米，南防波堤长12750米，北防波堤长6510米，港道内横防波堤，长650米。为防止淤泥质海岸松软浮动，使用抛石方法筑堤。

开凿航道，于两防波堤之间，东端通入深海，西端经过船闸通入海河，全长约13千米，宽200米，水深6米。

填垫土地，自海河北侧海岸线起向海面伸出，作为港湾用地，长5000米的土地，平均宽度620米，面积约有320万平方米，土方量预计1350万立方米。

码头和船闸，设5个码头和1个突堤，第一码头长700米，水深6米；第二码头长350米，水深8米；第三码头长750米，水深7.3米；第四码头长300米，水深7.3米；驳船码头长1220米，水深3米；突堤长1080米，水深8米。船闸设计长180米，宽21米，通过货物目标每年400万吨，最大船只3000吨级。此外还有临港铁路，挖泥船、破冰船等船舶机械，港务局大楼、仓库等房屋建设。（见图5-9）

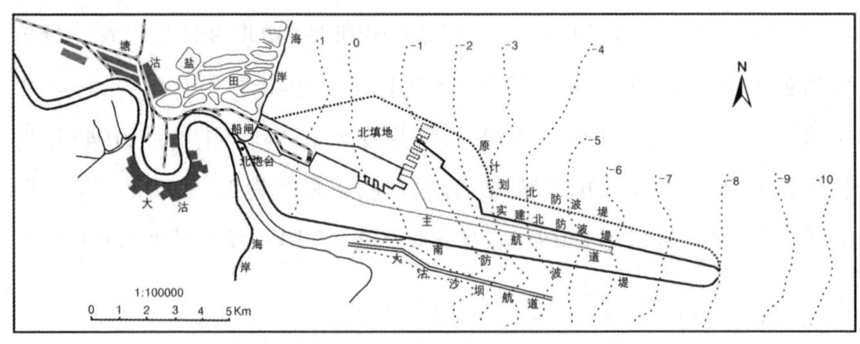

图5-9　塘沽新港日军设计图

资料来源：《塘沽新港工程之过去与现在》附图。

---

①［日］中道峰夫、［日］比田正、［日］濑尾五一、杨运泽：《塘沽新港》，《港口工程》1990年第5期。

抗战胜利前，南防波堤完成堆石结构7900米，北防波堤低潮时露出水面堤体长度3800米。航道挖至宽度130米，深度6米。吹填完成陆地面积为250万平方米，第一码头完成，前面港池挖浚完成，第二码头完成50%，港池挖浚60%。船闸土木工程部分完成90%，机械部分完成80%。临港铁路铺设30千米，公路铺设7千米。其余工程都在建设之中，因战败无条件投降而停顿。[①]

(2)国民政府的规划建设。1945年11月，交通部平津区特派员办公处接收塘沽新港，当时日籍人员约700余人，中国人员30余人，长工700余人，共1400余人。重要档案、图表、印信等文件已经被日军销毁，港内机器设备被盗窃、损毁甚多。12月，筹组塘沽新港港务处。1946年4月23日正式成立塘沽新港工程处，隶属交通部；8月改组为塘沽新港工程局，[②]开展塘沽新港的修正规划和建设工作。

根据津海港历年进出口货物统计，最多年份为1942年，净货吨数为190万吨，因此制定新港每年吞吐量约为200万吨，若装卸设备齐全则为400万吨，再加上通过船闸和大沽沙坝进入海河的船只，每年吞吐量可达600万吨。将规划修正为：

南防波堤修复完成16.8千米，北防波堤修复完成13.8千米，均至水深8米处；疏浚航道宽至130米，水深高潮时可达11米，另挖深水停泊地4处，水深11米，可停泊30000吨级轮船；完成驳船码头370米及油料码头；建筑3000平方米仓库、堆栈7座，预计须扩充至18座，发电所、变电站2处；建3000吨级和10000吨级船坞1所；临港铁路16千米、公路8千米，添置航道标志、起重机、给排水等设施。[③]经1946年修复、维修部分工程和

①［日］中道峰夫、［日］比田正、［日］濑尾五一、杨运泽：《塘沽新港》，《港口工程》1990年第5期。

②邢契莘：《塘沽新港工程之过去与现在》，天津：交通部塘沽新港工程局印行，1947年，第13页。

③邢契莘：《塘沽新港工程之过去与现在》，天津：交通部塘沽新港工程局印行，1947年，第24页。

机器设备后，制定了3年计划，[①] 预期1949年全部完成新港工程，后因经费困难和国民党发动全面内战而停顿。（见图5-10、图5-11）

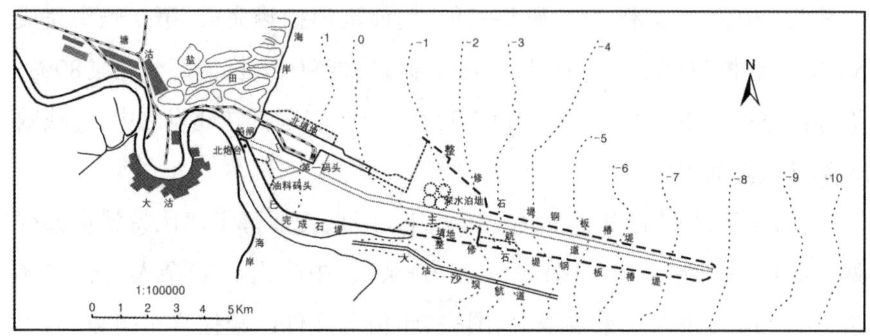

图5-10　国民政府塘沽新港3年计划示意图

资料来源：《塘沽新港工程之过去与现在》附图。

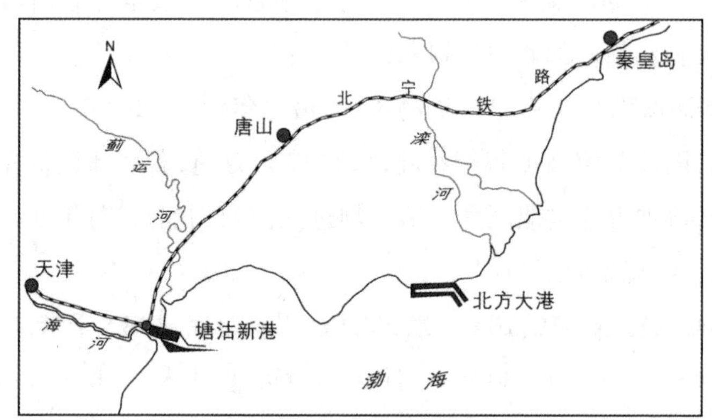

图5-11　塘沽新港、北方大港与秦皇岛港空间关系示意图

资料来源：丁文江、翁文灏、曾世英：《中国分省新图》，上海：申报馆，1948年，第33页。

（3）1949年之后建设情况。天津解放后至1952年，塘沽新港经打捞沉船、清理航道、疏浚港池、维修码头、修补防波堤等工程，于1952年10月17日正式开港通航。[②] 1959年后塘沽新港进入大规模建设时期，港口吞

① 佚名：《塘沽新港》，南京：行政院新闻局印行，1947年，第14—20页。

② 天津市地方志编修委员会编著：《天津通志·港口志》，天津：天津社会科学院出版社，1999年，第82页。

吐量也与日俱增,至2001年吞吐量首次超过亿吨,成为北方第一个亿吨级大港,2008年吞吐量达到3.56亿吨,集装箱吞吐量也达到850万标准箱。目前就吞吐量衡量,天津港居世界第5位,国内港口第3位,北方港口第1位,集装箱吞吐量位居世界第14位,国内港口第6位。而天津港内河航运也渐渐被陆运所代替,20世纪六七十年代华北地区干旱少雨,上游建水库蓄水灌溉农田,城市工业、生活大量用水,海河及支流径流量日益减少。1958年海河建闸断流,下游通航河段从东泥沽至新港船闸仅仅30多千米;20世纪90年代,除了几条观光游览船外,内河航运已不复存在。[①] 自此市内港及大沽、塘沽码头区渐渐消失,塘沽新港成为天津唯一港区,港城完全分离,形成了一城一港的城市空间形态。

塘沽新港虽摆脱了大沽沙坝和大沽航道变化靡常造成的困境,但海河、蓟运河等河流每年仍向渤海输入大量泥沙,这些泥沙在潮汐、岸流等作用下依然扩散至新港内沉积,造成回淤,淤积最强时达每年5米~6米。随着港口周边泥沙环境的改善,港内减淤措施的实施,泥沙回淤问题已不再成为天津港发展的障碍,但每年仍需进行维护疏浚才能保障港口的正常使用。[②]

---

① 天津市地方志编修委员会编著:《天津通志·港口志》,天津:天津社会科学院出版社,1999年,第376页。

② 蒋睢耀、温令平、冯学英等:《天津港回淤现状与回淤规律研究》,《水道港口》2000年第1期。

第六章 近代海河治理特点与港口空间形态演变过程

一、从传统河工向现代水利转型

历史上海河水系面临同样的问题，运河航道淤塞、洪涝灾害频繁。元明清时期海河水系的治理以“保漕济运”为方针，主要对北运河、南运河航道进行维护。海河水系为季节性河流，年际雨量和径流量分布不均，汛期时主要维修堤防，建造主堤、月堤等防止河流决口；枯水季节主要开源节流，收集上游泉水汇入运河，提高径流量，并禁止运河沿岸农民引水灌溉。明代，南运河、北运河淤塞严重，朝廷在运河两岸设置浅铺，专掌挖淤工作，以万历三十一年（1603）挖淤工程最大，将通州至天津全线河道，挑深4.5尺，挑出泥沙筑堤于两岸。同时在重要河段开挖减河，以宣泄洪水。清代更进一步完善前朝的治理方案，运河堤坝发展为由堰、月堤、缕堤、遥堤、闸、坝组成的堤防体系，挖淤则成为日常工作，漕运时要派人昼夜查巡，探量水势随时清淤，紧急时还要雇佣大批农夫疏浚河道。并在运河东岸继续开挖减河宣泄洪水，尤其注意在三岔口附近开凿减河，时人认为可以达到釜底抽薪的效果。

在防洪方面，明清时期永定河洪水汇入西淀或东淀，海河水系的洪水叠加，造成更加严重的洪灾。清代采用了“河自河，淀自淀”的治理方针，主要是筑堤导水，比如永定河下游全线堤防、大清河的千里堤，将不同水系的洪水隔离。因此明清时期文献中大量记载堤防、堵塞决口的活动。

在各项河工实施中，使用的都是传统方式，包括埽工用料、堵口培修堤防等等。

近代天津成为约开商埠，天津港口日益繁华，但是海河又属于蜿蜒型河道，河曲发育，河道淤塞严重，海河河口淤积形成拦门沙，严重地阻碍了港口的发展。这个时期，西方比较先进的水利技术开始影响中国的水利事业，西方列强掌控着天津租界港区与海河航道的治理。海河工程局成立后专对金钢桥至海口一线治理，开始使用西方的科学技术对海河进行水文和气象观测、工程设计、物资生产，并采取了闭塞支渠、裁弯取直、挖泥清淤、冬季破冰等治理活动，这些治理活动对近代天津港口的发展做出了巨大贡献。海河工程局积累了丰富的海河水文知识和治理经验，因此在近代的海河水系治理中，海河工程局是重要的参加成员。

顺直水利委员会的成立是中国近代水利史上的里程碑事件，它是中外交涉的结果，共同建设防洪工程。设置雨量、流量测站，开展了对海河水系的近代科学观测和地形测绘工作，为水利工程的设计施工提供翔实的数据。利用近代科学技术和新建筑材料筑造了新式水利设施，比如苏庄水闸、青龙湾。1928年顺直水利委员会改组为华北水利委员会，华北水利委员会采用了更系统的科学方法进行水文气象观测、水工试验、工程设计和实施。

海河水系的治理也促进了中国近代水利技术人才的培养。海河工程局的水利工程师基本上都是外国技师，顺直水利委员会主要的工程设计、监理职务还是由外国水利技师担任，委员会中一半成员是外国专家，比如海河工程局总工程师平爵内、上海浚浦总工程师海德森、全国水利顾问方维因，聘请的印度水利最高官员英国人罗斯。但是委员会的测量处、工程处的技术人员大部分是国内培养的人才，作为副工程师、技师、测量员，这些人员毕业的学校，包括北京大学、北洋大学、山西大学、上海南洋公学、唐山交通大学、江苏苏州工业专门学校、南京河海工程专门学校、山东河海工程测绘学校、济南陆军测量学校、湖南高等工业学校、山海关铁路学堂、福建高等学堂、北京交通传习所、唐山路矿学堂、浙江铁路学校、上海闽皖铁路学校、浙江铁路学校等等。

华北水利委员会组建后，国民政府开始统一全国水利行政，1928年设立建设委员会，直接管理华北水利委员会等机构。1931年设立全国经济委员会统一负责全国水利行政，各省由建设厅负责全省水利工作，各县政府负责全县水利工作。同时按照流域组建和划归相关机构，包括华北水利委员会、黄河水利委员会、扬子江水利委员会、广东治河委员会、导淮委员会。[①] 因此，华北水利委员会的成员除工程顾问是荷兰人方维因外，其余全部是中国人，各处室的工作人员也都是国人。从华北水利委员会的职员录可以看出，委员会主席李仪祉毕业于德国皇家柏林高等工业学院和德累斯顿工业大学，其他委员和职员也受到西方教育的训练，比如李书田毕业于康奈尔大学，须恺有美国加州吐洛克灌区工作经历，王季绪毕业于东京帝国大学和剑桥大学，周象贤毕业于麻省理工学院和加州大学伯克利分校，张含英毕业于康奈尔大学，等等。其他各处工作人员大部分是顺直水利委员会旧员。[②]

近代海河水系的治理也是中国水利建设的一个缩影，从水文观测、地形测绘、工程设计、水工试验，以及水利的管理模式、水利技术人才培养等方面，都呈现了从传统河工向现代水利转型的特征。

二、从海河航道治理到海河流域的综合规划与治理

海河水系呈现扇形结构，北运河、永定河、大清河、子牙河、南运河水系在天津三岔河口汇聚形成海河干流入海；天津又是约开商埠，西方列强控制租界港区，以海河工程局为主要的水利机关，负责海河干流的挖淤、裁弯取直、培修破冰、水文观测等等，但是往往治标不治本。海河工程局的档案反映了工程局也在关注和分析海河上游各支流的情况，也需要通过对上游支流的治理，来解决海河航道的各种问题。因此，海河工程局积

① 李书田等：《中国水利问题》，上海：商务印书馆，1937年，第500—510页。

②《华北水利委员会职员录》，《华北水利月刊》1929年第2卷第2期。

极地参与到顺直水利委员会、整理海河委员会的工作中。

顺直水利委员会经中外交涉，决定共同治理海河水系洪涝灾害，实施的工程包括北运河挽归故道工程，三岔口裁弯取直工程，永定河堵口工程，天津南堤工程，新开河减河、马厂减河、青龙湾减河的水闸与疏浚工程，这些治理活动主要在天津周边，减轻了洪水对天津港口的威胁，改善海河航道条件的效果很明显。在时局不稳、战乱纷扰、经费难筹的现实中，这些水利工程的实施实属不易。顺直水利委员会也称这些工程为治标工程。在治本措施方面，顺直水利委员会在海河水系设置了水文和气象观测站，并进行了大规模的地形测绘工作，这些工作为今后的海河水系治理奠定了坚实的基础。（见图6-1）

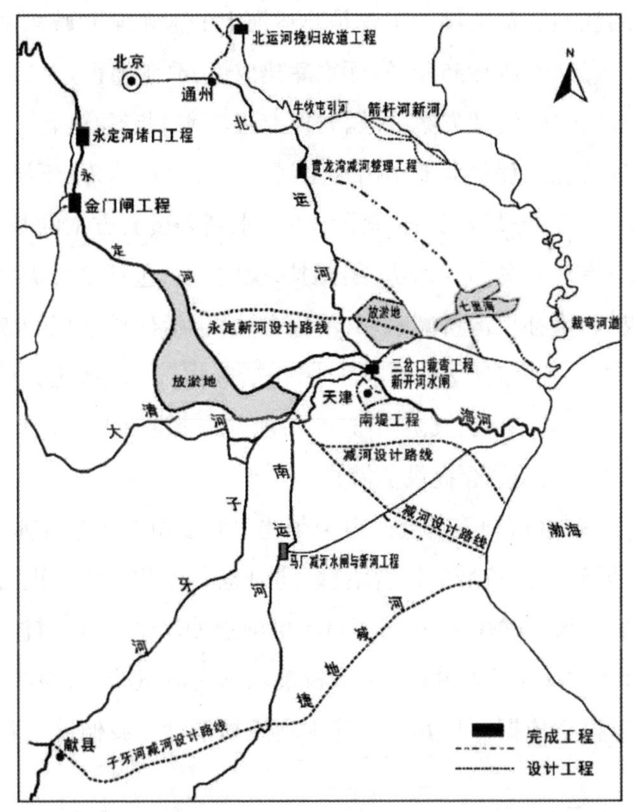

图6-1 顺直水利委员会防洪规划与治理工程示意图（1918—1928）

资料来源：根据《顺直河道治本计划报告书》《顺直水利委员会报告书》绘制。

海河水系中永定河危害最大，威胁京师安全，自康熙至乾隆年间，永定河全线筑堤，“束水攻沙”。永定河下游尾闾被限制在三角淀内，但是到清末，三角淀已高出堤外地面数尺，“散水匀沙”的作用消失，洪水将部分泥沙输送至海河，再加上滹沱河、漳河等河流的洪水挟带的泥沙，致使海河淤塞严重，因此近代以来海河淤塞问题成为天津港口发展的重大障碍。北伐战争后，河北省政府、天津特别市政府和海河工程局主导成立整理海河委员会，实施了著名的海河放淤工程。这项工程主要是穿过北运河，将永定河洪水导入塌河淀洼地，防止洪水排入海河干流淤塞航道。海河放淤工程应该说是“先进的技术，传统的思维”，放淤仍是延续清代筑堤“束水攻沙”的理念，北运河西堤外的三角淀已经淤高，需要穿过北运河排入东堤以外的洼地。最关键的工程是北运河上的泄水闸和减水闸的建设。海河放淤一直延续到1955年，官厅水库建成后，放淤停止。

关于永定河的治理方案，民国时期有很多水利专家进行了探讨。顺直水利委员会总工程师罗斯提出永定河上游建官厅水库、下游开挖入海新道。[①]永定河河务局局长孙庆泽在顺直水利委员会方案的基础上提出了更详细的治理方案，分4种办法：维持现状方法，包括培修堤坝、堵筑决口、裁弯取直、修补卢沟桥减水坝；治标方法，包括建挑水坝和顺水坝、上游建水库、疏浚三角淀河槽；治本方法，包括造林、筑坝、改道；兴修水利灌溉方法，包括开渠、灌溉、放淤。[②]这些治理方法都是在长期治水中总结的经验，为华北水利委员会提供了借鉴。

1928年，顺直水利委员会改组为华北水利委员会。华北水利委员会成立后，扩展到海河流域的综合治理，同时也参加黄河的治理活动，并创办了中国第一水工试验所，进行了黄土区河道冲淤试验、河道泥沙运动预备试验、官厅水库重力坝试验、卢沟桥滚水坝海漫试验等，为海河流域的治理提供了科学依据。从其众多的水利规划设计中我们可以看到，华北

① [英]罗斯：《永定河整理说帖》，顺直水利委员会印，1923年。

② 孙庆泽：《永定河治理工程计划书》，出版者不详，1931年。

水利委员会的基本治理理念是上游蓄洪拦沙，中游固堤减洪，下游放淤泄洪、通航灌溉。委员会积极地观测数据、勘测地形、编制规划、培养水利人才，以及开展工程前期准备工作，后因日本入侵而停顿，但其取得的成就为1949年以后的海河流域综合治理奠定了坚实的基础。

1949年之后，国家百废待兴，海河水系的洪涝灾害威胁着北京、天津等地区的安全，各相关部门开始接收民国时期的水利机构，整修损坏的水利设施。相继实施了开挖疏浚潮白新河、独流减河、赵王新渠、扩大四女寺减河等工程，整修了永定河干流和泛区堤防，初步治理了大清河、潮白河和漳卫河，提高了各河道的泄洪能力。

1951年，华北水利工程局又制定了《整治永定河及流域开发计划草案提纲》，在苏联专家的协助下，按照1939年的洪水标准，开始动工建造官厅水库，于1954年5月竣工，“当年永定河来水3700立方米/秒，经水库拦蓄后，安全下泄830立方米/秒”①，成为中国第一座大型土坝水库，可以拦蓄大量泥沙，海河放淤工程也于1955年停止。

1958—1965年是全流域大规模水利建设时期，在“大跃进”和“以蓄为主”的思想推动下，各河流开始广建水库。海河流域共有23座大型水库和47座中型水库几乎同时开工建设，如潮白河上的云州水库、密云水库、怀柔水库，永定河上的册田水库，大清河上的西大洋水库、王快水库，滹沱河上的岗南水库、黄壁庄水库，漳卫河上的岳城水库、关河水库、后湾水库、漳泽水库等就在这个时期建成或基本建成。由于仓促上马，存在工程前期勘探设计不足和工程质量问题，但在1963年大水灾中，这些水库仍发挥了巨大的拦洪作用。自此以后海河下行水量和泥沙量骤减。

1966—1978年，是全流域第二次大规模水利建设时期。1963年大水灾后，在“一定要根治海河”的号召下，根据《海河流域防洪规划》，相继开挖了子牙新河、滏阳新河、永定新河、北京排污河，扩挖疏浚了独流减河，

① 海河志编纂委员会编：《海河志》第1卷，北京：中国水利水电出版社，1997年，第411页。

整治了潮白新河等河道,使各河洪水可直接由新河道入海。与此同时,继续修建官厅、岗南、黄壁庄、王快、于桥等水库,并整治了洼淀和蓄洪区。各项工程完成后,“使海河水系设计入海泄洪能力达到24680立方米/秒,设计入海排涝能力达到2133立方米/秒,相当于治理前的5倍和新中国成立初期的10倍多。连同山区水库一起,初步形成了‘上蓄、中疏、下排、适当地滞’的防洪体系”①。

1978年以后,继续完善各项水利工程,实施流域综合治理规划,如开展对官厅、岗南、黄壁庄等水库的除险加固工程。20世纪80年代以后,流域处于枯水段,随着城市化进程加速,工农业、生活用水逐年增加,水资源严重短缺,超采地下水,水体严重污染,加剧了水资源危机。相关部门已经相继开展了跨流域输水工程、环境治理等措施。

三、自然因素驱动天津港空间形态的演变

天津港口的类型,自唐朝的河口海港演变为元明清时期的通海河港,近代以来又渐渐转型为河口海港。两次转变有着质的飞跃,推动港口类型转变的主要因素除了北京、天津政治和经济地位的上升外,还有海河水系冲淤的自然因素。

海河水系形成之后,其河流的扇形结构为华北地区内河航运和海运奠定了自然基础。唐代,幽州地区是中原政权与北方民族矛盾冲突的前沿,为保障粮糈给养而修建运河。因永济渠利用的桑干河下游河段不利航运,古人便选择海运,位居海河河口的军粮城自然就成为转运军需至范阳、蓟州的海港。

辽宋金时期,信安军位于卢沟河(永济渠)与白沟河(界河)的交汇处,成为重要水运转输的节点,尤其金朝迁都燕京后,山东粮米供给金中都,各地漕船在信安海壖会集后,循卢沟河(永济渠)至中都城。因卢沟河冲

① 冯焱主编:《中国江河防洪丛书·海河卷》,北京:水利电力出版社,1993年,第210页。

淤改道靡常，故金章宗改凿北运河航道。此后信安作为交通运输枢纽的地位渐渐衰落，而天津地区的港口优势则渐渐显现。

元朝定都大都，并疏通京杭运河，其中潞河河道李二寺至通州、杨村至河西务、三岔口等3段最难治理。河西务处于三岔口至大都的中间位置，又兼陆运优势，具备大型仓储功能，遂升为漷州州治所，设都漕运使司，管理直沽至通州的漕运事宜，是内河港口区。终元海运不绝，海船多在直沽转驳，三岔口成为海运和内河运输的转运码头，今北仓、南仓附近的海运米仓是仓储区，存放一部分海运粮米，是通海河港区，双中心港口的空间形态形成。

明代，河西务和三岔口双中心港口的职能发生嬗变。河西务港区仍然很重要，转运三岔口至京、通二仓的粮米，又将漷县钞关、丁字沽白粮码头迁至河西务，且设置了户部分司、工部分司、管河主簿等机构，因此河西务更倾向于作为管理中心。永乐年间，于三岔口设立天津三卫，卫城北侧的南运河至三岔口段为码头和仓储区。永乐十三年(1415)，罢除海运，但保留了蓟辽海运，三岔口仍具备通海河港的功能，三岔口渐成为北方最大的转运港区。

清代前期，三岔口河运可至通州、清皇陵，海运可至辽东、山东，遂成交通枢纽地位，促进了天津城市的繁荣，不仅建置升至府级，而且河西务钞关、长芦盐运使、总督河道都察院等机构纷纷迁至天津。因运河的淤浅，河西务港区已趋衰落，港口的管理职能和转运职能合一，演变为一城一港的空间形态。

近代天津开埠以来对外贸易发达，成为北方经济中心，具有辽阔的腹地。天津主要码头区也由三岔河口迁至沿海河租界段，因此河段具有相对较好的停泊条件，各国租界也紧邻码头扩展。但因海河的河道蜿蜒、淤塞严重，吃水量较大的轮船不能上驶至租界码头，须停泊在塘沽或大沽沙坝外靠驳船驳运。虽有海河工程局、顺直水利委员会、整理海河委员会等机构治理海河，取得了一定效果，但海河的自然条件无法满足港口发展。随着天津至塘沽的铁路铺设，塘沽渐渐成为外港区，租界码头成为内港区,又形成了市内港和河口港的一城双港空间形态。市内港无法满足日益增长的货物进出口量,因此才有塘沽新港的兴建。至1952年塘沽开港后,渐成为北方吞吐量最大的港口,内港也日趋衰落,“移市就海”成为现实,港城分离后,复演变为一城一港的空间形态。然而海河河口也不具备建设良好的港口所需条件,淤泥质海岸、河口拦门沙、冬季封冻,都是天津港口发展的阻碍,因此,孙中山先生设计北方大港选择在渤海湾最适宜处。塘沽新港经过屡次建设,选择在河口北侧,建筑人工港口,1958年在海河河口修建了中国北方第一座防潮闸,使海河干流“咸淡分家”,塘沽新港摆脱了海河的影响,而海河干流也基本上结束了自然的状态。

附录

表附录1　顺直水利委员会实施工程(1918年8月)

工程名称	施工时间	使用经费(万元)
天津南围堤工程	1918年8月竣工	12.115993
天津三岔口裁弯工程	1918年6月6日—9月23日	7.738652(委员会出资)
新开河闸及引水河工程	1919年伏汛竣工	31.257808
马厂新减河工程	1920年—1921年	22.661936
北运河挽归故道工程	1922年春—1925年7月	154.250463
青龙湾河整理工程	1925年竣工	28.76238
永定河堵口工程	1926年竣工	58.838825

资料来源:熊希龄:《顺直河道改善建议案》,北京:慈祥印刷工厂,1928年;顺直水利委员会编印:《顺直河道治本计划报告书》,1925年。

表附录2　华北水利委员会水利工程规划与设计(1928—1947年)

名称	目的	工程预算(万元)	工程效益
海河治本治标计划大纲	减少航道淤塞	—	—
独流入海减河计划	防洪	1156	—
平津通航计划	发展航运	291.27	年节省货运48万元
永定河治本计划	防洪	2000	—
整理箭杆河、蓟运河计划	防洪灌溉	3300	—
子牙河泄洪水道计划	防洪	1270.5	年获益131.3万元

续表

名称	目的	工程预算（万元）	工程效益
疏浚卫津河计划	灌溉饮用	6.1	—
黄河后套灌溉计划	灌溉通航	132	灌溉土地500万亩
桑干河第一淤灌区域闸工程计划	防洪拦沙	55	减少600万立方米泥沙，灌溉1.1万顷地
蓟运河下游灌溉初步工程计划	农田灌溉	42.5	灌溉7万亩地
陕西渭北灌溉计划	农田灌溉	330	灌溉130余万亩
整理绥远民生渠工程计划	修复渠道	39	灌溉约50万亩地
整理盐井河航道计划	发展航运	101	—
整理危远河航道计划	发展航运	74.7	—
柳州凤山河灌溉工程计划	农田灌溉	19.08	灌溉田2.97万亩
广西邕宁西云江凿洞灌溉工程研究报告	农田灌溉	10.94	灌溉田0.5万亩~0.9万亩
广西上林消水工程计划	防洪	29.753	免淹田0.9725万亩
广西隆安灌溉工程	农田灌溉	140	灌溉田3.8万亩
柳江水力发电初步计划	发展电力	861.52(美金)	发电约10万瓦
广西桂平独流江灌溉工程计划	农田灌溉	350	灌溉田28.667亩
四川永宁河航运工程计划	发展航运	1185	时米价每石240元
福建省水利计划大纲	开发水利	24510	—
都江工程计划纲要	—	—	—
广西柳城沙浦河灌溉工程	农田水利	87.5	—
广西玉林鸦桥江灌溉工程	农田水利	31.2	—
开云河航道整理计划	发展航运	—	移交四川省水利局
柳江石桂段航道整理计划	发展航运	300	—
柳江鹅石段航道整理工程计划	发展航运	48	—
柳江柳鹅段航道整理工程计划	发展航运	42	—
柳江柳长段航道整理工程计划	改进航运	86.2	—
1939年白河流域水灾善后工程初步计划	救灾	7360	—

续表

名称	目的	工程预算（万元）	工程效益
战后五年国防及建设计划（华北水利部门）	修复水利	56400（按战前估价）、外汇550美金	—
战后水利复员计划	修复水利	第一年1320（按战前估价）	—
修复永定河卢沟桥减坝上游截留土坝工程计划	—	工程款33，工粮面粉20.91吨	—
天津南大围堤复堤工程计划	防洪工程	工程款3418.7，工粮面粉468.18吨	—
南运河下游复堤工程计划	—	工程款399069.1，工粮面粉1217.25吨	—
子牙河下游复堤工程计划	—	工程款399227.9，工粮面粉875.98吨	—
大清河千里堤复堤工程初步计划	—	656681.2	—
滦河张家法宝庄决口堵复工程计划	—	工程款58021.8，工粮面粉80.99吨	—
永定河复堤堵口工程初步计划	—	1254000	—
重订独流入海工程计划	—	717000	—
重订永定河治本计划	—	2900000	—

资料来源：华北水利工程总局编印：《华北水利委员会二十年来工作概况》，1947年。

表附录3　华北水利委员会实施水利工程（1928—1947年）

名称	施工时间	使用经费（万元）与来源
潮白河苏庄水闸修护工程	1929年6月、1930年6月、1931年6月	1.2，建设委员会拨款；0.5，本会常费；3.6，省府农田水利基金
永定河堵口工程	1930年3月—7月，1932年5月—12月	60，芦盐附加抵借；40，农田水利基金及海田公债息金分拨
宝坻油香淀建闸泄水工程	1921年春	0.22，当地人民筹集
堵筑马厂减河决口工程	1931年6月	0.3，本会常费拨垫

续表

名称	施工时间	使用经费(万元)与来源
滹沱河灌溉工程	1933年8月—1935年6月	60,冀省农田水利委员会拨款
崔兴沽模范灌溉场及灌溉试验场工程	1933年9月—1934年6月	3.5,本会常费结余拨充
水工试验所工程	1934年6月—1935年8月	40,各水利学术机关合拨
金钟河新开河间洼地排水及灌溉工程	1935年3月—7月	3,冀省农田水利委员会拨款
龙凤河节制闸工程	1935年4月—8月	14,由水利事业项下拨用
海河放淤工程	1935年5月—1936年6月	60,津海关附加税所征海河专款
永定河中游增固工程	1936年4月—12月	46,津海关附加税所征永定河专款
桑干河第一淤灌区工程	1936年4月—1937年8月停工	110,由水利事业项下拨用
金门闸南岸放淤工程	1936年10月—12月,1936年4月—6月	21
洋河淤灌渠首工程	1937年5月—7月,停工	5,由水利事业项下拨用
官厅水库工程	1936年5月—7月,停工	470,津海关附加税所征永定河专款
整理柳江石桂航道工程	1939年5月—1940年3月	30,建设基金
整理柳江柳长段工程	1940年12月—1941年4月	86,建设基金
整理都江工程	1940年12月—1941年4月	未竣工
整理沙溪航道工程	1942年9月—1944年6月	1200,建设基金
大庾防洪拦沙工程	1942年11月—1943年10月	62,由钨业管理处拨用
福建濯田乡农田水利工程	1943年3月—1944年5月停工	160,农田水利贷款
修复永定河卢沟桥减坝上游截流土坝工程	1946年6月10日—29日	工程款31.44,工粮面粉6.29吨
天津南大堤第一期工程	1946年6月24日—8月25日	工程款99.08,工粮面粉104.74吨

续表

名称	施工时间	使用经费(万元)与来源
天津南大堤第二期工程	1947年4月28日—6月3日	工粮面粉147.03吨
南运河下游复堤第一期工程	1947年4月1日—7月7日	工程款18357,工粮面粉245.2吨
南运河下游复堤第二期工程	1947年5月22日—6月15日停工	工程款387247,工粮面粉51.3吨
子牙河下游复堤第一期工程	1947年4月18日—7月16日	工程款32030.1,工粮面粉235.9吨

资料来源:华北水利工程总局编印:《华北水利委员会二十年来工作概况》,1947年。

表附录4 日伪时期实施水利工程(1940—1945年)①

名称	施工时间	使用经费(万元)
独流入海减河工程	1940年3月—1945年9月,未竣工	伪联币2482
永定河下游防洪设施	1943年	—
白洋淀围堤整理	1943年	—
大清河及赵王河堤防培修	—	—
滩里河整理	1945年	—
保津运河工程	1940年—1945年	—
滹沱河灌溉及石津运河工程	1942年—1944年,未竣工	伪联币4260
蓟运河灌溉工程	1942年—1944年,未竣工	伪联币586
滦河灌溉工程	1942年8月—1945年,未竣工	伪联币2000
引黄入卫灌溉工程	1943年秋至1945年9月,未竣工	—
塘沽新港工程	1940年—1945年9月,未竣工	1亿日元左右

资料来源:华北水利工程总局编印:《华北水利委员会二十年来工作概况》,1947年。

① 水利工程主要由伪华北政务委员会建设总署水利局负责管理实施,又于1941年成立伪华北河渠建设委员会。见伪华北政务委员会情报局编印:《华北概况》,1941年。塘沽新港工程由隶属于华北交通株式会社的塘沽新港临时建设事务局设计实施。

参考文献

一、档案

(一)奏折

1.《朱批奏折》,中国第一历史档案馆藏。(《光绪元年的海运漕粮》,《历史档案》1983年第3期;《道光年间海运漕粮史料选辑(上)》,《历史档案》1995年第2期;中国第一历史档案馆编:《英使马戛尔尼访华档案史料汇编》,北京:国际文化出版公司,1996年;中国第一历史档案馆编:《咸丰朝海运漕粮史料(上)》,《历史档案》1998年第2期。)

2.《军机处录副奏折》,中国第一历史档案馆藏。

(二)海河工程局报告书

1.海河工程局编印:《海河工程局1928年报告书》,1929年1月1日,卷宗号w3-1-609,天津市档案馆藏。

2.海河工程局编印:《海河工程局1929年报告书》,1930年,天津市图书馆藏。

3.海河工程局编印:《海河工程局1930年报告书》,1931年1月1日,卷宗号w3-1-610,天津市档案馆藏。

4.海河工程局编印:《海河工程局1931年报告书》,1932年4月1日,卷宗号w1-1-1423,天津市档案馆藏。

5.海河工程局编印:《海河工程局1932年报告书》,1933年4月1日,卷宗号w1-1-1421,天津市档案馆藏。

6. 海河工程局编印:《海河工程局1933年报告书》,1934年,天津市图书馆藏。

7. 海河工程局编印:《海河工程局1934年报告书》,1935年4月1日,卷宗号w1-1-1417,天津市档案馆藏。

8. 海河工程局编印:《海河工程局1935报告》,1936年,卷宗号w1-1-1413,天津市档案馆藏。

9. 海河工程局编印:《海河工程局1936年报告书》,1937年,天津市图书馆藏。

10. Hai-Ho Conservancy Commission. Hai-Ho Conservancy Commission Report for 1937.1938. 卷综号w1-1-113,天津市档案馆藏。

11. Hai-Ho Conservancy Commission. Hai-Ho Conservancy Commission Report for 1938.1939. 卷综号w1-1-115,天津市档案馆藏。

12. Hai-Ho Conservancy Commission. Hai-Ho Conservancy Commission Report for 1939.1940. 卷综号w1-1-117,天津市档案馆藏。

13. 海河工程局编印:《海河工程局1940年报告书》,1941年1月1日,卷宗号w1-1-119,天津市档案馆藏。

14. Hai-Ho Conservancy Commission. Hai-Ho Conservancy Commission Report for 1941.1942. 卷综号w1-1-120,天津市档案馆藏。

15. Hai-Ho Conservancy Commission. Hai-Ho Conservancy Commission Report for 1942.1943. 卷综号w1-1-121,天津市档案馆藏。

16. Hai-Ho Conservancy Commission. Hai-Ho Conservancy Commission Report for 1943.1944. 卷综号w1-1-1443,天津市档案馆藏。

(三)其他

1. 台湾“中研院”近代史研究所编:《海防档》,台北:艺文印书馆,1957年。

二、实录

1.《明成祖实录》,台北:台湾“中研院”历史语言研究所校印,1962年。

2.《明宣宗实录》,台北:台湾“中研院”历史语言研究所校印,1962年。

3.《明英宗实录》,台北:台湾“中研院”历史语言研究所校印,1962年。

4.《明宪宗实录》,台北:台湾“中研院”历史语言研究所校印,1962年。

5.《明世宗实录》,台北:台湾“中研院”历史语言研究所校印,1962年。

6.《明穆宗实录》,台北:台湾“中研院”历史语言研究所校印,1962年。

7.《明神宗实录》,台北:台湾“中研院”历史语言研究所校印,1962年。

8.《明熹宗实录》,台北:台湾“中研院”历史语言研究所校印,1962年。

9.《清圣祖实录》,北京:中华书局影印,1985年。

10.《清世宗实录》,北京:中华书局影印,1985年。

11.《清高宗实录》,北京:中华书局影印,1985年。

三、正史、典章制度与文集

1.(唐)魏征等:《隋书》,北京:中华书局,1973年。

2.(后晋)刘昫等:《旧唐书》,北京:中华书局,1975年。

3.(宋)欧阳修、(宋)宋祁:《新唐书》,北京:中华书局,1975年。

4.(元)赵世延:《大元海运记》,民国雪堂丛刻本。

5.(元)佚名:《大元仓库记》,民国雪堂丛刻本。

6.(元)傅若金:《傅与砺诗集》,民国嘉业堂丛书本。

7.(元)脱脱等:《宋史》,北京:中华书局,1977年。

8.(元)脱脱等:《金史》,北京:中华书局,1977年。

9.(明)宋濂等:《元史》,北京:中华书局,1976年。

10.(明)申时行等纂修:《大明会典》,台北:文海出版社,1988年。

11.(明)蒋一葵:《长安客话》,北京:北京古籍出版社,1982年。

12.(明)王在晋:《通漕类编》,载《四库全书存目丛书·史部》第275册,济南:齐鲁书社,1996年。

13.(清)杨锡绂等纂:《漕运则例纂》,乾隆三十五年(1770)杨氏刻本。

14.(清)吴邦俊辑:《畿辅河道水利丛书》,道光四年(1824)益津吴氏刻本。

15.(清)董恂辑:《江北运程》,同治年间刻本。

16.(清)福趾:《户部漕运全书》,光绪年间刻本。

17.《清朝通典》,上海:商务印书馆,1935年。

18.(清)张廷玉等:《明史》,北京:中华书局,1974年。

四、方志

1.(宋)乐史:《太平寰宇记》,北京:中华书局,2007年。

2.(元)孛兰肹等撰,赵万里校辑:《元一统志》,北京:中华书局,1966年。

3.(明)沈应文修,(明)张元芳纂:《顺天府志》,万历年间刻本。

4.(清)薛柱斗、(清)高必大纂修:《天津卫志》,康熙十七年(1678)补刻本。

5.(清)李梅宾修,(清)吴廷华、(清)汪沆纂:《天津府志》,乾隆四年(1739)序后刻本。

6.(清)朱奎扬、(清)张志奇、(清)吴廷华修:《天津县志》,乾隆四年(1739)序后刻本。

7.(清)穆彰阿、(清)潘锡恩等纂修:《大清一统志》,《四部丛刊续编》景旧抄本。

8.(清)道光丙午年新镌:《津门保甲图说》,道光二十六年(1846)刻本。

9.(清)吴惠元总修:《续天津县志》,同治九年(1870)刻本。

10.(清)李逢亨纂:《永定河志》,光绪八年(1882)宝山朱其诒刻本。

11.(清)李鸿章等修,(清)黄彭年等纂:《畿辅通志》,光绪十年(1884)刻本。

12.(清)沈家本、(清)荣铨修,(清)徐宗亮、(清)蔡启盛纂:《重修天津府志》,光绪二十五年(1899)刻本。

13.(清)王履泰纂修:《畿辅安澜志》,光绪年间刻本。

14.(清)顾祖禹撰,施和金、贺次君校:《读史方舆纪要》,北京:中华书局,2005年。

15.孔廷璋等编译:《中华地理全志》,上海:中华书局,1914年。

16.宋蕴璞辑:《天津志略》,北平:北平蕴兴商行铅印本,1930年。

17.高凌雯纂:《天津县新志》,天津:1931年金钺(浚宣)刻本。

18.燕归来簃主人编:《天津游览志》,北平:中华印书局,1936年。

19.《海河志》编纂委员会编:《海河志》,北京:中国水利水电出版社,1995年。

20.天津市地方志编修委员会编著:《天津通志·港口志》,天津:天津社会科学院出版社,1999年。

五、近代报刊

1.《大公报》

2.《申报》

3.《顺天时报》

4.《国闻周报》

5.《益世报》

6.《中国经济时报》

7.《中国水运报》

8.《国民政府公报》

9.《良友画报》

10.《华北水利月刊》

11.《水利月刊》

12.《航业月刊》

13.《行政院水利委员会季刊》

14.《建设周刊》

15.《保险界》

六、著作

(一)外文著作

1.A.de Linde.*Report of the HaiHo River Improvement and the Rivers of Chihli*, Tianjin: The Tientsin Press, 1900.

2.Hai-Ho Conservancy Board. *Hai-Ho Conservancy Board 1898—1919*, Tianjin: The Tientsin Press, 1919.

3.[日]东亚同文会:《支那省别全志》,东京:秀英舍印刷所,1920年。

4.[日]南满洲铁道株式会社天津事务所调查课:《北支那港湾事情》,天津:南满洲铁道株式会社天津事务所发行,1936年。

5.[英]罗斯:《北运河挽归故道说帖》,天津:顺直水利委员会印,1920年。

6.[英]罗斯:《永定河整理说帖》,天津:顺直水利委员会印,1923年。

7.Hai-Ho Conservancy Commission. *Report on the Future of the River HaiHo and its Approaches*, Tianjin: The Tientsin Press, 1922.

8.M.Louis Perrier. *Report on the HaiHo and Taku Bar*, Tianjin: The Tientsin Press, 1923.

(二)中文著作及译著

1.张恩祐、刘锡廉:《永定河疏治研究》,北京:志成印书馆印刷,1924年。

2.《冯军修护永定河纪实》,北京:昭明印刷局出版,1924年。

3.顺直水利委员会编:《顺直河道治本计划书》,出版者不详,1925年。

4.宋建勋、颜勒:《天津海河调查报告书》,出版者不详,1927年。

5.熊希龄:《顺直河道改善建议案》,北京:北京慈祥印刷工厂,1928年。

6.吴蔼宸:《天津海河工程局问题》,出版者不详,1929年。

7.熊希龄编:《京畿河工善后纪实》,出版者不详,1929年。

8. 孙中山:《建国方略》,上海:商务印书馆,1930年。

9. 华北水利委员会编印:《海河治本治标计划大纲》,1931年。

10. 孙庆泽编:《永定河治理工程计划书》,北平:永定河河务局印行,1931年。

11. 华北水利委员会编印:《永定河治本计划》,1933年。

12. 整理海河委员会编印:《整理海河治标工程进行报告书》,1933年。

13. 整理海河委员会编印:《整理海河第二期治标工程计划书》,1933年。

14. 华北水利委员会编印:《华北水利建设概况》,1934年。

15. 华北水利委员会编印:《海河放淤工程总报告》,1937年。

16. 李书田等:《中国水利问题》,上海:商务印书馆,1937年。

17. 华北水利委员会编印:《华北水利委员会抗战期间工作报告》,1941年。

18. 薛不器:《天津货栈业》,天津:新联合出版社,1941年。

19. 佚名:《塘沽新港》,南京:行政院新闻局印行,1947年。

20. 邢契莘:《塘沽新港工程之过去与现在》,天津:交通部塘沽新港工程局印行,1947年。

21. 王铁崖编:《中外旧约章汇编》第1册,北京:生活·读书·新知三联书店,1957年。

22. 徐正编著:《海河今昔纪要》,石家庄:河北省水利志编辑办公室编辑发行,1985年。

23. 黄景海、奚学瑶主编:《秦皇岛港史(古、近代部分)》,北京:人民交通出版社,1985年。

24. [日]日本中国驻屯军司令部编:《二十世纪初的天津概况》,侯振彤译,天津:天津市地方史志编修委员会总编辑室,1986年。

25. 李华彬主编:《天津港史(古、近代部分)》,北京:人民交通出版社,1986年。

26. 杨吾扬等:《交通运输地理学》,北京:商务印书馆,1986年。

27. 郭蕴静等编:《天津古代城市发展史》,天津:天津古籍出版社,1989年。

28. 黄胜主编:《中国河口治理》,北京:海洋出版社,1992年。

29. 蔡泰彬:《明代漕河之整治与管理》,台北:台湾商务印书馆,1992年。

30. 冯焱主编:《中国江河防洪丛书·海河卷》,北京:水利电力出版社,1993年。

31. 姚洪卓主编:《近代天津对外贸易(1861—1948)》,天津:天津社会科学院出版社,1993年。

32. 李洛之、聂汤谷编著:《天津的经济地位》,天津:南开大学出版社,1994年。

33. 韩光辉:《北京历史人口地理》,北京:北京大学出版社,1996年。

34. 张树明主编:《天津土地开发历史图说》,天津:天津人民出版社,1998年。

35. 尹钧科:《北京古代交通》,北京:北京出版社,2000年。

36. 周星笳主编:《天津航道局史》,北京:人民交通出版社,2000年。

37. 王志民主编:《海河流域水资源管理研究》,天津:天津科学技术出版社,2001年。

38. 水利部海河水利委员会编印:《海河流域水生态恢复研究(初步报告)》,2002年。

39. 天津海关译编委员会编译:《津海关史要览》,北京:中国海关出版社,2004年。

40. 张利民:《华北城市经济近代化研究》,天津:天津社会科学院出版社,2004年。

41. 尹钧科、吴文涛:《历史上的永定河与北京》,北京:北京燕山出版社,2005年。

42. 吴弘明编译:《津海关贸易年报(1865—1946)》,天津:天津社会科学院出版社,2006年。

43.[英]布莱恩·鲍尔:《租界生活(1918—1936):一个英国人在天津的童年》,刘国强译,天津:天津人民出版社,2007年。

44.侯仁之:《我从燕京大学来》,北京:生活·读书·新知三联书店,2009年。

45.[英]雷穆森:《天津租界史(插图本)》,许逸凡、赵地译,刘海岩校订,天津:天津人民出版社,2009年。

46.[日]南满洲铁道株式会社庶务部调查课:《秦皇岛の港湾と诸关系》,载辽宁省档案馆编:《满铁调查报告》第3辑,桂林:广西师范大学出版社,2010年。

47.陈喜波:《漕运时代北运河治理与变迁》,北京:商务印书馆,2018年。

后 记

我的家乡是河北省高阳县,北临白洋淀。童年的我听着杨家将、孙承宗和李鸿藻的民间传奇故事长大,渐渐积蓄着自己对家乡的热爱情愫。同时,我也知道了家乡因历史上频繁的水灾,形成了广泛分布的盐碱地,春秋季节地里泛起厚厚的白碱,夹杂着稀疏和黄弱的麦苗或豆苗。身旁的父亲总是说:“谁家也不希望分到这种地,没啥收成,一年白忙活。”随着大量抽取地下水灌溉农田和化肥的使用,盐碱地得到一定程度的改良,但是地下水严重超采,直到今天仍是地下水漫灌方式,生活用水的管理也基本没有节制,看着真心疼!期待尽早实施节水农业。

回想土味、整天傻玩和没有奥数的幸福童年,有印象深刻的三件事:第一件是爷爷奶奶经常回忆的大洪水,后来我知道这是海河流域的两次大水灾,即1939年大水灾和1963年大水灾,这两次大水灾成为祖父母一代人的集体记忆,记忆中充斥着眼泪和无奈的叹息。第二件便是我父亲和他的朋友们常常聊天的话题,就是参加“根治海河”激情燃烧的岁月,“工分”“独轮车”“比赛”“小灶”等都是高频词汇,聊到兴头,一阵阵欢声笑语,这是父辈为祖国建设奉献的青春。第三件事,村外的取土坑常常会出现一堆堆硕大的蚌壳,距离地面两三米,没有一滴水,哪里来的?坑壁上不同颜色的土壤呈现带状分布。这个问题留存在头脑中,直到上了大学才找到答案,这个现象是环境变迁的结果,涉及气候、河流和湖泊的演变。

大学时有一门地方志的选修课,老师讲的主要是沿革地理和方志文献,这些内容让我体会到“脚踏实地”的感觉。在老师的指点下,自己也摸索阅读了一些关于史地的著作,大部分是乾嘉学派考据文章和地方史的研究，总觉得“不够味”。在一次逛旧书摊时，看到了一本藏蓝色封面的书，即侯仁之先生的《历史地理学的理论与实践》。我向书摊老板询问价格后，毫不犹豫地立刻掏出3元将书抱走，这是我晚上一碗板面的钱。很快我就阅读完了这本书，当时真是心潮澎湃，便下定决心备考北京大学环境学院的历史地理研究生（城市与环境学院当年名为环境学院）。通过大学老师我联系上了韩光辉老师，战战兢兢地和韩老师通电话，在浓重山东口音的韩老师鼓励下，我敞开了心扉，表达了备考研究生的想法和学习疑虑，韩老师一一解答。不久我购买了火车票从石家庄来到北大，在略显陈旧的逸夫二楼，见到了衣着朴素、和蔼可亲的韩老师。短暂交流后，韩老师开始为我准备考研的参考资料，这些复印的资料我现在仍珍藏在书柜里。

我十分幸运地进入北大学习历史地理专业，得到了学院许多老师的教导和同学们的帮助，还能偶尔到燕南园61号楼拜望侯仁之先生。在博士阶段根据自己的兴趣，我选择了“近代海河水系与天津港口的关系”为选题，研究城水关系。我意识到难度很大，除了需要具备河流、水文知识外，还需要懂得水利工程、港口工程、城市规划等知识，这些都是我的短板，但我还是为了兴趣，硬着头皮迎难而上了，关键还是获得了老师们的指点——韩光辉老师一路扶持，邓辉老师尖锐地批评和指点，唐晓峰老师和韩茂莉老师耐心解惑，武弘麟老师和岳升阳老师提供珍贵的资料。还要感谢帮助过我的中科院地理科学与资源研究所王守春老师、北京社科院历史研究所尹钧科老师、北大历史系徐凯老师、北大城市与环境学院阙维民老师、中国水科院水利史研究所谭徐明老师、天津社科院历史所张利民老师、北京水务局刘延恺老师。

论文写作中遇到不少困难，例如收集文献资料时“看人脸色”“低声下气”，但我也遇到了非常友善的工作人员，特别感谢北京大学图书馆、天津市档案馆、天津图书馆几位老师无私的帮助。在实地考察中发生了许多趣事，比如骑自行车逆行被天津交警开20元罚单，难忘的北塘虾酱味道，南运河边神侃的钓鱼大爷，河北工业大学运河边的桃花堤赏桃花，海河口赏日出，白洋淀乘船赏日落……这些都已成为论文写作过程中的美好回忆。

毕业后入职对外经济贸易大学，从事文化产业的教学和科研工作，这是个时髦热闹的专业，我花费了很大的精力学习了管理学、经济学和社会学相关的知识和研究方法，个人感觉这些知识和方法对于历史地理研究非常有帮助，同时也体会到了历史地理经世致用的优势。

本书的研究，从整体上梳理了近代海河水系治理的机构、规划和工程，人为活动影响下的河湖水系变迁过程，以及河湖水系与天津港口建设、空间形态变迁的关系。在成果评审中，有专家提出了宝贵的批评和修改建议，比如"只见工程，不见人"的批评。我也知道考察水系治理和港口建设中不同利益群体的重要性，是一个不错的方向，十分符合环境史研究中的一些旨趣，但是我想达到一个地理变化过程的目标，分析人与自然相互作用的结果，因此没有过多关注具体"人"或"群体"的行为和认知。

近代海河水系的治理主要涉及港口的发展、防洪和航运，的确有不同利益群体交织在一起，把工程技术问题复杂化。"社会很单纯，复杂的是人"，比如"北运河挽归故道工程"的实施遭到了宝坻下游地区农民的反对，最后放弃了牛牧屯最佳位置，选择了潮白河苏庄建造闸坝、引河，但最终被1939年大洪水冲毁。工程刚完工不久，熊希龄就表达了这项工程的无奈之处。另一项"海河放淤工程"，是民国时期海河水系最重要的水利工程之一，目的是解决永定河洪水进入海河淤塞航道的问题，直至建成官厅水库，才有效地拦截了洪水和泥沙。但是由于放淤造成小麦的歉收，秋收也泡了汤，所以这项工程屡遭放淤区域乡绅和农民的反对，以致对簿公堂，甚至从天津县逐级闹到了首都南京，记者也一路追踪报道，成为当时社会热点事件。最后，工程设计和实施方案修改了两次，放淤时间根据农时也进行了调整。

天津港在元明清时期因漕运而繁荣，近代以来自然条件已经无法满足航运的需要，但最终仍在海河口淤泥质海岸开挖人工港池，成为世界上著名的巨型人工港，建设和维护成本十分惊人，我开玩笑地说这是"沉没成本”的原因。

流域是一个令人着迷的区域，呈现着人与环境密不可分、相互影响的关系，这两年我和学生尝试探索流域历史地理研究，先后完成了三篇论文：《历史时期黄河流域城市空间格局演变与影响因素》[《自然资源学报》，2021，36(1)]、A 2000-year Spatiotemporal Pattern and Relationship Between Cities and Floods in the Yangtze River Basin, China (*River Research and Applications*, 2021)、The Spatial Pattern and Cultural Meaning of the Sheng Jing in the Middle and Lower Reaches of the Yellow River in Late Imperial China (*International Journal of Digital Humanities*, 2022)。论文在国内外相关学术会议上得到了学界认可，对我们团队来说是很大的鼓舞，激励着我们继续深入研究。

最后，感谢天津人民出版社的杨轶、李佩俊编辑对拙作的辛苦付出。

我将这部著作献给父母，感谢二老的养育之恩。

写于蔚秀园

2022年1月28日